Correlation Spectroscopy

相関分光法

SHIGEAKI MORITA 森田成昭　*KUNIHIKO ISHII* 石井邦彦　*TAKASHI HIROI* 廣井卓思　[編著]

講談社

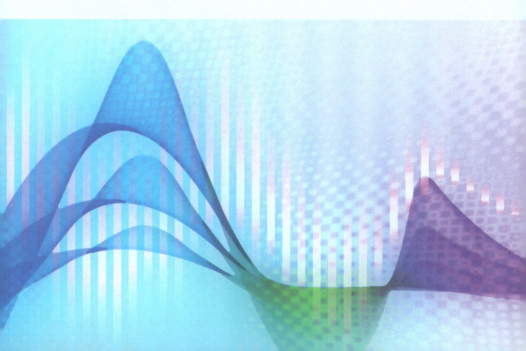

執 筆 者 一 覧

（カッコ内は担当箇所）

森田　成昭　大阪電気通信大学 工学部

（編者：第 3 章）

石井　邦彦　国立研究開発法人 理化学研究所 開拓研究本部 田原分子分光研究室

（編者：第 1 章，第 2 章コラム）

廣井　卓思　芝浦工業大学 工学部

（編者：2.1 節）

篠原　佑也　Materials Science and Technology Division, Oak Ridge National Laboratory（2.2 節）

金城　政孝　北海道大学 大学院先端生命科学研究院（2.3 節）

山本　条太郎　国立研究開発法人 産業技術総合研究所　健康医工学研究部門（2.3 節）

野田　勇夫　Department of Materials Science and Engineering, University of Delaware（第 3 章）

堤　遊　日本電子株式会社（4.1 節）

太田　薫　神戸大学 分子フォトサイエンス研究センター（4.2 節）

小林　洋一　立命館大学 生命科学部（4.3 節）

まえがき

　相関とは，統計学において，2つの確率分布がどれくらい関係しているかを表す量として定義される．例えば，高速道路を走る車の速度と，その車が事故を起こす確率を比べてみると，速すぎる車は事故を起こしやすい，といった関係が得られると予想される．それでは，車の速度と車の色には，何らかの関係性があるだろうか？　車の色と，所有者の年齢はどうであろうか？　もし相関がある場合，その裏にはどのような原理が隠されているのだろうか？　このように，身近なところで相関という概念を考えることができる．

　この相関という概念を分光法に利用して，分子の性質をより深く知ろうというのが相関分光法である．ラマン分光法や赤外分光法といった，特定の実験手法を見ていく従来の分光法シリーズとは少し異なり，さまざまな分光学的手法で得られるデータの解析に，相関という概念がどのように利用できるのかを知って，自身の研究にも相関分光法のエッセンスを加えられるようにしてほしい，というのが本書の一番の狙いである．

　ここで，分光法において相関を取る場合には，大きく分けて時間領域とスペクトル領域の2つで考えることができる．時間領域の相関分光（第2章）は，主に熱揺らぎに起因する分子のダイナミクスを観測する手法として用いられている．例えば，時間領域の相関分光法の代表例である蛍光相関分光法は，被照射体積中にある蛍光分子の数揺らぎなどを，蛍光強度の揺らぎとして検出することによって，蛍光分子のダイナミクスを測定する手法である．時間領域での分光測定としては，ポンプ–プローブ計測がよく知られている．これに対して時間領域の相関分光法は，$t=0$が規定できない現象を，揺らぎという観点で解析できる，ユニークな分光法である．

　スペクトル領域の相関分光法は，主に2つの文脈で用いられる．1つ目は，摂動を系統的に変化させていった際のスペクトルの変化を解析する，相関分光解析という考え方である（第3章）．例えば，化学反応により分子構造が変化していく系の赤外吸収スペクトルを相関分光解析することによって，さまざまな振動モードが変化していく順番などの情報を，視覚的にわかりやすい形で明らかにすることが可能となる．2つ目は，二次元NMRに端を発する，特定のバンドを励起した後の励起バ

iii

ンドの広がりを追跡するという考え方である(第4章)．分子振動の場合，ある振動モードを励起した後，励起された振動モードとカップリングのある振動モードが徐々に励起されていく様子を追跡することによって，振動緩和のダイナミクスを追跡することができる．二次元 NMR と同様の考えを振動分光で実現することは実験的に困難であったが，超短パルスレーザーの発展により，今では二次元赤外分光および二次元紫外・可視分光が実現されている．本書では，異なる測定手法で用いられる相関分光の考え方を包括的に理解できるような構成を心がけた．

　個々のトピックスについては，すでに優れた成書やレビューが存在するものも少なくない．そのような中で，「相関」をキーワードに，本書を通じて多くのトピックスの共通点・相違点を見つけていただき，相関分光法をより深く理解していただければ幸いである．

　本書を出版するにあたって，執筆者の方々，分光学会編集委員会の皆様，講談社サイエンティフィクの五味研二氏，大塚記央氏には多くのアドバイスをいただいた．これらの方々に，厚く御礼申し上げる．この書籍を契機として，相関分光法が少しでも世の中に広まれば，望外の喜びである．

2024 年 7 月
編者を代表して
廣井卓思

目　　次

第1章　分光と相関 ···································· 1

1.1　統計学における相関 ························· 2

1.1.1　相関とは ···························· 2

1.1.2　相関の意味と性質 ····················· 3

1.1.3　相関関数 ···························· 4

1.2　分光における相関 ························· 5

1.2.1　時間相関 ···························· 7

1.2.2　スペクトルピーク間の相関：濃度変化に対する応答 ······· 9

1.2.3　スペクトルピーク間の相関：量子状態間の相互作用 ········ 10

1.3　おわりに ································ 13

第2章　光子相関分光法 ································ 15

2.1　動的光散乱法 ···························· 15

2.1.1　動的光散乱法の概略 ···················· 15

2.1.2　動的光散乱法の原理 ···················· 16

2.1.3　動的光散乱法の測定 ···················· 25

2.1.4　動的光散乱法の応用 ···················· 31

A.　電気泳動光散乱 ······················ 31

B.　多重散乱の克服 ······················ 34

C.　偏光を利用した回転運動の解析 ·············· 42

補足：Wiener–Khinchin の定理の証明 ·············· 45

補足：ヘテロダイン検出における散乱光強度の時間相関関数 ······ 46

補足：二色動的光散乱における散乱光強度の相互相関関数 ········ 48

2.2　X線光子相関分光法 ························ 50

2.2.1　X線光子相関分光法の概略 ················· 51

v

目　次

2.2.2　X 線光子相関分光法の原理 ･･････････････････････････ 53

　A.　中間相関関数と X 線散乱の関係 ･･･････････････････ 53

　B.　時間コヒーレンスと空間コヒーレンス ･･････････････ 57

　C.　X-ray speckle visibility spectroscopy ･･･････････････････ 59

2.2.3　X 線光子相関分光法の測定 ･････････････････････････ 60

　A.　XPCS 測定のための光源 ･･････････････････････････ 61

　B.　XPCS 測定の基本配置 ･････････････････････････････ 62

　C.　XPCS 測定の検出器 ･･･････････････････････････････ 64

　D.　測定上の注意 ･････････････････････････････････････ 65

2.2.4　X 線光子相関分光法の応用 ･････････････････････････ 68

　A.　反射型 XPCS による界面揺らぎ ･･･････････････････ 68

　B.　プローブ粒子のダイナミクス観察 ･･･････････････････ 70

　C.　時間変化する場合の相関関数 ･････････････････････ 72

　D.　ナノコンポジット ･･･････････････････････････････ 73

　E.　原子レベルの時空間スケールのダイナミクス ･･･････ 75

　F.　X 線自由電子レーザーを用いた測定例 ･･････････････ 76

　G.　X-ray cross correlation spectroscopy（XCCS） ･･････････ 79

2.2.5　まとめ ･･･ 80

2.3　蛍光相関分光法 ･････････････････････････････････････ 83

2.3.1　蛍光相関分光法の概略 ･･････････････････････････ 83

2.3.2　蛍光相関分光法の原理 ･･････････････････････････ 85

　A.　FCS における自己相関関数 ･･････････････････････ 85

　B.　三次元自由拡散モデル ･････････････････････････ 88

2.3.3　蛍光相関分光法の測定 ･･･････････････････････････ 90

　A.　蛍光相関分光装置の概要 ････････････････････････ 90

　B.　蛍光相互相関分光法（FCCS） ････････････････････ 91

　C.　FCS/FCCS における非蛍光成分 ･･･････････････････ 94

　D.　FCS/FCCS における装置に起因するアーチファクト ･･･････ 96

　E.　FCS/FCCS における測定条件に起因するアーチファクト ･･････ 97

2.3.4　蛍光相関分光法の応用 ･･･････････････････････････ 97

目　次

　　A.　偏光蛍光相関分光法（polarization-dependent FCS, Pol-FCS）‥‥‥　97

　　B.　分子量測定 ‥‥‥‥‥‥‥‥‥‥‥‥‥‥‥‥‥‥‥‥‥‥‥‥　98

　　　（1）タンパク質 ‥‥‥‥‥‥‥‥‥‥‥‥‥‥‥‥‥‥‥‥‥‥　98

　　　（2）核酸 ‥‥‥‥‥‥‥‥‥‥‥‥‥‥‥‥‥‥‥‥‥‥‥‥‥　99

　　　（3）細胞外マトリックス研究 ‥‥‥‥‥‥‥‥‥‥‥‥‥‥‥　100

　　　（4）分子量測定の具体的な方法 ‥‥‥‥‥‥‥‥‥‥‥‥‥‥　100

　　C.　分子間相互作用検出 ‥‥‥‥‥‥‥‥‥‥‥‥‥‥‥‥‥‥‥　104

　　　（1）1波長励起による2分子間相互作用検出（FCS, Pol-FCS）‥‥‥　104

　　　（2）2波長励起による2分子間相互作用検出（2色 FCCS）‥‥‥‥‥　105

　　　（3）1波長励起による2分子間相互作用検出（FLCS, FLCCS）‥‥‥‥　107

　　　（4）2波長励起による6相互作用検出　2色 FCCS（dc-FLCCS）‥‥　108

　　D.　FCS と DLS‥‥‥‥‥‥‥‥‥‥‥‥‥‥‥‥‥‥‥‥‥‥‥‥　109

　　E.　アドバンス FCS・FCCS ‥‥‥‥‥‥‥‥‥‥‥‥‥‥‥‥‥‥　110

　補足：FCS のデータ解析について ‥‥‥‥‥‥‥‥‥‥‥‥‥‥‥‥　110

　コラム：二次元蛍光寿命相関分光法‥‥‥‥‥‥‥‥‥‥‥‥‥‥‥‥　114

第3章　二次元相関分光法 ‥‥‥‥‥‥‥‥‥‥‥‥‥‥‥‥‥　117

3.1　二次元相関分光法の概念 ‥‥‥‥‥‥‥‥‥‥‥‥‥‥‥‥‥‥　117

3.2　動的スペクトル ‥‥‥‥‥‥‥‥‥‥‥‥‥‥‥‥‥‥‥‥‥‥　119

3.3　二次元相関分光法の考え方 ‥‥‥‥‥‥‥‥‥‥‥‥‥‥‥‥‥　121

3.4　正弦波に対する応答 ‥‥‥‥‥‥‥‥‥‥‥‥‥‥‥‥‥‥‥‥　122

3.5　一般化二次元相関分光法 ‥‥‥‥‥‥‥‥‥‥‥‥‥‥‥‥‥‥　124

3.6　ヒルベルト変換を用いた一般化二次元相関分光法の計算‥‥‥‥　126

3.7　一般化二次元相関法の離散的な計算 ‥‥‥‥‥‥‥‥‥‥‥‥‥　129

3.8　二次元相関スペクトルの読み方 ‥‥‥‥‥‥‥‥‥‥‥‥‥‥‥　132

3.9　ピーク位置のシフトと隣接ピーク ‥‥‥‥‥‥‥‥‥‥‥‥‥‥　137

3.10　位相角表示 ‥‥‥‥‥‥‥‥‥‥‥‥‥‥‥‥‥‥‥‥‥‥‥‥　140

3.11　ヘテロスペクトル相関 ‥‥‥‥‥‥‥‥‥‥‥‥‥‥‥‥‥‥‥　141

3.12　MW2D 法‥‥‥‥‥‥‥‥‥‥‥‥‥‥‥‥‥‥‥‥‥‥‥‥‥　143

3.13　PCMW2D 法‥‥‥‥‥‥‥‥‥‥‥‥‥‥‥‥‥‥‥‥‥‥‥　146

vii

目　次

　3.14　2T2D 法 ・・・　149

第 4 章　多次元分光法 ・・　153

　4.1　二次元 NMR 分光法 ・・・　153

　　4.1.1　スピン ・・　154

　　4.1.2　NMR の巨視的現象論 ・・　156

　　4.1.3　磁化の回転と横磁化の生成 ・・　159

　　4.1.4　FID（free induction decay, 自由誘導減衰）と NMR スペクトル ・・・・　161

　　4.1.5　カップリングした 2 スピン系 ・・・・・・・・・・・・・・・・・・・・・・・・・・・・・・・・・・・・・・・　163

　　4.1.6　二次元相関測定 ・・　165

　　4.1.7　磁化移動の半古典的記述 ・・・　167

　　4.1.8　ブラケット表記 ・・　171

　　4.1.9　密度行列 ・・・　173

　　4.1.10　占有数と横磁化 ・・　176

　　4.1.11　多スピン演算子の行列表示とプロダクトオペレーター ・・・・・・・・・・・・　177

　　4.1.12　回転観測系 ・・・　179

　　4.1.13　1 スピンのダイナミクス ・・・　181

　　4.1.14　カップリングがある 2 スピン系のダイナミクス ・・・・・・・・・・・・・・・　183

　　4.1.15　二次元測定の実装 ・・　186

　　4.1.16　相関測定の基本構造 ・・・　190

　　Appendix：INADEQUATE（Incredible Natural Abundance DoublE

　　　　　　　QUAntum TEchnique） ・・・・・・・・・・・・・・・・・・・・・・・・・・・・・・・・・・・・・　193

　　Appendix：NOESY（Nuclear Overhauser Effect SpectroscopY） ・・・・・・・・　197

　4.2　二次元赤外分光法 ・・・　202

　　4.2.1　二次元赤外分光法の概略 ・・・　202

　　4.2.2　二次元赤外分光法の原理 ・・・　206

　　4.2.3　二次元赤外分光法の測定 ・・・　221

　　　A.　装置の概略 ・・・　221

　　　　（1）赤外パルスレーザー光源 ・・　221

　　　　（2）マルチチャンネル赤外検出器 ・・・・・・・・・・・・・・・・・・・・・・・・・・・・・・・・・・・　224

viii

B. 時間領域での二次元赤外分光法の測定系 ･････････････････ 224

  （1）BoxCARS 配置によるヘテロダイン検出系 ･･････････････ 224

  （2）ポンプ–プローブ配置をベースとした測定系 ････････････ 229

  （3）パルスシェーパーを用いた測定系 ･････････････････････ 231

4.2.4　二次元赤外分光法の応用

  （特徴的な試料での測定／発展的な計測手法）･････････････ 232

A. 液体のダイナミクス／溶媒和ダイナミクス ･･････････････ 232

B. 生体分子系への応用 ･･･････････････････････････････････ 239

4.3　二次元電子分光法･･･････････････････････････････････････ 248

4.3.1　二次元電子分光法の背景･････････････････････････････ 249

4.3.2　二次元電子分光法の基本原理･････････････････････････ 250

4.3.3　二次元電子分光法で何を明らかにできるか･･･････････････ 252

4.3.4　二次元電子分光法の測定･････････････････････････････ 254

A. ブロードバンド超短パルス ･････････････････････････････ 255

B. 四光波混合 ･･･ 257

4.3.5　二次元電子分光法のデータ解析･･･････････････････････ 259

4.3.6　二次元電子分光法の応用･････････････････････････････ 263

A. 光合成タンパク質における超高速エネルギー移動 ･･････････ 264

B. 励起子カップリングの実時間観測 ･･･････････････････････ 264

C. 複雑な光化学反応への応用 ･････････････････････････････ 267

第1章 分光と相関

　分光測定の基本は，測定対象に照射した光が物質との相互作用の影響を受けて変化する様子を光のエネルギー（波長）を変えながら調べることである．測定装置は一般に光源部・試料部・分光部・検出部から構成され，各々について測定の目的に応じた最適化が行われる．得られるデータは通常，測定された光強度を光エネルギーの関数としてプロットした一次元のスペクトルの形で得られ，これを解析することで測定結果が解釈される．この枠組みは分光学の長い歴史を通じて変わらず，分光計測における技術革新は，半導体光検出器やレーザー光源の登場に代表されるように，その多くが装置各部のハードウェアの性能向上によるものであった．

　一方，20世紀後半以降もっとも飛躍的に進歩した科学技術といえば，多くの人が電子計算機を思い浮かべるだろう．電子計算機の処理速度，扱うデータのサイズが爆発的に増大すると同時に，コストダウンにより多くの人にとって身近な存在となり，インターネットの普及や近年では生成AIの登場などを通じて，我々の生活や社会の形を変え続けている．学術の世界では，電子計算機の利用を前提とした情報科学に基づくデータサイエンスが発展し，その波及効果は他の分野の研究手法にも大きな影響を与えている．分光分野における電子計算機の活用は，測定の自動化（オートメーション）を通して分光計測の省力化・汎用化に貢献し[1]，スペクトルの平滑化のような測定データの複雑な解析を可能にした．さらに，複雑な測定を自動化できるようになったこと，巨大なデータを扱えるようになったこと，高度な数学的処理を容易に実装できるようになったことは，既存の分光計測法で得られたスペクトルのデータサイエンスを活用した高度な解析につながった[2]のみならず，分光計測の手法そのものにも変革をもたらし，以前は現実的でないと思われていたような新しいタイプの分光計測法の実現に道を開いた[3]．

　本書で題材とするのは，そのような電子計算機による高度なデータ処理を前提とした比較的新しい分光計測法の一群であり，ここでは「**相関分光法**」と総称する．分光測定装置が出力する値を連ねた一次元データを取得することが通常の分光計測であるとすると，相関分光法には，一次元データに含まれる複数のデータ点の間の**相関**を問題にするという特徴がある．この相関の強さを詳細に調べることで，一次元データを見ただけではただちに得られない情報を引き出すことができる．ただし

第 1 章　分光と相関

相関を定量的に扱うために，特殊な測定手法を用いた大量のデータの取得や高度な数学的処理が必要になるため，通常の測定法の経験があっても，その原理の理解や結果の解釈方法は難しく感じられるかもしれない．

本書では，大きく分けて 3 種類の相関分光法を取り上げ，それらの原理と測定・解析・応用を解説する．これらは測定技術も測定対象も大きく異なるため通常は別の分光法として扱われ，個別にはすでに優れた解説書が存在するものが多い．本書のねらいは，相関という視点からこれらの分光法を俯瞰し，それぞれの位置付けを捉え直すことである．各分光法において相関という概念がどのように利用されているのか？　別々の分光法の間の共通点は何か？　を意識しながら各章を読み比べることで，個別の分光法の理解が一層深まるのではないかと考えている．これを通して相関解析の有用性を認識し，自分なりの応用を考える契機としていただければ幸いである．

本章ではまず，個々の相関分光法の各論に入る前の準備として，相関の概念についての基本的な事項を説明し，分光との関わりにおいて特に注目すべき点や各相関分光法における相関の役割を整理する．

1.1 ■ 統計学における相関

1.1.1 ■ 相関とは

相関 (correlation) とは，元来は複数の事柄が相互に関係しあっていることを意味する一般的な言葉である（ちなみに英語の correlation はラテン語の cor- ("together") と *relatio* ("bring back") に由来する[4]）．学術用語として使われる場合は，2 つの量を多数回観測した時に，それらが同時に増減したり（片方が増えた時にもう片方も増える），互いに逆向きに増減したりする（片方が増えた時にもう片方が減る）傾向のことを指し，それぞれ**正の相関**および**負の相関**があると表現する（**図 1.1.1**）．

統計学では特に，2 つの量の関係が直線的に変化する度合いのことを相関と呼ぶのが一般的である（**図 1.1.2**）．この相関の強さを数値的に表現するために，以下のように定義される**ピアソンの積率相関係数**（単に**相関係数**と呼ばれることが多い）がよく用いられる[5]．

$$r = \frac{\sum_i (X_i - \bar{X})(Y_i - \bar{Y})}{\sqrt{\sum_i (X_i - \bar{X})^2 \sum_i (Y_i - \bar{Y})^2}} \quad . \tag{1.1.1}$$

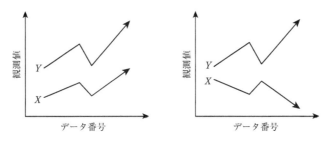

図 1.1.1 2つの量 X, Y の正の相関(左)と負の相関(右)

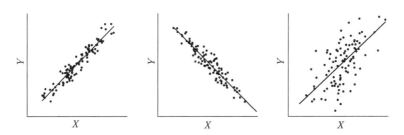

図 1.1.2 相関係数と相関．(左) $r=0.96$．(中央) $r=-0.94$．(右) $r=0.66$．

ここで X_i, Y_i は2つの量 X, Y の i 番目の観測値であり，$\bar{X}, \bar{Y}$ は全観測データについてそれらの平均を取ったものである．積率相関係数 r は，X, Y の二次元散布図を描いたときにデータ点をもっともよく再現する回帰直線の向きに関係しており，$0 < r \leq 1$ のとき正の相関，$-1 \leq r < 0$ のとき負の相関があるといえる(**図 1.1.2**)．また r がゼロに近いほど回帰直線の傾きに比してデータが散らばっており，1 または -1 に近いほど回帰直線がデータによく適合していることを表す．言い換えれば，前者は相関が弱く，後者は相関が強いことを意味する．

1.1.2 ■ 相関の意味と性質

相関が強いとき，2つの量が表す現象の間にはどのような関係があるといえるだろうか．まず考えられるのが，因果関係である．つまり，X が表す現象が原因となり，結果として Y が表す現象が引き起こされるとき($X \to Y$)，あるいはその逆が起こるとき($Y \to X$)，X, Y の間に相関が生じる．しかし，X, Y の間に因果関係がない場合でも，相関が生じることがある．例えば，X, Y が共通の現象を表していたり($X = Y$)，両者がともに共通の原因 Z によって引き起こされていたりする場合であ

第1章　分光と相関

る($Z \to X, Y$). 相関分光法の種類によって，どの関係が相関を生じさせるのかが変わってくる．一方，式(1.1.1)からわかるように，観測される相関はX, Yについて対称であり，これらを入れ替えても相関の強さは変化しない．このことは，単に相関を調べるだけでは，因果関係の存在やその向きを特定することができないことを意味する．相関を解釈する際にはこの点に注意が必要である．

相関と関連する概念に，**独立性**がある．2つの量が独立であるとは，片方の量についてある値が現れる確率が，もう片方の量にまったく左右されない状況を指す．独立である場合，2つの量は無相関($r=0$)である．しかしその逆は必ずしも成り立たず，無相関であっても独立でないという状況もありうる．例えば，YがXの非線形関数(二次関数や三角関数など)で表される場合に，$r=0$になることがある．この場合は，2つの量の間に関連性があるにもかかわらず，通常の相関を調べてもその情報を得ることができない．このような非線形な相互関係の強さを議論するためには，相互情報量など通常の相関とは異なる指標を用いる必要がある[6]．本書では，線形な相関を利用する分光法のみを扱うが，相関分光法の考え方を応用すれば，非線形な相互関係を利用した分光測定を考えることも原理的には可能である．

1.1.3 ■ 相関関数

ここまでは，2つの量をある特定の条件に固定して個別に定義した場合の相関を考えていた．これに対し，各々の条件を固定せずに，それらの間の関係を一定にするように2つの量を定義することもできる．例えば，任意の時刻tでの分光測定値$X(t)$と，tから一定の時間Δtだけ経過した時刻$t + \Delta t$での分光測定値$X(t + \Delta t)$との相関を考える．tの値そのものには興味がなく，Δtに対して相関がどう変化するかだけを知りたい場合，$X'(t) = X(t) - \bar{X}$($\bar{X}$はXの時間平均)として

$$G(\Delta t) = \frac{1}{T} \int_0^T X'(t) X'(t + \Delta t)\, dt \tag{1.1.2}$$

のように$X'(t)$と$X'(t + \Delta t)$の積をtについて平均したΔtの関数(**時間相関関数**)を用いればよい(Tは全測定時間)．式(1.1.2)は式(1.1.1)と分母を除き同じ形をしており，$X(t) \to X$，$X(t + \Delta t) \to Y$と置き換えれば1.1.1項，1.1.2項と同様の議論が成り立つ．時間相関関数を用いることで，測定の時間間隔によって相関がどう変化するか，言い換えれば測定値の揺らぎの影響がどのくらい続くのか，に焦点を当てることができる(ここでは時間相関関数を取り上げたが，時刻tの代わりに座標xを用いて**空間相関関数**$G(\Delta x)$を定義することもできる．これは揺らぎの空間的な広がりを表す量になる)．

4

式(1.1.2)のように時間以外の条件を変えずに相関関数を求めたものを**自己相関関数**と呼ぶことがある．これに対し，tにおける測定と$t+\Delta t$における測定の条件を変えて

$$G_{XY}(\Delta t) = \frac{1}{T}\int_0^T X'(t)Y'(t+\Delta t)\,\mathrm{d}t \tag{1.1.3}$$

のような相関関数を定義することができる．これをX,Yの**相互相関関数**と呼ぶ．相互相関関数は，異なる条件での測定値の揺らぎがどの程度同期しているかの目安となり，条件の選び方によってはΔtの増加関数になることもある（逆向きに同期している場合）．また，$X'(t)Y'(t+\Delta t) \neq Y'(t)X'(t+\Delta t)$であるから一般に$G_{XY}(\Delta t) \neq G_{YX}(\Delta t)$であり，相互相関関数は$X,Y$について対称とは限らない．これは自己相関関数や前節までで述べた一般の相関と異なる点であり，条件を2つ同時に変えている（X,Yと$t,t+\Delta t$）ことに起因する（$G_{XY}(\Delta t) = G_{YX}(-\Delta t)$であることに注意）．一方，測定対象が平衡状態にあるときは時間反転対称性が成り立ち，$G_{XY}(\Delta t) = G_{XY}(-\Delta t)$となる．このとき$G_{XY}(\Delta t) = G_{YX}(\Delta t)$であり，相互相関関数が対称になる[7]．このように，相互相関関数の対称性は平衡条件の判定に使える．逆に相互相関関数が非対称である場合は，$G_{XY}(\Delta t) \neq G_{XY}(-\Delta t)$から$X,Y$が表す現象の時間的な順序が意味をもつことになり，それらの因果関係の情報が得られる可能性がある．

1.2 ■ 分光における相関

本節では，分光計測において相関の概念が実際にどのように利用されているかを概観する．「相関分光法」という言葉は，元は大気中の微量ガスの定量に用いられるある種の分光計測手法のことを指していた[8]．この方法では，測定したいガスのスペクトル形状（参照スペクトル）を反映するように作成したマスクを分光器の内部に設置し，マスクを透過した光の全強度を1台の検出器でまとめて計測する（**図1.2.1**）．マスクは測定対象ガスの吸収の極大波長／極小波長においてそれぞれ不透明／透明になるように作られている．実際のスペクトル測定時にこのマスクの位置を波長方向に振動させると，もし目的物質が存在すれば，マスクが正しい位置を通過する短い時間の間だけ光検出器の信号が上昇するが，それ以外の（マスクのスペクトル形状と実際のスペクトルがずれている）時間は信号が低いまま保たれる，という仕組みである．この信号の強弱のコントラストを計測して，目的物質の定量を行う．相関の見方でいうと，ここではマスクを介して参照スペクトルと測定スペクトルの相関が取られていると見ることができる．マスクの位置がずれているとき

第 1 章　分光と相関

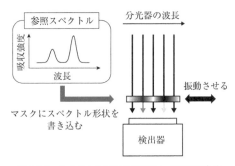

図 1.2.1　スペクトルマスクを利用した相関分光法

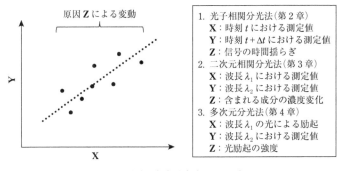

図 1.2.2　本章で扱う分光法における相関

は，図 1.1.1 の横軸が X, Y の間でずれていると考えれば，相関が消失することが納得できるだろう．測定対象ではない物質のスペクトルは一般に吸収波長が異なるため，参照スペクトルとの相関が低いと考えられ，そのため選択的に目的物質のみを計測することができる．また，光源スペクトルの揺らぎの補正が必要ないため，自然光を光源とした大気計測に応用でき，実際最初は金星大気中の水蒸気の検出に用いられた[8-10]．この方法は分光器とマスクを巧みに利用してメカニカルに相関を計測しており，データから相関の計算処理を行う必要はない．

現代では，電子計算機の発展もあってさまざまな分光計測において相関の概念の利用が進んでおり，「相関分光法」という単語の意味するところも変化してきている．以下では本書第 2 章から第 4 章の内容に対応させる形で，前節の内容を踏まえながら，分光における相関の活用法の具体的な例を見ていく．図 1.2.2 に，本章で扱う分光法における相関の使われ方をまとめた．以下の各節で個別に説明する．

1.2.1 ■ 時間相関

　ある種の分光実験では，検出部で計測される光の強度が測定対象の物質のダイナミクスを反映して時間的に揺らぐということが起こる．例えば，分子の構造揺らぎによって信号光が時間変化する場合や，溶液中で微粒子がランダムに動き回っている時に，その微粒子からの散乱光を計測する場合などである．このようなときに，そのダイナミクスの特徴をとらえるために，信号光強度の時間相関を利用するのが有力な手段となる．これが第2章で解説する**光子相関分光法**である．

　光子相関分光法では，1.1.3項の式(1.1.2)を用いて信号光強度の時間相関関数を求める（**図1.2.3**）．この相関関数は，Δtだけ離れた2つの時刻の間での光強度の相関の強さを表している．例えば，ある時刻tで信号光強度が平均の光強度よりも高かったとしよう．このとき，Δtの時間が経過した後の時刻$t+\Delta t$でも光強度が高いままであれば，2つの時刻間で光強度に正の相関があることになり，相関関数は大きな値をとる．逆に，ある時刻で信号光強度が平均の光強度よりも低かったとき，Δtの時間が経過した後もなお光強度が低かった場合はどうだろうか．実はこの場合も，光強度の相関は正であり（**図1.1.1**，**1.1.2**を見よ），相関関数は大きな値をとる．このことから，Δtが小さい時の相関関数の値は，信号光強度の揺らぎの<u>大きさ</u>を，その向きにかかわらず反映していることがわかる．ここから，測定対象物質の光学的性質（光散乱断面積や蛍光強度など）の揺らぎの大きさを知ることができる．次に，Δtを大きくした場合を見てみよう．この時は，物質のダイナミクスに由来する信号の揺らぎによって，時刻tで「信号光強度が強かった（弱かった）」という情報が，時刻$t+\Delta t$では失われてしまうだろう．つまり，2つの時刻間での光強度の相関はゼロに近くなると考えられる．Δtをどこまで大きくした時にこの相

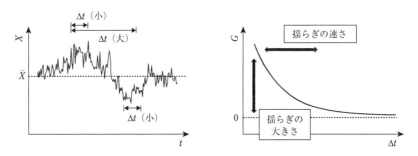

図1.2.3　信号強度の時間揺らぎ（左）と相関関数（右）

第 1 章　分光と相関

関が減り始めるかは，信号の揺らぎの速さによって決まる．これを使うと，相関関数の減衰時間をもとに，測定対象物質の光学的性質の揺らぎの時間スケールの情報が得られる．このように，相関関数の形は，その振幅(揺らぎの大きさ)と減衰時間(揺らぎの速さ)という 2 つの重要な情報をもっている(図 1.2.3)．

　2.1 節で解説する**動的光散乱法**は，可視領域の散乱光の揺らぎを計測する光子相関分光法である．動的光散乱法の代表的な測定対象としてコロイド溶液中の微粒子が挙げられるが，この場合，散乱光の揺らぎの相関関数の振幅は個々の粒子からの光散乱の強さを，減衰時間は溶液中での拡散運動の速さ，すなわち粒子の大きさを反映する．したがって動的光散乱法を用いると，コロイド粒子の粒径の計測を行うことができる．一方，同様の測定を X 線波長領域で行うのが**X 線光子相関分光法**(2.2 節)であり，これは X 線領域における動的光散乱法に相当する．X 線光子相関分光法は X 線の高い透過性を利用して高分子のダイナミクス計測に用いられ，また X 線の波長が可視光よりもはるかに短いため，可視領域での動的光散乱法よりも空間スケールが小さい原子・分子のダイナミクスの情報を与える．これらはいずれも外部から照射した光(可視光または X 線)の散乱強度の揺らぎを計測する分光法であるが，光学的な側面から見ると，これらに共通する重要な特徴として，照射光源として干渉性が高い**コヒーレント**な光を用いるという点がある．これは，干渉性の低い光源を用いた場合，多数の粒子からの散乱光の強度が単純に足し合わされる結果，個々の粒子の動きに由来する揺らぎの効果が互いに打ち消しあってしまい，全体として揺らぎが観測できなくなることが理由である．光源としてコヒーレントな光を用いると，別の粒子からの散乱光が干渉して強めあったり弱めあったりするため，多数の粒子が存在していても，それらの位置関係の時間変化に応じて，検出可能なレベルで信号の揺らぎが観測されるのである．

　一方，2.3 節で扱う**蛍光相関分光法**は，光散乱の代わりに可視光を吸収する色素が発する蛍光の揺らぎを計測する．色素が発する蛍光は一般にコヒーレントではないため，多数の分子からの信号を同時に観測すると，それらの揺らぎは打ち消しあい，検出不可能になってしまう．そこで蛍光相関分光法では，顕微鏡を用いて観測領域のサイズを小さく絞り込み，観測する分子の数を数個程度に制限して実験を行う．この場合，蛍光の揺らぎは主に観測領域への蛍光色素分子の出入りによって生じ，分子数が少ないほど揺らぎが顕著に現れる．そのため，蛍光相関分光法で測定される相関関数の振幅は濃度の逆数を表し，減衰時間は分子の拡散運動の速さを通して分子サイズの情報を与える．

　本小節では 3 種の光子相関分光法における相関関数の利用について，自己相関関

数に注目してその要点を述べたが，相関関数から得られる情報は上記のものにとどまらず，それぞれの分光法に関連してさまざまな発展的な手法が存在し，活用されている．この中には，相互相関関数を利用する手法も含まれる．これらについては，第2章で詳しく解説されている．

1.2.2 ■ スペクトルピーク間の相関：濃度変化に対する応答

　分光における相関の活用法のもう一つの考え方は，スペクトルのある波長における信号強度と別の波長における信号強度の相関に注目するというものである．例えば，ある混合物のスペクトルを測定することを考えよう．このとき，得られるスペクトルは異なる物質に由来する複数の成分の和で表されることになる．各成分のスペクトルがあらかじめわかっていれば，測定されたスペクトルを成分の和に分解すれば，それぞれの物質が測定対象試料にどれくらい含まれているかを決定できるだろう．しかし，そのような参照スペクトルが手元にない場合はどうすればよいだろうか？

　一つの方法は，何らかの方法で混合物に含まれる各物質の濃度比を段階的に変化させながら大量のスペクトルデータを取得し，濃度変化にともなうスペクトルの変化を追跡することである．濃度比を変化させる手段としては，外部から適当な摂動（温度変化や加振など）を与えてもよいし，蒸発などで自然に濃度が変わる様子を時間的に追跡するといった方法でも構わない．このとき，スペクトルのある波長に現れるピークが別の波長に現れるピークと同時に増減していれば，言い換えると2つのピーク波長におけるスペクトル強度に正の相関があれば，これらのピークは同じ物質に由来している可能性が高いといえるだろう．一方，2つのピークの相関が弱い場合は，これらのピークは別の物質に由来すると考えられる．もし2つのピークが互いに逆向きに変化していれば，つまりこれらのスペクトル強度に負の相関があるならば，最初のピークを与える物質がもう一つのピークに対応する物質に変化しているという解釈が成り立つ．

　第3章で解説する**二次元相関分光法**は，このようなスペクトルピーク間の相関を統一的・体系的に扱うための電子計算機を使った解析手法である．ここでいう「二次元」とは，「二次元平面」や「三次元空間」という単語が意味するような空間的な次元を指すのではなく，通常の一次元のスペクトルでは横軸として取られることが多い，物質と相互作用する光の波長について二次元であるという意味である．一次元のスペクトルは多数の波長点における信号強度を並べたものだが，その中から任意の2つの波長を取り出し，上述の方法でそれらの相関を求める．波長点の数が

第1章　分光と相関

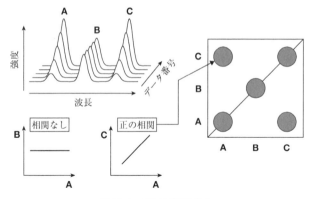

図 1.2.4　二次元相関分光法
一連のスペクトル（左上）を測定して各波長点の間の相関を調べる（左下；ピークAとピークBに相関がなく，ピークAとピークCに相関がある）．これらをまとめて二次元マップに図示する（右）．

N 個あるとすれば，この相関計算をあらゆる波長の組み合わせについて繰り返せば，$N \times N$ 個の相関値が得られる．これを波長−波長二次元マップとして表現するのが，二次元相関分光法である．この二次元マップを使えば，どのピーク同士が互いに正に（あるいは負に）相関しているかを視覚的にとらえることができる（図 1.2.4）．

二次元相関分光法では，このようにして決められる通常のピーク間の相関に加えて，各物質の濃度がある傾向をもって変化していくような測定を行った場合には，測定の間隔に応じて自己相関関数および相互相関関数に相当する量を定義することができる．このうち相互相関関数は，各物質の濃度変化がどの順序で起こったかの情報を含んでいる（1.1.3 項を参照）．二次元相関分光法ではこの相互相関の情報も含めて統一的にスペクトルピーク間の相関を扱うために，同時相関スペクトルと異時相関スペクトルを定義して活用する．詳しくは，第3章を参照されたい．

1.2.3 ■ スペクトルピーク間の相関：量子状態間の相互作用

スペクトルピークの間の相関を調べるもう一つの方法が，比較的最近発展してきた新しい手法であり，第4章で詳しく解説する**多次元分光法**である．多次元分光法は二次元相関分光法と似ているが，外部からの摂動などによって物質の濃度比を変化させるのではなく，光によって物質の量子状態の変化を誘起して，それに対する物質の応答を別の光を使って観測する．得られるスペクトルは，それぞれの光の波長を別の軸に取って測定結果を表示したものである．このため，二次元相関分光法

1.2 分光における相関

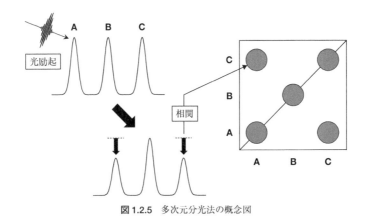

図 1.2.5 多次元分光法の概念図

のときと同様に多次元のマップの形になる．この多次元データ上には，遷移エネルギー，つまり共鳴する光の波長が異なる量子状態の間の相関の情報が表現されている（図 1.2.5）．ここでいう相関は 1.1.1～1.1.3 項で説明したものと違って見えるが，最初にある波長の光を用いて量子状態の変化を誘起する効率が，その波長におけるスペクトルの強度に対応していると考えれば，二次元相関分光法のときと同様に 2 つの波長点の間のスペクトル強度の相関を観測していると理解できる．なお，多次元分光法で用いる光と物質の相互作用の回数は 2 回（二次元分光法に相当）とは限らず，3 回以上の場合もある．本書ではこの場合も含めて多次元分光法と呼んでいるが，基本的な原理の理解のためには二次元の場合を考えるのがわかりやすい．

　多次元分光法の実験では光を測定対象の物質に複数回照射する必要があり，そのぶん装置は複雑化する．実際にはパルス状の光をいくつか用意して，測定対象の物質と順次相互作用させる．最初の 1 つまたは複数のパルスが相互作用の記録を物質内に量子状態の変化として書き込む役割を担い，最後に検出用のパルスを用いてその記録を読み出す，という手順で測定を行う．そして記録を書き込むために用いた光の波長と，それを読み出すための光の波長を別の軸に取ってデータを表示する．ここで用いる光パルスの時間幅が短寿命状態の検出やエネルギーの流れの追跡を行う際の時間分解能を決めるため，目的によってはきわめて時間幅の短いパルスを用意する必要があり，このために後述の二次元赤外分光法や二次元電子分光法では最先端の高価なレーザーシステムが用いられる．また多くの場合，記録用パルスの波長選択はフーリエ分光の原理に基づき，波長幅の広い光パルスを 2 つ用意してそれらの時間間隔を少しずつ変えた測定を繰り返すことで行う．このため多次元マップ

第 1 章　分光と相関

を構築するためには大量にデータを取得してフーリエ変換などの処理を行う必要が
あり，測定とデータ処理の負荷が大きい分光法であるといえるだろう．

　応用対象の観点から見ると，多次元分光法は混合物からなる試料の分析のためと
いうよりも，分子の構造不均一性や周囲の環境の不均一性により遷移エネルギーが
分布をもつ場合にこれをいくつかの成分に分解したり，1 種類の分子の中で異なる
遷移エネルギーをもつ量子状態同士の相互作用を調べたりする目的で使われること
が多い．例えば，2 つの遷移が共通の始状態から起こっていたり，別の状態であっ
ても強く相互作用している状態からの遷移であったりすると，対応するピーク間に
相関が現れる．さらに光照射の時間間隔を制御することで，相関の時間変化，つま
り相関関数を求めることも可能である．時間間隔を変えていったときの異なるピー
クの間の相関は多次元マップ上のクロスピークとして観測され，その時間依存性は
相互相関関数を表すが，これは時に非対称になり(1.1.3 項参照)，量子状態間のエ
ネルギーの流れを表しているものと理解される．なお光子相関分光法，二次元相関
分光法と異なり，多次元分光法に属する手法はその名称に「相関」が含まれていな
いが，ここで説明したように多次元マップの解釈は前節で説明した相関の考え方に
基づいており，スペクトルピークが表す量子状態間の相互作用をマップ上の相関
ピークの強度と時間変化を通して可視化している．

　4.1 節で解説する**二次元 NMR 分光法**は，原子の核スピン間の相互作用を調べる
多次元分光法である．NMR(核磁気共鳴)分光法では試料に強い静磁場をかけて核
スピンの量子準位にゼーマン分裂を起こし，分裂した準位間の遷移をラジオ波領域
の電磁波を使って観測することで，準位の分裂幅(化学シフト)を測定する．二次元
NMR では，複数回の電磁波照射により分子内の異なる原子がもつ核スピンの間の
相互作用を検出し，それを通して原子の結合関係や空間的な距離の情報を得ること
ができる．核スピンの励起状態の寿命は分子の振動励起状態や電子励起状態と比べ
てはるかに長いため，二次元 NMR は比較的早い時期に実現し，そこで多次元分光
法の理論的取り扱いの基礎が確立された．4.1 節では，この理論的側面が重点的に
解説されている．

　二次元赤外分光法(4.2 節)は分子の振動準位に対して適用される多次元分光法で
ある．よく知られているように，赤外分光法で測定される分子の振動スペクトルは
分子構造の情報を与えるが，これを多次元化することで，スペクトル上に現れる複
数のピークの間の相関を調べ，分子の異なる構造の間の遷移(化学交換)や異なる振
動モード間の相互作用によるピークの分裂を特定したり，あるいは幅の広い振動バ
ンドの構造について詳細な情報を得たりすることが可能になる．最後に登場する二

12

次元電子分光法(4.3節)は本書で扱う中では最も新しい分光手法であり，分子の電子状態間の遷移について多次元分光法を適用したものに相当する．その原理や測定技術は二次元赤外分光法と共通する部分が多いが，適用対象は重なり合った電子スペクトル(一次元では可視吸収スペクトルや蛍光スペクトルに相当)の分離が中心になる．

　二次元NMR，二次元赤外分光法，二次元電子分光法の3つはそれぞれ違う波長領域の光を用い，また異なる測定対象に対する分光法であり，各分野において独自に発展してきたため，理論的取り扱いについてもそれぞれの分野の流儀がある．そこで本書第4章では各分野の専門家に原理的な基礎から説明していただき，異なる分光法の間で比較しながら共通する概念を会得して多次元分光法における相関の役割を理解できるようにした．

1.3 ■ おわりに

　本章では，相関の概念と分光における利用のされ方を簡単に説明した．相関計測が分光測定における強力な武器であり，実際にさまざまな場面で活用されていることがおわかりいただけたことと思う．もちろん本章で説明した内容は本書で扱う多くの優れた分光法のさわりの部分に過ぎず，それらの方法が真に備えている豊かな内容や分光の分野に変革をもたらす高い実力を伝えきれるものではない．専門家の手による以降の各章をぜひ楽しみながら読んでほしい．

参考文献

1) 南茂夫，分光研究，**67**, 66(2018)
2) 分光研究編集委員会，分光研究，**72**, 60(2023)
3) 河田聡，南茂夫，分光研究，**35**, 24(1986)
4) "correlation", Concise Oxford English Dictionary, revised tenth edition.
5) 東京大学教養学部統計学教室 編，基礎統計学I 統計学入門，東京大学出版会(1991)
6) T. Speed, *Science*, **334**, 1502(2011)
7) L. Onsager, *Phys. Rev.*, **37**, 405(1931)
8) 鈴木達朗，応用物理，**40**, 771(1971)
9) M. Bottema, W. Plummer, and J. Strong, *Astrophys. J.*, **139**, 1021(1964)
10) M. Bottema, W. Plummer, J. Strong, and R. Zander, *Astrophys. J.*, **140**, 1940(1964)

第2章 光子相関分光法

光子相関分光法は，光強度の揺らぎから被照射体のダイナミクスを計測する手法である．多くの場合，測定されるのはアナログな光強度ではなく，デジタルな光子の到達時間である．光子の検出が時間的に密な領域は光強度が高い部分に相当する．そして，光子の到達時間を時間領域において相関という形で解析することによって，被照射体のダイナミクスに関する情報が得られる．本章では，可視領域の散乱光を用いる**動的光散乱法**，X線の散乱光を用いる**X線光子相関分光法**，蛍光を用いる**蛍光相関分光法**について取り扱う．いずれも時間領域の相関分光という点では同じであるが，得意とする測定対象は異なる．

2.1 ■ 動的光散乱法

動的光散乱法は，高分子溶液やコロイド分散液中の溶質の粒径分布測定法として知られ，高分子の分野では非常に広く利用されている手法であるものの，分子分光の分野ではあまり知られていないと思われる．これは，動的光散乱法において振動状態や電子状態といった情報が一切含まれておらず，レイリー散乱光を解析するだけの手法であるため，いわゆる分光的なおもしろさがないためであると考えている．しかし，時間領域における相関分光法としては最もよく知られた手法であり，動的光散乱法の理解は，後述するその他の相関分光法の理解のために必ずプラスとなるはずである．

2.1.1 ■ 動的光散乱法の概略

コロイド溶液にレーザー光を照射すると，その軌跡を見ることができる．これはチンダル現象として知られており，粒径にして数十〜数百 nm 程度のコロイド粒子の光の散乱能が，溶媒と比較して桁違いに強いことを示している．チンダル現象を目で見ているだけでは気がつかないが，実はコロイド粒子からの散乱光強度は時々刻々と変化している．この強度変化は，コロイド粒子が**ブラウン運動**をすることによってその位置を時々刻々と変化させていることに起因する．そのため，散乱光強度の揺らぎを観測することができれば，コロイド粒子のダイナミクスに関する

15

第2章　光子相関分光法

情報が得られると考えられる．これが動的光散乱法の基本的な考え方である．

　得られるダイナミクスは，ブラウン運動の場合には粒子の**拡散係数**に変換することが可能であり，拡散係数は粒径の情報に変換できることから，動的光散乱は粒径測定法として認識されているところもある．ここで，光を使った計測の中で特徴的な点に，計測可能な粒径が波長をはるかに下回ることが挙げられる．一般的に，ある大きさの物体を波（光，電子，中性子など）で観測する際は顕微鏡法および散乱法の2種類の方法があるが，どちらも観測できる大きさの下限はおよそ波長のオーダーである．これに対して動的光散乱法では，容易に 10 nm 程度の粒径を計測することが可能である．これは，粒子の位置がどの程度ずれたのかを測る物差しとして光を使っているだけであり，位相がそろってさえいれば，波長による測定可能範囲の制限がないためである．そのため，測定対象からの散乱光が観測できさえすれば，数 nm の粒子の粒径を測定することも可能である．なお，観測できる大きさの上限については，散乱体がブラウン運動をするという仮定が必要となるため，マイクロメートルオーダーより大きい粒子の測定には適さないといえる[i]．

　本節では，動的光散乱法の原理を説明した後，実際の測定法および応用例について紹介する．本章で解説する他の光子相関分光法についても読んだ上で，類似点・相違点を理解してもらえれば幸いである．動的光散乱に関する教科書としては，Berne および Pecora の教科書[1]が最も有名であり，原理的な部分が詳細に記述されている．実験的な面については，やや古い記述もあるが Chu の教科書[2]が詳しい．和書では柴山らによる教科書[3]が新しく，具体例も多い．動的光散乱の解説は，対象となる高分子への応用に注目されることが多いが，本章では原理的な部分に重きを置いて，他の相関分光法との相関がわかるような記述を心掛けた．

2.1.2 ■ 動的光散乱法の原理

　一般的な動的光散乱は，レーザー光を試料に照射し，そこから発生する散乱光の強度の揺らぎを観測する．まず，この強度揺らぎが何によって生じるかを考える．

　最も簡単なモデルは，溶液中に存在する2つの同一粒子からのレイリー散乱である（**図 2.1.1**）．ここで「粒子」は，通常はコロイド粒子や溶解している高分子を表している．原理上は原子や小分子を散乱体と考えても問題ないが，その場合は溶媒から発生する散乱光と実験的に区別することができないため，動的光散乱の測定対象は溶媒分子からの散乱と比較して十分強い散乱光を発生する，数 nm 以上の高分

---

[i] 幸いなことに，そのような粒子は沈むため，溶液中で測る必要性はあまりなく，さらに顕微鏡法によって観測が可能な大きさとなっている．

16

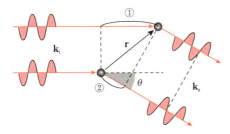

図 2.1.1 二粒子からの散乱光の干渉

子やコロイド粒子が一般的である.

粒子にレーザー光が照射されると,粒子中の原子からの二次放射光として光がさまざまな方向に散乱される.ここではある角度 θ に散乱された光を考え,2つの粒子から発生した散乱光の強度が干渉によってどのように変化するかを考える.上の入射光が粒子に到達するまでに進む距離は,下の入射光と比較して,**図 2.1.1** において①で示した長さだけ長い.この長さは,入射光の方向ベクトル $\mathbf{e}_i$ および粒子間のベクトル $\mathbf{r}$ を用いて以下のように書き表される.

$$① = \mathbf{e}_i \cdot \mathbf{r} \tag{2.1.1}$$

そして,①の長さによって上下の入射光の間に生じる位相差は,①の長さを溶媒中の波長 λ によって規格化し[ii],2π をかけることによって求められる.

$$①に起因する位相差 = 2\pi \frac{\mathbf{e}_i \cdot \mathbf{r}}{\lambda} \equiv \mathbf{k}_i \cdot \mathbf{r} \tag{2.1.2}$$

ここで,入射光の波数ベクトルとして $\mathbf{k}_i$ を定義した.同様に,下の散乱光が粒子から検出器に到達するまでに進む距離は,上の散乱光と比較して,**図 2.1.1** において②で示した長さだけ長く,それによって生じる位相差は散乱光の方向ベクトル $\mathbf{e}_s$ を用いて以下のように求められる.

$$②に起因する位相差 = 2\pi \frac{\mathbf{e}_s \cdot \mathbf{r}}{\lambda} \equiv \mathbf{k}_s \cdot \mathbf{r} \tag{2.1.3}$$

ここで,散乱光の波数ベクトルとして $\mathbf{k}_s$ を定義した.式 (2.1.2) および (2.1.3) から,散乱によって生じる正味の位相差は以下のように求められる.

$$散乱によって生じる位相差 = (\mathbf{k}_s - \mathbf{k}_i) \cdot \mathbf{r} \equiv \mathbf{q} \cdot \mathbf{r} \tag{2.1.4}$$

[ii] 真空中の波長 λ_0 および溶媒の屈折率 n を用いて,$2\pi n \mathbf{e}_i \cdot \mathbf{r} / \lambda_0$ と書き表されることも多い.

第 2 章　光子相関分光法

ここで定義された $\mathbf{q} = 4\pi\sin\left(\dfrac{\theta}{2}\right)/\lambda$ は**散乱ベクトル**と呼ばれ，波長と散乱角によって決まる物理量である．式(2.1.4)からわかることは，位置 $\mathbf{r}$ にある粒子からの散乱光は，原点にある粒子からの散乱光と比較して位相差が $\mathbf{q}\cdot\mathbf{r}$ だけ存在する，ということである．

　この位相差を加味して，干渉に関係する部分のみに注目して散乱光電場の定式化を進める．原点に存在する粒子を基準とすると，**図 2.1.1** に示した 2 つの粒子から発生する散乱光電場 $E_s^{(2)}$ は以下のように書ける[iii]．

$$E_s^{(2)} \propto 1 + e^{i\mathbf{q}\cdot\mathbf{r}} \tag{2.1.5}$$

　原点をずらし，2 粒子の位置をそれぞれ $\mathbf{r}_1$，$\mathbf{r}_2$ とすると，式(2.1.5)は以下のように書き換えられる．

$$E_s^{(2)} \propto e^{i\mathbf{q}\cdot\mathbf{r}_1} + e^{i\mathbf{q}\cdot\mathbf{r}_2} \tag{2.1.6}$$

　同様の議論によって，被照射体積中に同一粒子が N 個存在する場合の散乱光電場 E_s は以下のように書くことができる．

$$E_s \propto \sum_{j}^{N} e^{i\mathbf{q}\cdot\mathbf{r}_j} \tag{2.1.7}$$

式(2.1.7)は，散乱光電場が粒子位置のフーリエ変換であることを示している．

　ここまでの議論は，動的光散乱に限らずさまざまな散乱に共通の考え方である．静的な散乱では，式(2.1.7)で求められる散乱光強度の $\mathbf{q}$（散乱角）分布を議論する．これに対し動的光散乱では，粒子位置が時々刻々変化することに起因する，散乱光強度の時間揺らぎを議論する．以降，式(2.1.7)における $\mathbf{r}_j$ を $\mathbf{r}_j(t)$ と書き換えて，時間揺らぎをどのように解析するかについて述べる．

　測定において実際に観測できる物理量は，散乱光電場 $E_s(t)$ ではなく散乱光強度 $I_s(t)$ である．そして，時間揺らぎを定量的に解析するために用いられる物理量は，相関時間 τ だけ離れた散乱光強度の積を時間平均した物理量である**時間相関関数**，$\langle I_s(t)I_s(t+\tau)\rangle_T$ である．ここで，$\langle\cdots\rangle_T$ は時間平均を表す．

$$\langle I_s(t)I_s(t+\tau)\rangle_T \equiv \lim_{T\to\infty}\frac{1}{T}\int_{t=0}^{T} I_s(t)I_s(t+\tau)\mathrm{d}t \tag{2.1.8}$$

[iii]　以降，電場の時間依存する項である $e^{-i\omega t}$ については，最終的な時間相関関数に影響を与えないために無視する．

[iv]　実際は比例定数(MKSA 単位系においては $1/2\sqrt{\varepsilon/\mu}$，$\varepsilon$ および μ は誘電率および透磁率)が存在する[4]．

$I_s(t) = E_s(t)E_s^*(t)$ であることを利用して[iv], $\langle I_s(t)I_s(t+\tau)\rangle_T$ を展開して計算を行う.

$$\langle I_s(t)I_s(t+\tau)\rangle_T = \langle E_s(t)E_s^*(t)E_s(t+\tau)E_s^*(t+\tau)\rangle_T \tag{2.1.9}$$

ここで,式(2.1.7)で表される $E_s(t)$ が複素ガウス関数[v]であることから,式は以下のように分解することができる(Isserlis の定理[5]).

$$\begin{aligned}
&\langle E_s(t)E_s^*(t)E_s(t+\tau)E_s^*(t+\tau)\rangle_T \\
&= \langle E_s(t)E_s^*(t)\rangle_T \langle E_s(t+\tau)E_s^*(t+\tau)\rangle_T \\
&+ \langle E_s(t)E_s(t+\tau)\rangle_T \langle E_s^*(t)E_s^*(t+\tau)\rangle_T \\
&+ \langle E_s(t)E_s^*(t+\tau)\rangle_T \langle E_s(t+\tau)E_s^*(t)\rangle_T = \langle I_s(t)\rangle_T^2 + \langle E_s(t)E_s^*(t+\tau)\rangle_T^2
\end{aligned} \tag{2.1.10}$$

ここで,共役でない電場の積について,$\langle E_s(t)E_s(t+\tau)\rangle_T = \langle E_s^*(t)E_s^*(t+\tau)\rangle_T = 0$ を利用した[vi].

式(2.1.10)の $\langle I_s(t)\rangle_T = \langle E_s(t)E_s^*(t)\rangle_T$ は,式(2.1.7)を代入することによって以下のように計算できる[vii].

$$\begin{aligned}
\langle I_s(t)\rangle_T &= \langle E_s(t)E_s^*(t)\rangle_T \\
&= \left\langle \sum_j^N \sum_k^N e^{i\mathbf{q}\cdot(\mathbf{r}_j(t)-\mathbf{r}_k(t))}\right\rangle_T \\
&= \left\langle \sum_j^N 1\right\rangle_T + \left\langle \sum_j^N e^{i\mathbf{q}\cdot\mathbf{r}_j(t)} \sum_{k\neq j}^N e^{-i\mathbf{q}\cdot\mathbf{r}_k(t)}\right\rangle_T
\end{aligned} \tag{2.1.11}$$

式(2.1.11)の最終行の第2項は,異なる粒子が時間 t においてどのように分布しているかに起因する量で,粒子間相関を表す.動的光散乱においては,それぞれの粒子が独立に運動しているとみなされる条件が普通であり,このときの粒子間相関の項は 0 になる.

$$\left\langle \sum_j^N e^{i\mathbf{q}\cdot\mathbf{r}_j(t)} \sum_{k\neq j}^N e^{-i\mathbf{q}\cdot\mathbf{r}_k(t)}\right\rangle_T = \sum_j^N \langle e^{i\mathbf{q}\cdot\mathbf{r}_j(t)}\rangle_T \sum_{k\neq j}^N \langle e^{-i\mathbf{q}\cdot\mathbf{r}_k(t)}\rangle_T = 0 \tag{2.1.12}$$

---

[v]　式(2.1.7)において,j 番目の成分 $e^{i\mathbf{q}\cdot\mathbf{r}_j}$ は,実部・虚部ともに $-1\sim1$ の間の値をランダムにとる.そのため,式(2.1.7)は N が大きくなると,中心極限定理によって実部・虚部ともにガウス関数となる(複素ガウス関数).なお,散乱電場の平均値が 0 であっても,その 2 乗で表される散乱光強度の平均値は 0 にならないことに注意する.

[vi]　電場の時間依存する項である $e^{-i\omega t}$ について,$\langle e^{-i2\omega t}\rangle_T = \langle e^{+i2\omega t}\rangle_T = 0$ となることを利用している.共役な電場の積については,$e^{\pm i\omega t}$ の項が打ち消されている.

[vii]　ここで,式(2.1.7)の比例定数を 1 としている.実際の比例定数は入射電場の振幅などに依存するが,最終的な時間相関関数は式(2.1.25)のように規格化されるため,以降は比例定数について無視する.

第2章　光子相関分光法

結果として，散乱光強度の時間平均は被照射体積中の粒子数に比例するという自然な結論が導かれる．

$$\langle I_{\mathrm{s}}(t) \rangle_T = N \tag{2.1.13}$$

さらに式(2.1.10)の$\langle E_{\mathrm{s}}(t)E_{\mathrm{s}}^{*}(t+\tau) \rangle_T$に式(2.1.7)を代入して計算を行う．

$$\begin{aligned}
\langle E_{\mathrm{s}}(t)E_{\mathrm{s}}^{*}(t+\tau) \rangle_T &\propto \left\langle \sum_{j}^{N}\sum_{k}^{N} \mathrm{e}^{\mathrm{i}\mathbf{q}\cdot(\mathbf{r}_j(t)-\mathbf{r}_k(t+\tau))} \right\rangle_T \\
&= \left\langle \sum_{j}^{N} \mathrm{e}^{\mathrm{i}\mathbf{q}\cdot(\mathbf{r}_j(t)-\mathbf{r}_j(t+\tau))} \right\rangle_T + \left\langle \sum_{j}^{N} \mathrm{e}^{\mathrm{i}\mathbf{q}\cdot\mathbf{r}_j(t)} \sum_{k\neq j}^{N} \mathrm{e}^{-\mathrm{i}\mathbf{q}\cdot\mathbf{r}_k(t+\tau)} \right\rangle_T
\end{aligned} \tag{2.1.14}$$

式(2.1.14)最終行の第1項は，ある粒子が時間τ後にどの程度位置を変化させるかに起因する量で，**自己相関**を表す．これに対し第2項は，異なる粒子の異なる時間における相関を表す**粒子間相関**であり，式(2.1.12)と同様に0になる．以上をまとめて，散乱光強度の時間相関関数は，粒子の自己相関によって決まることが示された．

$$\langle I_{\mathrm{s}}(t)I_{\mathrm{s}}(t+\tau) \rangle_T = N^2 + \left\langle \sum_{j}^{N} \mathrm{e}^{\mathrm{i}\mathbf{q}\cdot(\mathbf{r}_j(t)-\mathbf{r}_j(t+\tau))} \right\rangle_T^{2} \tag{2.1.15}$$

ここで，各粒子が独立に運動していることを利用して，任意の1粒子についての自己相関項として$F_{\mathrm{s}}(\mathbf{q},\tau)$を定義する．

$$\left\langle \sum_{j}^{N} \mathrm{e}^{\mathrm{i}\mathbf{q}\cdot(\mathbf{r}_j(t)-\mathbf{r}_j(t+\tau))} \right\rangle_T = N\langle \mathrm{e}^{\mathrm{i}\mathbf{q}\cdot(\mathbf{r}(t)-\mathbf{r}(t+\tau))} \rangle_T \equiv NF_{\mathrm{s}}(\mathbf{q},\tau) \tag{2.1.16}$$

次に，粒子がブラウン運動をすると仮定した場合に，どのように$F_{\mathrm{s}}(\mathbf{q},\tau)$を書き換えられるかについて考える．$F_{\mathrm{s}}(\mathbf{q},\tau)$は散乱ベクトル$\mathbf{q}$を変数にもち，逆空間における粒子のふるまいを示す物理量であるが，実空間に生きる我々には理解しにくい．そこで，$F_{\mathrm{s}}(\mathbf{q},\tau)$をフーリエ変換することにより，実空間における物理量$G_{\mathrm{s}}(\mathbf{r},\tau)$に書き換える．

$$\begin{aligned}
G_{\mathrm{s}}(\mathbf{r},\tau) &\equiv \frac{1}{(2\pi)^3}\int_{-\infty}^{\infty} \mathrm{e}^{-\mathrm{i}\mathbf{q}\cdot\mathbf{r}} F_{\mathrm{s}}(\mathbf{q},\tau)\mathrm{d}\mathbf{q} \\
&= \frac{1}{(2\pi)^3}\int_{-\infty}^{\infty} \langle \mathrm{e}^{\mathrm{i}\mathbf{q}\cdot((\mathbf{r}(t)-\mathbf{r}(t+\tau))-\mathbf{r})} \rangle_T \mathrm{d}\mathbf{q} \\
&= \langle \delta(\mathbf{r}-(\mathbf{r}(t)-\mathbf{r}(t+\tau))) \rangle_T
\end{aligned} \tag{2.1.17}$$

式(2.1.17)が表す$G_{\mathrm{s}}(\mathbf{r},\tau)$の物理的意味は，$\tau=0$において原点に存在した粒子が，

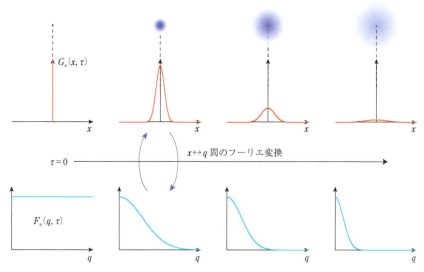

図 2.1.2 $G_s(\mathbf{r},\tau)$ および $F_s(\mathbf{q},\tau)$ の時間発展のイメージ

時間 τ 後に距離 $\mathbf{r}$ だけ動く確率分布である．1次元における $G_s(\mathbf{r},\tau)$ の時間変化のイメージを**図 2.1.2** に示した．ブラウン運動する粒子の場合，$G_s(\mathbf{r},\tau)$ は拡散方程式

$$\frac{\partial}{\partial \tau}G_s(\mathbf{r},\tau) = D\left(\frac{\partial^2}{\partial x^2} + \frac{\partial^2}{\partial y^2} + \frac{\partial^2}{\partial z^2}\right)G_s(\mathbf{r},\tau) \tag{2.1.18}$$

を満たし，その解は

$$G_s(\mathbf{r},\tau) = \frac{1}{(4\pi D\tau)^{3/2}} e^{-r^2/4D\tau} \tag{2.1.19}$$

となることが知られている．ここで，D は拡散の容易さを表すパラメータで，**拡散係数**と呼ばれる．ブラウン運動する粒子の拡散係数は，**Stokes–Einstein の式**によって粒子の流体力学的半径 R_h と結び付けられる．

$$D = \frac{k_B T}{6\pi \eta R_h} \tag{2.1.20}$$

ここで k_B, T, η はそれぞれボルツマン定数，絶対温度および溶媒の粘度を表す．

$G_s(\mathbf{r},\tau)$ を逆フーリエ変換することによって，$F_s(\mathbf{q},\tau)$ の表式を得る．ここでは，式(2.1.18)に式(2.1.17)を代入した解法を示す．

$$\frac{\partial}{\partial \tau}\frac{1}{(2\pi)^3}\int_{-\infty}^{\infty} e^{-i\mathbf{q}\cdot\mathbf{r}} F_s(\mathbf{q},\tau)d\mathbf{q} = D\left(\frac{\partial^2}{\partial x^2} + \frac{\partial^2}{\partial y^2} + \frac{\partial^2}{\partial z^2}\right)\frac{1}{(2\pi)^3}\int_{-\infty}^{\infty} e^{-i\mathbf{q}\cdot\mathbf{r}} F_s(\mathbf{q},\tau)d\mathbf{q} \tag{2.1.21}$$

第 2 章　光子相関分光法

$$\to \int_{-\infty}^{\infty} e^{-i\mathbf{q}\cdot\mathbf{r}} \frac{\partial}{\partial \tau} F_s(\mathbf{q},\tau) d\mathbf{q} = \int_{-\infty}^{\infty} e^{-i\mathbf{q}\cdot\mathbf{r}} \left(-Dq^2 F_s(\mathbf{q},\tau)\right) d\mathbf{q} \tag{2.1.22}$$

$$\to \frac{\partial}{\partial \tau} F_s(\mathbf{q},\tau) = -Dq^2 F_s(\mathbf{q},\tau) \tag{2.1.23}$$

$F_s(\mathbf{q}, \tau = 0) = 1$ の境界条件の下で式 (2.1.23) を解くことによって，$F_s(\mathbf{q},\tau)$ の表式を得る．

$$F_s(\mathbf{q},\tau) = e^{-Dq^2\tau} \tag{2.1.24}$$

$G_s(\mathbf{r},\tau)$ に対応した，$F_s(\mathbf{q},\tau)$ の時間変化も合わせて**図 2.1.2** に示した．時間の経過にともなう $\mathbf{r}$ 空間での広がりは，$\mathbf{q}$ 空間における狭まりに対応している．空間における粒子位置のバラつきが進むにつれて，もともとの位相差の情報は失われていく．これは，散乱角が大きく位相差が大きい領域で顕著であり，このために $\mathbf{q}$ の大きな領域では小さい τ でも $F_s(\mathbf{q},\tau)$ が小さい値をとる．なお，角度が 0 の場合は粒子位置が変化しても位相差に変化が表れないことを反映し，$F_s(\mathbf{q}=0,\tau)$ は常に 1 となる．

　以上をまとめると，動的光散乱で得られる散乱光強度の時間相関関数（式 (2.1.15)）は，ブラウン運動を仮定した場合は式 (2.1.24) で示した**指数関数的減衰**を示し，その緩和速度から得られる拡散係数をもとに式 (2.1.20) を用いると粒径を求めることができる，ということになる．

　式 (2.1.15) は被照射体積中の粒子数に依存する量になっている．そのため，$\tau = 0$ における時間相関関数（＝散乱光強度の時間平均の 2 乗 $= N^2$）で規格化された物理量として報告されることが多い．これは $g^{(2)}(\tau)$ と呼ばれる．

$$g^{(2)}(\tau) = \frac{\langle I_s(t) I_s(t+\tau)\rangle_T}{\langle I_s(t)\rangle_T^2} = 1 + F_s^2(\mathbf{q},\tau) \tag{2.1.25}$$

なお，一般的な動的光散乱においては粒子数 N が十分に大きい条件が満たされており，N の時間揺らぎは無視することができる．この粒子数揺らぎに関する点は，後述する蛍光相関分光法において重要となる．

　今までは単一の粒径の場合の定式化を紹介したが，動的光散乱は異なる粒径の粒子が混合している場合にも適用することができる．例として，拡散係数 D_1 および D_2 の 2 種類の粒子が混合している場合を考える．このとき，系全体の $G_s(\mathbf{r},\tau)$ は，それぞれの粒子の $G_s(\mathbf{r},\tau)$ に適切な重み（C_1 および $C_2 = 1-C_1$）を付けた線形和として書くことができる．

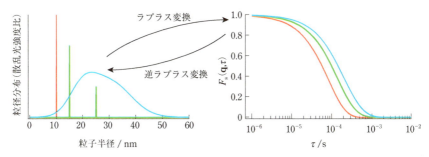

図 2.1.3 粒径分布関数と $F_s(\mathbf{q}, \tau)$ の関係

入射光の波長は 532 nm, 散乱角は 90 度とした. $F_s(\mathbf{q}, \tau)$ は右図のように片対数表示で示されることが多い.

$$G_s(\mathbf{r}, \tau) = \frac{C_1}{(4\pi D_1 \tau)^{3/2}} e^{-r^2/4D_1\tau} + \frac{C_2}{(4\pi D_2 \tau)^{3/2}} e^{-r^2/4D_2\tau} \tag{2.1.26}$$

同様に, 系全体の $F_s(\mathbf{q}, \tau)$ は以下のように書ける.

$$F_s(\mathbf{q}, \tau) = C_1 e^{-D_1 q^2 \tau} + C_2 e^{-D_2 q^2 \tau} \tag{2.1.27}$$

ここで, 係数 C_1 および C_2 は粒子数の存在比ではなく, 各粒子からの散乱光強度の比を表す. 一般に, 散乱光強度は粒子径に対して非線形に増大するため, 動的光散乱は大きい粒子の量が強調された形で検出されるという特徴がある.

より一般に, 粒径分布をもつ系における $F_s(\mathbf{q}, \tau)$ は以下のように書ける.

$$F_s(\mathbf{q}, \tau) = \int_0^\infty P(D) e^{-Dq^2\tau} dD \tag{2.1.28}$$

ここで, $P(D)$ は拡散係数 D の粒子から発生する散乱光強度の割合として記述される**粒径分布関数**であり, $\int_0^\infty P(D) dD = 1$ で規格化されている. 式(2.1.28)は, $P(D)$ をラプラス変換したものが $F_s(\mathbf{q}, \tau)$ となっていることを示している. 例として, 粒径分布関数と $F_s(\mathbf{q}, \tau)$ の関係を**図 2.1.3** に示した.

実験的に得られる $F_s(\mathbf{q}, \tau)$ から[viii] 粒径分布関数 $P(D)$ を得るためには, 式(2.1.28)の逆変換が必要となる. **逆ラプラス変換**はノイズの影響を受けると数学的に一意に解が定まらないことが知られている. しかし, この点を解決するためにさまざま

[viii] 式(2.1.25)に示したように, 実験で得られる物理量は $F_s^2(\mathbf{q}, \tau)$ であるが, $F_s(\mathbf{q}, \tau) \geq 0$ であるため, $F_s(\mathbf{q}, \tau)$ がノイズを含まない場合は単純に $F_s(\mathbf{q}, \tau) = \sqrt{F_s^2(\mathbf{q}, \tau)}$ となる.

第 2 章　光子相関分光法

アプローチが提案されている．その中でも広く用いられている手法として**CONTIN 法**の概略を記す．

まず，逆ラプラス変換が抱える問題点について示す．例として，粒径分布関数に正弦波の変調を混入させて $P(D) + \varepsilon \sin(2n\pi D)$ としたときに，$F_s(\mathbf{q}, \tau)$ にどのような変化が起こるかについて見る[6]．ここで，ε は変調の大きさを，n は任意の自然数を表す．この変調成分が $F_s(\mathbf{q}, \tau)$ に与える影響 $\Delta F_s(\mathbf{q}, \tau)$ は以下の式で計算できる．

$$\Delta F_s(\mathbf{q}, \tau) = \varepsilon \int_0^\infty \sin(2n\pi D) \mathrm{e}^{-Dq^2\tau} \mathrm{d}D \tag{2.1.29}$$

式 (2.1.29) で示された積分は，Riemann–Lebesgue の補題と呼ばれ，ε が有限であるならば，$n \to \infty$ において $\Delta F_s(\mathbf{q}, \tau) \to 0$ となることが知られている．つまり，真の $P(D)$ からずれた解も，$F_s(\mathbf{q}, \tau)$ 上では区別することができないということになる．そのため，実験的に得られた $F_s(\mathbf{q}, \tau)$ をもとに，式 (2.1.28) を用いて最小二乗法によって $P(D)$ を求めることは数学的に不可能である（非適切問題）．

このような逆変換をなるべく精度よく行う方法として広く知られている手法が正則化法である．正則化法のイメージは，最小二乗法に加えて解に関する何らかの追加条件を与えることによって，もっともらしい解を与えるように仕向ける手法である．式 (2.1.28) の逆変換を例に正則化について説明する．

数値計算を行う際には，式 (2.1.28) を D および τ について離散化して表す．

$$F_s(\mathbf{q}, \tau) \to F_s(\mathbf{q}, \tau_m) = \sum_{n=1}^N P(D_n) \Delta D_n \mathrm{e}^{-D_n q^2 \tau_m} \equiv \sum_{n=1}^N \tilde{P}(D_n) \mathrm{e}^{-D_n q^2 \tau_m} \tag{2.1.30}$$

通常の最小二乗法は，粒径分布関数の推定値として $\tilde{X}(D_n)$ を用意し，実験値との誤差 U が最小となるような $\tilde{X}(D_n)$ を求める手法である．

$$U \equiv \sum_{m=1}^M \left| \sum_{n=1}^N \tilde{P}(D_n) \mathrm{e}^{-D_n q^2 \tau_m} - \sum_{n=1}^N \tilde{X}(D_n) \mathrm{e}^{-D_n q^2 \tau_m} \right|^2 \tag{2.1.31}$$

行列を用いて表すと，以下のように書き換えることができる．

$$\mathbf{g} \equiv \begin{pmatrix} F_s(\mathbf{q}, \tau_1) \\ F_s(\mathbf{q}, \tau_2) \\ \vdots \\ F_s(\mathbf{q}, \tau_M) \end{pmatrix} \tag{2.1.32}$$

$$A \equiv \begin{pmatrix} e^{-D_1 q^2 \tau_1} & e^{-D_2 q^2 \tau_1} & \cdots & e^{-D_N q^2 \tau_1} \\ e^{-D_1 q^2 \tau_2} & e^{-D_2 q^2 \tau_2} & \cdots & e^{-D_N q^2 \tau_2} \\ \vdots & \vdots & \ddots & \vdots \\ e^{-D_1 q^2 \tau_M} & e^{-D_2 q^2 \tau_M} & \cdots & e^{-D_N q^2 \tau_M} \end{pmatrix} \tag{2.1.33}$$

$$\mathbf{x} \equiv \begin{pmatrix} \tilde{X}(D_1) \\ \tilde{X}(D_2) \\ \vdots \\ \tilde{X}(D_N) \end{pmatrix} \tag{2.1.34}$$

$$U = |\mathbf{g} - A\mathbf{x}|^2 \tag{2.1.35}$$

しかし，前述したように，実験値が含むノイズの影響を受けて，式(2.1.35)の最小値を与える $\tilde{X}(D_n)$ は必ずしも真の値に近づかない．そこで，新たな項を加えた評価関数 $V(\alpha)$ が最小となるような $\tilde{X}(D_n)$ を求めるというのがCONTIN法である．系に関する予備知識がない場合[ix]，$V(\alpha)$ は以下のように書き表される．

$$V(\alpha) \equiv U + \alpha^2 |\boldsymbol{\Omega}\mathbf{x}|^2 \tag{2.1.36}$$

行列 $\boldsymbol{\Omega}$ は $\mathbf{x}$ に関する拘束を与える項である．多くの場合は，粒径分布関数が滑らかであるという仮定のもとに，$\mathbf{x}$ の二次微分を計算する項として $\boldsymbol{\Omega}$ が記述される．そして，α が正則化パラメータと呼ばれている量であり，拘束項の寄与をどの程度加えるかに関する項である．α の値によって結果が変わってくるため，適切な α を選ぶ方法についてもさまざまな手法が提案されている．この数値計算については，Provencherによって開発されたCONTINというプログラム[x]が広く用いられており[7,8]，市販のDLS装置の解析ソフトにも多く見られる．

2.1.3 ■ 動的光散乱法の測定

図 2.1.4 に基本的な動的光散乱の装置図を示した．入射光としてレーザー光源を使用し，試料に照射する．レーザー光源は $10 \sim 100$ mW の出力をもつ定常発振レーザーを使うことが多い．波長に関する制約は基本的にないが，測定されるレイリー散乱光の強度は波長の4乗に逆比例する[9]ことから，波長の短いレーザーの方が散

[ix] 例えば粒径分布関数が $\mathbf{x}_0$ に近いという予備知識があるならば，$|\mathbf{x} - \mathbf{x}_0|^2$ を最小化するという拘束条件を U に追加することができる．

[x] http://s-provencher.com/contin.shtml にて配布されている．

第 2 章 光子相関分光法

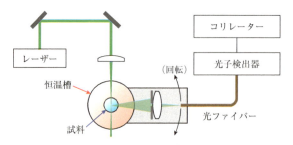

図 2.1.4　基本的な動的光散乱の装置図

乱光強度を稼げる．注意点として，動的光散乱の理論は単散乱(試料中で一度だけ散乱される)を基本としているが，散乱光強度が強すぎると多重散乱(試料中で複数回散乱される)が起きることから，散乱光強度によっては溶液を希釈する必要がある．試料溶液は試験管に封入されることが多い．拡散係数は溶液の温度に依存することから，市販の装置においては試料を温度調整機能をもったセルホルダーにセットすることが多い．その際，試験管の壁面からの散乱を抑えるために，試験管と同じ屈折率をもつオイルを用いた温度浴が使われることも多い．また，散乱光の角度依存性を測定できるように，レンズと光ファイバーからなる集光系は，試料を中心に回転できるようになっている場合がある．以下，光学系および解析法についてより詳しく説明する．

　動的光散乱で観測するのは散乱光の干渉現象であり，入射光は**コヒーレント**である必要がある．動的光散乱実験に求められるコヒーレンスは，**時間的コヒーレンス**と**空間的コヒーレンス**に分けて考えることができる[10]．被照射体積中から発生する散乱光の光路長には場所によって差があるが，この差によって干渉が起きなくならないようにするというのが時間的コヒーレンスに対応する．通常のレーザーは十分長い時間的コヒーレンス長をもつので，この条件については気にする必要はない(後述するX線光子相関分光法では重要となる)．これに対し，被照射体積および検出面が有限の大きさをもつために，散乱ベクトル q が広がりをもつことによる効果が空間的コヒーレンスである．空間的コヒーレンスが保たれる条件で実験を行うために，入射光の集光角(集光レンズの開口数)を強くしすぎないこと[xi]や，散乱光の集光においてピンホール(やアイリス)を用いて散乱角を制限することに注意する必要がある．図 2.1.4 の集光系[11]ではレンズを用いて被照射体積の光を光ファイ

[xi]　散乱光強度が十分にある場合は，コリメートされた光をそのまま入射してもよい．

バーの端面に導いているが，レンズの直前に設置したピンホールによって，検出される散乱光の散乱角を制限している．

これらのコヒーレンスの効果は，時間相関関数において**干渉性因子** β という形で表れる．

$$g^{(2)}(\tau) = 1 + \beta F_s^2(\mathbf{q}, \tau) \tag{2.1.37}$$

理想的には $\beta = 1$ となるが（式(2.1.25)），コヒーレンスが低下すると $\beta < 1$ となる[xii]．適切に調整された系では，典型的には $\beta > 0.9$ 程度となる．ただし，β を大きくすることはピンホールのサイズを小さくすることに対応し，結果的に散乱光強度が小さくなる．そのため，系によっては多少コヒーレンスを犠牲にしても散乱光強度を稼ぐ必要がある．このように，一般的な分光とは異なり，散乱光を効率よく集めることではなく，空間的コヒーレンスを意識して無駄な光を取り除くという点が特徴的である．

加えて一般的な分光と比較した際の動的光散乱測定の特徴的な点として，散乱光強度の時間変化の記録および解析が挙げられる．前節ではアナログな散乱光強度 $I_s(t)$ の測定を前提として解説を行ったが，動的光散乱で見られるマイクロ秒オーダーの緩和を観測するためには，マイクロ秒の時間分解能で散乱光強度を高精度に長時間記録する必要があり，これは容易ではない．代わりに，通常の動的光散乱装置では散乱光子のフォトンカウンティング計測を行い，散乱光子の到達時間の情報から時間相関関数を計算している．散乱光検出はフォトンカウンティングモードで動作しているアバランシェフォトダイオードなどが用いられる．1秒あたり 10^5 カウント程度が得られれば，10秒〜1分程度の測定時間で良質なデータが取得できる．

フォトンカウンティング形式の場合の散乱光強度の時間相関関数は，以下のように書き換えることができる．

$$\langle I_s(t) I_s(t+\tau) \rangle_T \rightarrow \langle n_s(t;\Delta t) n_s(t+\tau;\Delta t) \rangle_{T,\Delta t} \tag{2.1.38}$$

ここで，$n_s(t;\Delta t)$ は時間 t〜$t+\Delta t$ の間に検出された光子の数を表している．ある散乱光強度において検出される散乱光子の数はポアソン分布に従うため，$I_s(t)$ と $n_s(t;\Delta t)$ については比例関係にはない．しかし，ポアソン分布で得られる光子数の

[xii] チンダル現象において光の強度揺らぎが観測されないのは，空間的コヒーレンスがないためである．被照射体積を絞ると，粒径や散乱角次第では散乱光の強度揺らぎを目で見ることも可能である．

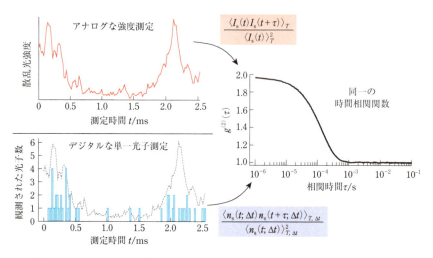

図 2.1.5 アナログな強度測定およびデジタルな単一光子測定からの時間相関関数の導出例
示したデータは数値シミュレーションから得たアナログな強度（上）およびアナログな強度からポアソン分布を仮定してシミュレーションした 20 μs ごとの光子数のヒストグラム（下）．なお，単一光子測定から時間相関関数を計算する際には，1 μs ごとの光子数のヒストグラムを作成してから計算を行っている．

平均は散乱光強度に比例するため，$\langle I_s(t) \rangle_T$ と $\langle n_s(t;\Delta t) \rangle_{T,\Delta t}$ は比例関係にある．そのため，式(2.1.38)を用いることによって式(2.1.8)と同様な時間相関関数を得ることができる（**図 2.1.5**）．散乱光子の到達時間は，一般的な時間デジタル変換器を用いることによってナノ秒程度の時間分解能で記録することが容易に可能であり，動的光散乱で必要とされるマイクロ秒オーダーでの時間相関関数の計測に十分対応できる．そして，到達時間のリストをもとに式(2.1.38)に従って計算を行うことによって，時間相関関数を求めることができる．近年ではこの計算を行うソフトも付属した装置として，時間相関単一光子計数(time correlated single photon counting, TCSPC)モジュールが市販されている[12]．

原理的には上述したように散乱光子の到達時間をすべて記録し，そこからの計算を行なえば時間相関関数が得られるが，多くの動的光散乱装置では，フォトンカウンティングの信号がコリレーター[xiii]と呼ばれる装置に送られ，基板上で直接時間相関関数が計算されている．コリレーターの特徴としては，リアルタイムに時間相

[xiii] オートコリレーターと呼ぶことが多いが，超短パルスレーザーのパルス幅を測定する装置であるオートコリレーターとはまったく別の装置である．なお，後ほど紹介する相互相関関数を取得する際にはクロスコリレーターを用いる．

関関数を表示できる点や，log スケールでの時間相関関数を直接計算できる点が挙げられる．ただし，これらの点はパソコンの処理速度や記録容量が飛躍的に上がった現在ではそこまで大きなメリットではなくなり，TCSPC ベースの動的光散乱もこれから広がっていくものと思われる．

後述する電気泳動光散乱においては，コリレーターの代わりに**パワースペクトル**を測定する FFT アナライザ[xiv] も用いられる．これは，時間相関関数とパワースペクトル密度 $\left|\tilde{I}_s(\omega)\right|^2$ が以下のようにフーリエ変換によって結ばれることを利用している（**Wiener–Khinchin の定理**，補足参照）．

$$\left|\tilde{I}_s(\omega)\right|^2 = \frac{1}{2\pi}\int_{-\infty}^{+\infty}\mathrm{d}\tau\,\mathrm{e}^{-\mathrm{i}\omega\tau}\langle I_s(t)I_s(t+\tau)\rangle_T \tag{2.1.39}$$

式(2.1.39)に式(2.1.25)を代入することによって，以下のようにブラウン運動に起因する強度揺らぎのパワースペクトル密度の表式が得られる．なお，式(2.1.24)の導出において $F_s(\mathbf{q},\tau)$ の相関時間は $\tau>0$ が仮定されていたが，以下の積分においてはブラウン運動の時間反転対称性に基づき，$\tau<0$ の範囲では τ の絶対値を使用している．$\Re[\cdots]$ は実数部を表す．

$$\begin{aligned}
\left|\tilde{I}_s(\omega)\right|^2 &\propto \frac{1}{2\pi}\int_{-\infty}^{+\infty}\mathrm{d}\tau\,\mathrm{e}^{-\mathrm{i}\omega\tau}\left(1+\mathrm{e}^{-2Dq^2|\tau|}\right) \\
&= \frac{1}{2\pi}\int_{-\infty}^{+\infty}\mathrm{d}\tau\,\mathrm{e}^{-\mathrm{i}\omega\tau} + \frac{1}{\pi}\int_{0}^{+\infty}\mathrm{d}\tau\,\mathrm{e}^{-\mathrm{i}\omega\tau}\mathrm{e}^{-2Dq^2\tau} \\
&= \delta(\omega) + \frac{1}{\pi}\Re\left[\frac{\mathrm{e}^{-\mathrm{i}\omega\tau}\mathrm{e}^{-2Dq^2\tau}}{-\mathrm{i}\omega-2Dq^2}\right]_{\tau=0}^{+\infty} \\
&= \delta(\omega) + \frac{1}{\pi}\Re\left[\frac{1}{\mathrm{i}\omega+2Dq^2}\right] \\
&= \delta(\omega) + \frac{1}{\pi}\left[\frac{2Dq^2}{\omega^2+\left(2Dq^2\right)^2}\right]
\end{aligned} \tag{2.1.40}$$

式(2.1.40)から，ブラウン運動する粒子から発生する散乱光のパワースペクトルは Lorentz 型となり，その線幅から拡散係数が得られることがわかる．

数学的には時間相関関数もパワースペクトルも等価な情報をもっているが，log スケールで幅広い時間幅のデータを測定できる点などから，通常の動的光散乱では時間相関関数の測定がデファクトスタンダードとなっている．一方，電気泳動光散

[xiv] 一般にはスペクトラムアナライザと呼ばれる装置の一種である．多くの場合，高周波数領域の測定に用いられるものを特にスペクトラムアナライザと呼び，動的光散乱で注目するような低周波数領域のスペクトラムアナライザはその原理から FFT アナライザと呼ばれることが多い．

第 2 章　光子相関分光法

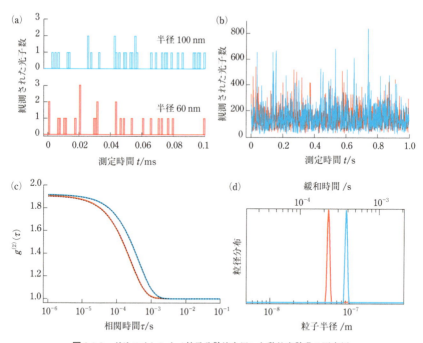

図 2.1.6　ポリスチレンナノ粒子分散液を用いた動的光散乱の測定例
青線は半径約 60 nm，赤線は半径約 100 nm の単分散ポリスチレンナノ粒子の測定結果を表す．(a) 1 μs ごとの光子数のヒストグラム．(b) 1 ms ごとの光子数のヒストグラム．(c) 時間相関関数．黒の点線は式 (2.1.37) によるフィッティングの結果を表す．(d) CONTIN 法によって得られた粒径分布関数．

乱で用いられるヘテロダイン検出では，パワースペクトルでの測定が好まれる(次節参照)．

　実際の測定例として，粒子半径が約 60 nm および 100 nm の単分散(粒径のばらつきが少ない)ポリスチレンナノ粒子分散液を用いた動的光散乱の測定例を図 2.1.6 に示した．測定は波長 532 nm の固体レーザーを用いて行い，散乱角は 90 度とした．試料の温度は 23 度に設定した．測定は散乱光子の到達時間をすべて記録することによって行った．得られたデータから，1 μs ごとに観測された光子数が図 2.1.6(a) のように計算された．図 2.1.6(b) に示した 1 ms ごとの光子数データを見ると，散乱光強度が大きく揺らいでいることがわかる．そして，得られた光子到達時間のデータから式 (2.1.38) を用いて計算された時間相関関数を図 2.1.6(c) に示した．得られた時間相関関数は指数関数的な減衰を示していることから，式 (2.1.37) によってフィッティングを行った．β は 0.9 程度であり，十分なコヒーレンスがと

れていることを示している．そして，減衰速度から拡散係数がそれぞれ 3.99×10^{-12} m^2/s（半径約 60 nm），2.38×10^{-12} m^2/s（半径約 100 nm）と求められた．さらに拡散係数を式(2.1.20)によって粒径に変換すると，半径がそれぞれ 61 nm, 102 nm と見積もられた．この実験結果は TEM 観察によって推定された粒径ともよい一致を示している．また，CONTIN 法による解析例を図 2.1.6(d) に示した．CONTIN 法では緩和時間の分布（図 2.1.6(d) の上部の軸）が得られる．$g^{(2)}(\tau)$ を逆ラプラス変換した場合，緩和時間は $\left(2Dq^2\right)^{-1}$ で定義されるので，ここから式(2.1.20)を用いることによって粒径分布（図 2.1.6(d) の下部の軸）に変換することができる．得られた分布の中央値はどちらも指数関数によるフィッティング解析とよい一致を示している[xv]．

2.1.4 ■ 動的光散乱法の応用

A. 電気泳動光散乱

動的光散乱法で解析可能なブラウン運動以外のダイナミクスとして，等速直線運動する粒子の速度の抽出方法を考える．最も広く用いられている系は電気泳動中の粒子の速度解析である．表面が帯電している粒子の分散液に直流電場 $\mathbf{E}$ を印加すると，粒子は液中で一定速度 $\mathbf{v}$ をとる．そして，その比例定数は**電気泳動移動度**[xvi] μ と呼ばれる．

$$\mathbf{v} = \mu\mathbf{E} \tag{2.1.41}$$

μ は表面電位によって決まるパラメータであるため，直流電場によって動く粒子の速度を観測することにより，粒子の表面電位を推定することができる．この表面電位は一般に**ゼータ電位**と呼ばれ，微粒子の分散性に大きく影響するため，正確なゼータ電位の測定技術が求められている．その中で，非接触に測定ができるという利点をもつのが**電気泳動光散乱**である[13]．

等速直線運動をする粒子から得られる散乱光強度の時間相関関数について考える．溶液中でブラウン運動をしつつ[xvii]一定方向に力を受ける粒子から生じる散乱光は，式(2.1.7)に速度 $\mathbf{v}$ に起因する項を加えることによって表される．

[xv] CONTIN の解析結果の方がわずかに小さく表れているのは，ノイズの結果として長時間の緩和成分があると判定され，それを埋め合わせるために起こってしまった現象である．

[xvi] 易動度とも書かれる．

[xvii] ブラウン運動は外場による力の影響を受けないと仮定する．

第2章　光子相関分光法

$$E_{\mathrm{s}}(t) \propto \sum_{j}^{N} \mathrm{e}^{\mathrm{i}\mathbf{q}\cdot(\mathbf{r}_j(t)+\mathbf{v}t)} \tag{2.1.42}$$

　しかし，この散乱電場をもとに散乱光強度の時間相関関数を計算すると，以下のように式(2.1.15)と同じになり，速度の情報は一切含まれないことがわかる．これは，全粒子の等速運動が電場に与える影響が位相の定数シフトのみであり，散乱光強度に影響を与えないためである．

$$\begin{aligned}
\langle E_{\mathrm{s}}(t)E_{\mathrm{s}}^{*}(t+\tau)\rangle_T &\propto \left\langle \sum_{j}^{N}\sum_{k}^{N} \mathrm{e}^{\mathrm{i}\mathbf{q}\cdot(\mathbf{r}_j(t)+\mathbf{v}t-\mathbf{r}_k(t+\tau)-\mathbf{v}(t+\tau))} \right\rangle_T \\
&= \left\langle \sum_{j}^{N} \mathrm{e}^{\mathrm{i}\mathbf{q}\cdot(\mathbf{r}_j(t)-\mathbf{r}_j(t+\tau)-\mathbf{v}\tau)} \right\rangle_T + \left\langle \sum_{j}^{N} \mathrm{e}^{\mathrm{i}\mathbf{q}\cdot\mathbf{r}_j(t)} \sum_{k\neq j}^{N} \mathrm{e}^{\mathrm{i}\mathbf{q}\cdot(\mathbf{r}_k(t+\tau)-\mathbf{v}\tau)} \right\rangle_T \\
&= \left\langle \mathrm{e}^{-\mathrm{i}\mathbf{q}\cdot\mathbf{v}\tau} \sum_{j}^{N} \mathrm{e}^{\mathrm{i}\mathbf{q}\cdot(\mathbf{r}_j(t)-\mathbf{r}_j(t+\tau))} \right\rangle_T = \mathrm{e}^{-\mathrm{i}\mathbf{q}\cdot\mathbf{v}\tau} N \mathrm{e}^{-Dq^2\tau}
\end{aligned} \tag{2.1.43}$$

$$\begin{aligned}
\langle I_{\mathrm{s}}(t)I_{\mathrm{s}}(t+\tau)\rangle_T &= N^2 + \langle E_{\mathrm{s}}(t)E_{\mathrm{s}}^{*}(t+\tau)\rangle_T^2 \\
&= N^2\left(1+\mathrm{e}^{-2Dq^2\tau}\right)
\end{aligned} \tag{2.1.44}$$

　式(2.1.43)からわかるように，速度 $\mathbf{v}$ の成分は散乱電場の相関においては位相項として現れているものの，散乱光強度の相関においては電場位相に関する情報が失われるため，通常の動的光散乱では速度 $\mathbf{v}$ に関する情報を得ることができない．

　電場位相に関する情報を得るためには，試料からの散乱光に，強度揺らぎをもたない光を加えて測定を行えばよい．この手法は光計測において一般に**ヘテロダイン形式**と呼ばれており，加える光はローカルオシレーター（局部発振器）と呼ばれる．これによって，速度 $\mathbf{v}$ に起因する位相の変化を，ローカルオシレーターの位相を基準として明確に捉えることができるようになる．検出器における光電場 $E_{\mathrm{tot}}(t)$ は，ローカルオシレーターの光電場 E_{LO} を用いて以下のように書くことができる．

$$E_{\mathrm{tot}}(t) \equiv E_{\mathrm{s}}(t)+E_{\mathrm{LO}} \tag{2.1.45}$$

$E_{\mathrm{tot}}(t)$ による散乱光強度 $I_{\mathrm{tot}}(t)$ の時間相関関数は，以下のように計算される（補足参照）．ここで，$I_{\mathrm{LO}} \equiv |E_{\mathrm{LO}}|^2$ はローカルオシレーターの強度であり，時間揺らぎはないものとする．

$$\langle I_{\mathrm{tot}}(t)I_{\mathrm{tot}}(t+\tau)\rangle_T = I_{\mathrm{LO}}{}^2 + 2I_{\mathrm{LO}}\langle I_{\mathrm{s}}\rangle_T\left(1+\mathrm{e}^{-Dq^2\tau}\cos\mathbf{q}\cdot\mathbf{v}\tau\right)+\langle I_{\mathrm{s}}\rangle_T^2\left(1+\mathrm{e}^{-2Dq^2\tau}\right)$$

$$\tag{2.1.46}$$

32

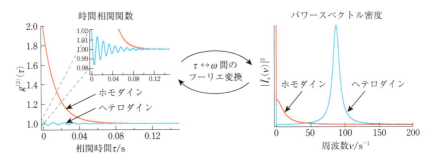

図 2.1.7 電気泳動光散乱で得られる時間相関関数およびパワースペクトル密度のシミュレーション結果

赤線がホモダイン検出(式(2.1.44)および(2.1.40))，青線がヘテロダイン検出(式(2.1.47)および(2.1.48))のデータを示す．散乱角は10度(電気泳動用のセルの関係で，90度散乱ではなく前方散乱を測定することが多い)とし，波長532 nm，拡散係数 $D = 4.85 \times 10^{-12}$ m^2 s^{-1} (粒子半径50 nmに相当)，$I_{LO} = 100 \langle I_s \rangle_T$ として計算を行った．パワースペクトル密度の横軸は，一般的な表記に倣って角周波数 ω から周波数 $\nu = \omega/(2\pi)$ に修正している．

通常ヘテロダイン検出をする際には，$\langle I_s \rangle_T \ll I_{LO}$ となるように強度を調整することによって，式(2.1.46)の最終項を無視できるようにする．

$$\langle I_{tot}(t) I_{tot}(t+\tau) \rangle_T \simeq I_{LO}^2 + 2 I_{LO} \langle I_s \rangle_T \left(1 + e^{-Dq^2\tau} \cos \mathbf{q} \cdot \mathbf{v} \tau \right) \quad (2.1.47)$$

通常の(**ホモダイン**)検出およびヘテロダイン検出を用いた電気泳動光散乱で得られる時間相関関数の例を**図 2.1.7**に示した．

式(2.1.47)は，等速直線運動をしている粒子の速度が，時間相関関数においては振動項として現れることを意味している．加えてブラウン運動に起因する成分は減衰項として加わっている．ここで，指数関数は $e^{-Dq^2\tau}$ となっている．これに対し，ホモダイン検出の動的光散乱における時間相関関数(式(2.1.25))の減衰項は $e^{-2Dq^2\tau}$ となっている．このように，ホモダイン検出では $F_s^2(\mathbf{q},\tau)$ が検出されるために $F_s(\mathbf{q},\tau)$ の位相項の情報は得られないのに対し，ヘテロダイン検出を用いると $F_s(\mathbf{q},\tau)$ そのもの(実際は実部)を得られることから，直線運動などの位相にかかわる成分を検出できる．

しかし，式(2.1.47)において $\langle I_s \rangle_T \ll I_{LO}$ であるために，重要な緩和及び振動項をもつ第2項は，第1項と比べて非常に小さい項である．そのため，時間相関関数を用いたヘテロダイン検出は実験的に困難である．これに対し，パワースペクトルに

---

xviii 電気泳動用のセルの関係で，90度散乱ではなく前方散乱を測定することが多い．

よる周波数領域での測定ではどのようなデータが得られるかを，式(2.1.47)をフーリエ変換することによって計算する.

$$
\begin{aligned}
\left|\tilde{I}_s(\omega)\right|^2 &\propto \frac{1}{2\pi}\int_{-\infty}^{+\infty}\mathrm{d}\tau\, e^{-\mathrm{i}\omega\tau}\left(I_{\mathrm{LO}}{}^2 + 2I_{\mathrm{LO}}\langle I_s\rangle_T\left(1 + e^{-Dq^2\tau}\cos\mathbf{q}\cdot\mathbf{v}\tau\right)\right)\\
&= \frac{\left(I_{\mathrm{LO}}{}^2 + 2I_{\mathrm{LO}}\langle I_s\rangle_T\right)}{2\pi}\int_{-\infty}^{+\infty}\mathrm{d}\tau\, e^{-\mathrm{i}\omega\tau} + \frac{2}{\pi}\int_0^{+\infty}\mathrm{d}\tau\, e^{-\mathrm{i}\omega\tau}e^{-Dq^2\tau}\cos\mathbf{q}\cdot\mathbf{v}\tau\\
&= \left(I_{\mathrm{LO}}{}^2 + 2I_{\mathrm{LO}}\langle I_s\rangle_T\right)\delta(\omega) + \frac{2}{\pi}\Re\left[\int_0^{+\infty}\mathrm{d}\tau\, e^{-\mathrm{i}\omega\tau}e^{-Dq^2\tau}e^{\mathrm{i}\mathbf{q}\cdot\mathbf{v}\tau}\right]\\
&= \left(I_{\mathrm{LO}}{}^2 + 2I_{\mathrm{LO}}\langle I_s\rangle_T\right)\delta(\omega) + \frac{2}{\pi}\Re\left[\frac{e^{-\mathrm{i}(\omega-\mathbf{q}\cdot\mathbf{v})\tau}e^{-Dq^2\tau}}{-\mathrm{i}(\omega-\mathbf{q}\cdot\mathbf{v})-Dq^2}\right]_{\tau=0}^{+\infty}\\
&= \left(I_{\mathrm{LO}}{}^2 + 2I_{\mathrm{LO}}\langle I_s\rangle_T\right)\delta(\omega) + \frac{2}{\pi}\Re\left[\frac{1}{\mathrm{i}(\omega-\mathbf{q}\cdot\mathbf{v})+Dq^2}\right]\\
&= \left(I_{\mathrm{LO}}{}^2 + 2I_{\mathrm{LO}}\langle I_s\rangle_T\right)\delta(\omega) + \frac{2}{\pi}\left[\frac{Dq^2}{(\omega-\mathbf{q}\cdot\mathbf{v})^2 + \left(Dq^2\right)^2}\right]
\end{aligned}
$$

(2.1.48)

ホモダイン検出およびヘテロダイン検出を用いた電気泳動光散乱で得られるパワースペクトル密度の例も**図 2.1.7** に示している.

式(2.1.48)に示されたように，等速直線運動をしている粒子からの動的光散乱をヘテロダイン検出によって行うと，速度情報がパワースペクトルにおけるピーク位置から読み取れる．そして，ピークの幅がブラウン運動に対応する拡散係数によって決まる．なお，ホモダイン検出（式(2.1.40)）とは異なり，線幅が $2Dq^2$ から Dq^2 へと変化している．そして，時間相関関数において問題となっていたローカルオシレーターの強度成分については，$\omega=0$ における成分として分離できる．これはローカルオシレーターの強度に時間揺らぎがないために，パワースペクトル上では広がりをもたないことを意味している．そのため，ヘテロダイン検出の動的光散乱を行う際には，パワースペクトルを用いた測定が好まれる.

B. 多重散乱の克服

動的光散乱の理論においてなされている仮定として，被照射体積中において散乱は一度しか起きない，というものがある．これは希薄溶液においては成り立つものの，動的光散乱で扱う数十〜数百 nm オーダーのサイズの溶質の場合，濃度が高くなるにつれて散乱光強度が強くなり，観測されるまでに複数回散乱される光が出てくる．例えば，適度に薄めた牛乳にレーザー光を照射するとレーザーの軌跡がき

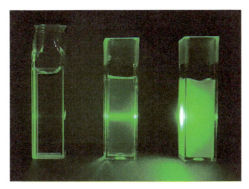

図 2.1.8 チンダル現象と多重散乱の例

溶液は左から順に純水,約 10^{-4} に希釈した牛乳,牛乳の原液.写真の左側から波長 532 nm のレーザー光を照射している.

れいに見える(チンダル現象,**図 2.1.8** 中央)が,これはレーザー光が牛乳の溶質に一度だけ散乱されて目に入るからである.牛乳原液にレーザー光を照射すると,当てたところで光がこもったように見えるが(**図 2.1.8** 右),これが**多重散乱**の例である.

動的光散乱において,多重散乱を避けるために最もよく行われるのが試料の希釈である.しかし,希釈による試料の分解や変質を避けるなどの理由から,多重散乱を起こすような試料をそのまま測定するために,さまざまな手法が提案された.1つは多重散乱を取り込んだ理論をもとに実験結果を解析するという考え方で,一般に拡散波分光法と呼ばれる.この手法の詳細については他書に譲り[3],ここではいかにして多重散乱を取り除いた計測をするかという観点での研究を紹介する.

最も単純な方法は,光路長を短くすることによって多重散乱を起こさないという考え方である.通常の動的光散乱では散乱角を 90 度などに固定するため,光路長はセルの大きさによって決まり,およそミリ〜センチメートルオーダーとなる.これに対し,後方散乱を用いることによって,光路長を μm オーダーにまで下げて測定を行うことができる.例として,倒立型顕微鏡を用いて高濃度ポリスチレンナノ粒子分散液の動的光散乱測定を行った例を**図 2.1.9** に示す(**顕微動的光散乱法**)[14].ここではホールスライドガラスに封入した試料に対し,下から対物レンズを通してレーザー光を照射し,後方散乱光を同一の対物レンズによって集光した上で,コリレーターによって時間相関関数を検出している.なお,多重散乱を起こした光の多くは被照射体積の外から発生するため,共焦点効果を用いることによって光学的に除去することができる.これにより,原液での測定が困難な濃度 1 wt% の

第2章 光子相関分光法

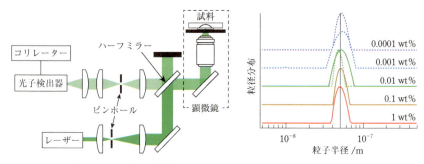

図 2.1.9 顕微動的光散乱法の装置図(左)および代表的な測定結果(右)
実験ではアルゴンイオンレーザーの 514.5 nm の波長を用いた．測定は半径 50 nm のポリスチレンナノ粒子分散液および水による希釈分散液を用いて行い，得られた時間相関関数から CONTIN 法によって得られた粒径分布関数を示している．点線は通常の動的光散乱装置での測定結果を，実線は顕微動的光散乱装置での測定結果を示している．

ポリスチレンナノ粒子分散液の粒径測定に成功している．なお，この実験において対物レンズの開口数を大きくすると，被照射体積が小さくなり，動的光散乱において通常無視される数揺らぎの効果が表れてくる．この場合は，蛍光相関分光法の理論をもとにした解析が必要となる．

レーザー光の代わりにスーパールミネッセントダイオード(SLD)を利用した手法として，**低コヒーレンス動的光散乱**が挙げられる[15,16]．これは，多重散乱を起こした光が，単散乱の光に比べて光路長が長くなることを利用した手法である．

2点からの光散乱の理論において，光路長の違いに起因する位相差を議論した．ここでの仮定に，光路長の違い以上に十分長い時間的コヒーレンスを光源がもつという点が挙げられる．通常，動的光散乱の単散乱で発生する光路長のばらつきはマイクロメートルオーダーであり，市販の定常発振レーザー光源のコヒーレンス長であればまったく問題なく満たされる仮定である．それでは，あえてコヒーレンス長の短い光源を使うと何が起こるだろうか．SLD は LED とレーザーの中間的な存在で，レーザーのように指向性をもった定常発振光であり，高い空間的コヒーレンスをもつが，スペクトル幅はレーザーと比較して大きく，そのために時間的コヒーレンス長は典型的には数十マイクロメートル程度と短くなっている．この特徴を用いて，SLD とマイケルソン干渉計を用いた動的光散乱が開発された．概略図を**図 2.1.10** に示した．SLD から発生した光は2つに分けられ，1つはミラーに，もう1つは試料に照射される．そして，ミラーの反射光(参照光)および試料からの後方散乱光を合わせて，FFT アナライザによってヘテロダイン検出を行う．ここで，

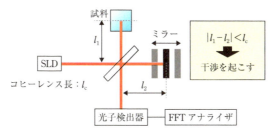

図 2.1.10 低コヒーレンス動的光散乱の概念図

干渉計の片方のアームにミラーを設置し，ミラー位置を変えることによって試料中の深さ方向の情報を得ることができる．さらに，多重散乱により光路長が変化した光の影響を抑えることもできる．

レーザー光を用いた場合は，試料のさまざまな位置からの単散乱および多重散乱がすべて干渉を起こすために，解析が困難となる．これに対し SLD を用いた場合には，参照光の光路長と同じ距離を通った散乱光のみが干渉を起こす．そのため，多重散乱を起こして光路長が変化した散乱光については干渉を抑えることが可能となる．参照光の光路長を変化させることによって，試料中における被照射体積の位置を擬似的に変化させることも可能である．なお，SLD の低コヒーレンス性を利用したこの手法は，時間領域の光干渉断層計（OCT）において利用されてきた方法である．

最後に，検出器を 2 個使い，相互相関関数を用いた解析によって多重散乱成分を取り除く手法として，二色動的光散乱および三次元動的光散乱を紹介する[17,18]．この手法は，散乱光の中に含まれている単散乱成分と多重散乱成分の割合まで定量化することが可能であり，静的光散乱においても利用できる手法である．

二色動的光散乱では，その名の通り二色のレーザー光を試料の同じ場所に同時に照射し，発生する散乱光をそれぞれ別の検出器で計測する[19]．ここで重要な点が，それぞれの色の動的光散乱において散乱ベクトル **q** を一致させるということである．代表的な実験配置として，$\lambda_1 < \lambda_2$ である二色のレーザー光を用いた場合の二色動的光散乱の装置図を**図 2.1.11** に示した．ここで，λ_1 の散乱角は $\theta - 2\alpha$ に，λ_2 の散乱角は $\theta + 2\alpha$ となるように設定し，二色の散乱ベクトル $\mathbf{q_1}$ および $\mathbf{q_2}$ の大きさが等しくなる条件を作る．具体的には，

$$\frac{4\pi}{\lambda_1}\sin\frac{\theta-2\alpha}{2} = \frac{4\pi}{\lambda_2}\sin\frac{\theta+2\alpha}{2} \rightarrow \tan\alpha = \frac{\lambda_2-\lambda_1}{\lambda_2+\lambda_1}\tan\frac{\theta}{2} \quad (2.1.49)$$

となるように，θ に対して α を設定する．すると，同一被照射体積から発生する，同一の散乱ベクトル **q** をもつ散乱光強度を，異なる 2 つの検出器によって検出す

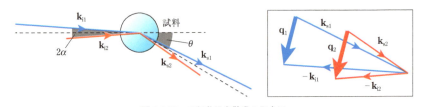

図 2.1.11 二色動的光散乱の概念図
異なる波長および散乱角において散乱ベクトルが一致するような実験配置となっている．

ることができる．なお，検出器前に検出したい波長のみを通すバンドパスフィルターなどを設置することによって，λ_1 の波長の散乱光が λ_2 用の検出器で検出されるという状況を光学的に防ぐことができる．

次に，二色で測定を行うことによって多重散乱を取り除くことができる原理について説明する．二色の散乱電場をそれぞれ E_1, E_2 とおく．そして，それぞれの電場について，単散乱による電場と多重散乱による電場に分けて解析を行う．

$$E_1(t) \equiv E_1^s(t) + E_1^m(t) \tag{2.1.50}$$

$$E_2(t) \equiv E_2^s(t) + E_2^m(t) \tag{2.1.51}$$

ここで，$E_{1,2}^s(t)$ が単散乱，$E_{1,2}^m(t)$ が多重散乱の成分を表す．

まず，$E_1(t)$ による散乱光強度 $I_1(t)$ についての時間相関関数を解析する．

$$\langle I_1(t)I_1(t+\tau)\rangle_T \equiv \langle E_1(t)E_1^*(t)E_1(t+\tau)E_1^*(t+\tau)\rangle_T \tag{2.1.52}$$

式(2.1.52)に式(2.1.50)を代入して計算を行うと，補足の式(2.1.75)や式(2.1.89)と同様に 16 項が出てくる．ここで多重散乱の成分は，最終的に散乱角が $\theta - 2\alpha$ に出てきたというだけの光であり，その前に **q** とは異なる散乱ベクトルで 2 回以上散乱されている．そして，異なる散乱ベクトル成分をもつ散乱電場の位相差には物理的な意味がない．そのため，単散乱の電場と多重散乱の電場の間には相関がない．

$$\langle E_1^s(t)E_1^{m*}(t)\rangle_T = \langle E_1^s(t)E_1^{m*}(t+\tau)\rangle_T = 0 \tag{2.1.53}$$

式(2.1.53)を用いて式(2.1.52)を計算すると，以下のような結果が得られる[xix]．

[xix] 補足(2.1.89)において，E_2 を E_1 に置き換えることによって導出できる．

$$
\begin{aligned}
\langle I_1(t)I_1(t+\tau)\rangle_T &= \langle I_1^{\mathrm{s}}(t)I_1^{\mathrm{s}}(t+\tau)\rangle_T + \langle I_1^{\mathrm{m}}(t)I_1^{\mathrm{m}}(t+\tau)\rangle_T + 2\langle I_1^{\mathrm{s}}(t)\rangle_T\langle I_1^{\mathrm{m}}(t)\rangle_T \\
&\quad + \langle E_1^{\mathrm{s}}(t+\tau)E_1^{\mathrm{s}*}(t)\rangle_T\langle E_1^{\mathrm{m}}(t)E_1^{\mathrm{m}*}(t+\tau)\rangle_T \\
&\quad + \langle E_1^{\mathrm{s}*}(t+\tau)E_1^{\mathrm{s}}(t)\rangle_T\langle E_1^{\mathrm{m}*}(t)E_1^{\mathrm{m}}(t+\tau)\rangle_T
\end{aligned}
\tag{2.1.54}
$$

式 (2.1.54) は，通常の動的光散乱で考える単散乱の時間相関関数 $\langle I_1^{\mathrm{s}}(t)I_1^{\mathrm{s}}(t+\tau)\rangle_T$ に加えて，多重散乱の時間相関関数 $\langle I_1^{\mathrm{m}}(t)I_1^{\mathrm{m}}(t+\tau)\rangle_T$ および単散乱と多重散乱が混合した項が存在し，式 (2.1.54) の第 3 項以外はそれぞれ固有の時間依存性をもつことから，解析が困難である．

　次に，異なる色の散乱光強度同士で時間相関関数 $\langle I_1(t)I_2(t+\tau)\rangle_T$ を定義する．これは**相互相関**と呼ばれる．単散乱の場合は，散乱角が異なるものの，同じ被照射体積中から発生する同じ散乱ベクトルの散乱電場の情報を得ているために，規格化された相互相関関数は，単色の場合の自己相関関数と同じ情報を与える．

$$
\frac{\langle I_1^{\mathrm{s}}(t)I_2^{\mathrm{s}}(t+\tau)\rangle_T}{\langle I_1^{\mathrm{s}}(t)\rangle_T\langle I_2^{\mathrm{s}}(t)\rangle_T} = \frac{\langle I_1^{\mathrm{s}}(t)I_1^{\mathrm{s}}(t+\tau)\rangle_T}{\langle I_1^{\mathrm{s}}(t)\rangle_T^2} = \frac{\langle I_2^{\mathrm{s}}(t)I_2^{\mathrm{s}}(t+\tau)\rangle_T}{\langle I_2^{\mathrm{s}}(t)\rangle_T^2}
\tag{2.1.55}
$$

一方で，異なる色の単散乱と多重散乱間については，式 (2.1.53) と同様に相関がない．

$$
\langle E_1^{\mathrm{s}}(t)E_2^{\mathrm{m}*}(t)\rangle_T = \langle E_1^{\mathrm{s}}(t)E_2^{\mathrm{m}*}(t+\tau)\rangle_T = 0
\tag{2.1.56}
$$

さらに，多重散乱中の散乱ベクトル成分には異なる色では相関がないことから，異なる色の多重散乱間についても相関を無視することができる．

$$
\langle E_1^{\mathrm{m}}(t)E_2^{\mathrm{m}*}(t)\rangle_T = \langle E_1^{\mathrm{m}}(t)E_2^{\mathrm{m}*}(t+\tau)\rangle_T = 0
\tag{2.1.57}
$$

これらの関係式を用いて $\langle I_1(t)I_2(t+\tau)\rangle_T$ を計算すると，以下の式が得られる（補足参照）．

$$
\begin{aligned}
\langle I_1(t)I_2(t+\tau)\rangle_T &= \langle I_1^{\mathrm{s}}(t)I_2^{\mathrm{s}}(t+\tau)\rangle_T + \langle I_1^{\mathrm{m}}(t)\rangle_T\langle I_2^{\mathrm{m}}(t)\rangle_T \\
&\quad + \langle I_1^{\mathrm{s}}(t)\rangle_T\langle I_2^{\mathrm{m}}(t)\rangle_T + \langle I_1^{\mathrm{m}}(t)\rangle_T\langle I_2^{\mathrm{s}}(t)\rangle_T
\end{aligned}
\tag{2.1.58}
$$

　式 (2.1.58) の右辺第 1 項は，式 (2.1.55) に示した単散乱の相互相関関数の規格化前の式であり，通常の動的光散乱と同様の解析を行うことができる．そして，その他の項は単散乱および多重散乱の時間平均強度の単純な積となっており，時間に依存しない．そのため，二色の散乱光強度の相互相関関数の時間依存成分は，単散乱成分のみの情報を反映していることとなり，多重散乱に起因するバックグラウンドを

第 2 章　光子相関分光法

差し引くことによって解析することが可能となる.

解析においては, 式(2.1.55)と同様に散乱光強度 $\langle I_1(t)\rangle_T \langle I_2(t)\rangle_T$ で規格化された時間相関関数を用いる. ここで, $\langle I_{1,2}(t)\rangle_T = \langle I_{1,2}^{\mathrm{s}}(t)\rangle_T + \langle I_{1,2}^{\mathrm{m}}(t)\rangle_T$ および式(2.1.58)を用いて得られる以下の関係式を利用する.

$$\langle I_1(t)\rangle_T \langle I_2(t)\rangle_T$$
$$= \langle I_1^{\mathrm{s}}(t)\rangle_T \langle I_2^{\mathrm{s}}(t)\rangle_T + \langle I_1^{\mathrm{s}}(t)\rangle_T \langle I_2^{\mathrm{m}}(t)\rangle_T + \langle I_1^{\mathrm{m}}(t)\rangle_T \langle I_2^{\mathrm{s}}(t)\rangle_T + \langle I_1^{\mathrm{m}}(t)\rangle_T \langle I_2^{\mathrm{m}}(t)\rangle_T$$
$$= \langle I_1^{\mathrm{s}}(t)\rangle_T \langle I_2^{\mathrm{s}}(t)\rangle_T + \left(\langle I_1(t) I_2(t+\tau)\rangle_T - \langle I_1^{\mathrm{s}}(t) I_2^{\mathrm{s}}(t+\tau)\rangle_T \right)$$

$$(2.1.59)$$

式(2.1.59)を用いると, 規格化された相互相関関数は以下のように書き表される.

$$\frac{\langle I_1(t) I_2(t+\tau)\rangle_T}{\langle I_1(t)\rangle_T \langle I_2(t)\rangle_T} = \frac{\langle I_1(t)\rangle_T \langle I_2(t)\rangle_T - \langle I_1^{\mathrm{s}}(t)\rangle_T \langle I_2^{\mathrm{s}}(t)\rangle_T + \langle I_1^{\mathrm{s}}(t) I_2^{\mathrm{s}}(t+\tau)\rangle_T}{\langle I_1(t)\rangle_T \langle I_2(t)\rangle_T}$$

$$= 1 + \frac{\langle I_1^{\mathrm{s}}(t) I_2^{\mathrm{s}}(t+\tau)\rangle_T - \langle I_1^{\mathrm{s}}(t)\rangle_T \langle I_2^{\mathrm{s}}(t)\rangle_T}{\langle I_1(t)\rangle_T \langle I_2(t)\rangle_T}$$

$$= 1 + \frac{\langle I_1^{\mathrm{s}}(t)\rangle_T \langle I_2^{\mathrm{s}}(t)\rangle_T}{\langle I_1(t)\rangle_T \langle I_2(t)\rangle_T} \left(\frac{\langle I_1^{\mathrm{s}}(t) I_2^{\mathrm{s}}(t+\tau)\rangle_T}{\langle I_1^{\mathrm{s}}(t)\rangle_T \langle I_2^{\mathrm{s}}(t)\rangle_T} - 1 \right)$$

$$(2.1.60)$$

式(2.1.60)の最終行のカッコ内の量は, 式(2.1.55)で示されるように単色・単散乱の場合と同様に $F_{\mathrm{s}}^2(\mathbf{q}, \tau)$ として解析できる. そして, その係数として表される $\langle I_1^{\mathrm{s}}(t)\rangle_T \langle I_2^{\mathrm{s}}(t)\rangle_T / \langle I_1(t)\rangle_T \langle I_2(t)\rangle_T$ は, 全散乱光強度に対する単散乱光強度の比を表す項[xx]であり, ここからどの程度多重散乱が検出されたのかを定量化することが可能となる. なお, 実際は式(2.1.37)で示した干渉性因子や, 2本のレーザーが完全に重ならないことによる効果によって, 指数関数の振幅が減少する.

二色動的光散乱の問題点として, 散乱角を振るのが難しい点や, 二色のレーザー[xxi]を用意しなければならない点などが挙げられる. そこで, 二色動的光散乱に代わる形で広まった, 相互相関関数の計測を通して多重散乱を解析によって取り除く方法として, **三次元動的光散乱**を紹介する[20]. 代表的な実験配置を**図 2.1.12**に示した. レーザー光線を2つに分け, 角度をつけて水平面に対して斜め上(波数

[xx]　通常は波長が短いほど散乱光強度が強くなり, 多重散乱の確率が増えるため, $\langle I_1^{\mathrm{s}}(t)\rangle_T / \langle I_1(t)\rangle_T < \langle I_2^{\mathrm{s}}(t)\rangle_T / \langle I_2(t)\rangle_T$ となる.

[xxi]　当初はアルゴンイオンレーザーの2本の発振線(488 nm, 514.5 nm)が使われていたが, 今はガスレーザー自体があまり使われなくなった.

2.1 動的光散乱法

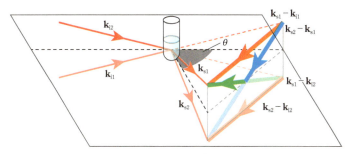

図 2.1.12 三次元動的光散乱の概念図

同一波長の2本のレーザー光が2つの検出器に対してそれぞれ同一の散乱ベクトルをなす実験配置となっている．入射光と散乱光の組み合わせが異なる場合については，散乱ベクトルが異なるために相関をもたない．

ベクトル $\mathbf{k}_{i1}$) および斜め下($\mathbf{k}_{i2}$)方向に照射する．そして，同一の被照射体積から発生する散乱光を斜め上($\mathbf{k}_{s1}$)および斜め下($\mathbf{k}_{s2}$)方向に設置した2つの検出器で検出する．この結果，入射および散乱の波数ベクトルの組み合わせによって4つの経路で散乱が起こる．以降，それらの散乱光強度を以下のように書き表す：$(\mathbf{k}_{i1}, \mathbf{k}_{s1}) : I_{1\to1}, (\mathbf{k}_{i1}, \mathbf{k}_{s2}) : I_{1\to2}, (\mathbf{k}_{i2}, \mathbf{k}_{s1}) : I_{2\to1}, (\mathbf{k}_{i2}, \mathbf{k}_{s2}) : I_{2\to2}$

二色動的光散乱と同様に，$I_{1\to1}$ および $I_{2\to2}$ は同じ散乱ベクトル $\mathbf{k}_{s1} - \mathbf{k}_{i1} = \mathbf{k}_{s2} - \mathbf{k}_{i2} \equiv \mathbf{q}$ をもっており，単散乱成分については相互相関において $F_s^2(\mathbf{q}, \tau)$ が観測できる．なおかつ，多重散乱成分間については光学経路がまったく異なり相関がないため，相互相関に時間依存性がない．そのため，相互相関を取ることによって，単散乱成分について通常の動的光散乱と同様の解析を行うことが可能となる．三次元動的光散乱の利点として，散乱角 θ を変化させても $\mathbf{k}_{s1} - \mathbf{k}_{i1} = \mathbf{k}_{s2} - \mathbf{k}_{i2}$ の関係が成り立つことが挙げられる[xxii]．そのため，多重散乱を起こすような試料の光散乱の角度依存性の解析に威力を発揮する．

実際の三次元動的光散乱においては，$I_{1\to2}$ および $I_{2\to1}$ の寄与が表れる．仮に $I_{1\to1}, I_{1\to2}, I_{2\to1}, I_{2\to2}$ の強度がすべて等しい(I_s)と仮定すると，時間相関関数は以下のように書き表される．

[xxii] 二色動的光散乱の際には，散乱角 θ を変化させる場合，式(2.1.49)を満たすように α も変化させる必要がある．

第 2 章 光子相関分光法

$$\frac{\langle I_1(t)I_2(t+\tau)\rangle_T}{\langle I_1(t)\rangle_T\langle I_2(t)\rangle_T} = \frac{\langle(I_{1\to1}(t)+I_{2\to1}(t))(I_{1\to2}(t)+I_{2\to2}(t))\rangle_T}{\langle I_{1\to1}(t)+I_{2\to1}(t)\rangle_T\langle I_{1\to2}(t)+I_{2\to2}(t)\rangle_T}$$

$$= \frac{\langle I_{1\to1}(t)I_{2\to2}(t)\rangle_T + \langle I_{1\to1}(t)I_{1\to2}(t)\rangle_T + \langle I_{2\to1}(t)I_{2\to2}(t)\rangle_T + \langle I_{2\to1}(t)I_{1\to2}(t)\rangle_T}{4I_{\mathrm{s}}^2}$$

(2.1.61)

ここで，$I_{1\to1}(t)$ の散乱ベクトル $\mathbf{k}_{\mathrm{s}1}-\mathbf{k}_{\mathrm{i}1}$ と $I_{1\to2}(t)$ の散乱ベクトル $\mathbf{k}_{\mathrm{s}2}-\mathbf{k}_{\mathrm{i}1}$ は異なるために単散乱成分も相関をもたず，$\langle I_{1\to1}(t)I_{1\to2}(t)\rangle_T = \langle I_{1\to1}(t)\rangle_T\langle I_{1\to2}(t)\rangle_T = I_{\mathrm{s}}^2$ となり，単なる定数項となる．同様に，$\langle I_{2\to1}(t)I_{2\to2}(t)\rangle_T = \langle I_{2\to1}(t)I_{1\to2}(t)\rangle_T = I_{\mathrm{s}}^2$ となる[xxiii]．その結果，有効な時間相関関数は全体の 1/4 となる[xxiv]．

$$\frac{\langle I_1(t)I_2(t+\tau)\rangle_T}{\langle I_1(t)\rangle_T\langle I_2(t)\rangle_T} = \frac{1}{4}\frac{\langle I_{1\to1}(t)I_{2\to2}(t)\rangle_T}{I_{\mathrm{s}}^2} + \frac{3}{4}$$

(2.1.62)

この点を解決するために，偏光を利用したり[23)]，入射光と検出器に高速でゲートをかけたり[24)]することによって，入射光に対する検出器の対応を 1:1 でとるための手法も開発されている．

C. 偏光を利用した回転運動の解析

今までは，入射光および散乱光の偏光について議論していなかった．これは，散乱体が球形の場合には，散乱光の偏光が入射光の偏光と一致するためである．散乱光は，入射電場によって誘起される双極子からの二次放射光として捉えることができるが，入射電場 $\mathbf{E}$ と誘起双極子 μ の関係性は一般に以下のように書き表される．

$$\mu = \alpha\mathbf{E}$$

(2.1.63)

ここで，行列 α は分極率テンソルである．散乱体が球形の場合には，対称性により α はスカラー量である分極率となり，μ は $\mathbf{E}$ に平行となる．散乱光の偏光は μ の振動方向に一致するため，入射光の偏光と散乱光の偏光は向きが一致する．

これに対し，散乱体が楕円球やロッドなど異方性をもつ形状をとる場合には，α が非対角項をもつ結果，μ が $\mathbf{E}$ に直交した成分をもちうるため，入射光の偏光と直交した偏光をもつ散乱光も検出される．

[xxiii] $I_{2\to1}(t)$ の散乱ベクトル $\mathbf{k}_{\mathrm{s}1}-\mathbf{k}_{\mathrm{i}2}$ と $I_{1\to2}(t)$ の散乱ベクトル $\mathbf{k}_{\mathrm{s}2}-\mathbf{k}_{\mathrm{i}1}$ は，大きさは同じであるが，向きが異なるために相関をもたない．

[xxiv] 二色動的光散乱および三次元動的光散乱が開発される前に，相互相関関数による多重散乱の除去について，2 つに分けたレーザー光線を向かい合う形で試料に照射し，散乱光を同一平面の 90 度方向に設置した 2 つの検出器で検出するという手法が開発された[21-22)]．この手法では散乱角が 90 度に限定されるものの，$I_{1\to1}, I_{1\to2}, I_{2\to1}, I_{2\to2}$ すべての散乱ベクトルが一致する．

それでは，入射光の偏光と平行および直交した偏光をもつ散乱光の強度，$I_{VV}(t)$ および $I_{VH}(t)$ の時間相関関数はどのような情報をもつだろうか．どちらの強度も位置揺らぎに起因する相関の減衰は存在するが，それに加えて分極率テンソルの時間変化に起因する減衰も示す．式(2.1.63)において，座標軸は空間に固定されており，入射電場 $\mathbf{E}$ は時間に対して変化しないが，散乱体に固有の分極率テンソル $\boldsymbol{\alpha}$ は，散乱体が回転することによって各成分が変化する．

以降，散乱体がロッド状であると仮定して具体的な表式を見ていく．x 軸方向を向いたロッドの分極率テンソルは以下のように定義できる．

$$\boldsymbol{\alpha} \equiv \begin{pmatrix} \alpha_{\parallel} & 0 & 0 \\ 0 & \alpha_{\perp} & 0 \\ 0 & 0 & \alpha_{\perp} \end{pmatrix} \tag{2.1.64}$$

しかし，実際は溶液中においてロッドが回転するため，式(2.1.64)の各成分は空間固定座標で見ると時々刻々変化する．ここで，ロッドの回転が自由に起きると仮定すると，ロッドの方向ベクトル $\mathbf{u}$ が時刻 τ に半径 1 の球上の点 (θ, ϕ) に存在する確率 $c(\mathbf{u}, \tau) \equiv c(\theta, \phi; \tau)$ は，以下の拡散方程式を満たす．

$$\frac{\partial}{\partial \tau} c(\mathbf{u}, \tau) = D_R \nabla_r^2 c(\mathbf{u}, \tau)\Big|_{r=1} = D_R \frac{1}{\sin^2 \theta} \left(\sin \theta \frac{\partial}{\partial \theta} \left(\sin \theta \frac{\partial}{\partial \theta} \right) + \frac{\partial^2}{\partial \phi^2} \right) c(\mathbf{u}, \tau)$$

$$\tag{2.1.65}$$

これは，式(2.1.18)に示した自由空間における拡散に対して，$r=1$ の球上のみを移動できるという拘束をかけた拡散方程式となっており，D_R は**回転拡散係数**と呼ばれる．これに対し，式(2.1.18)における D は**並進拡散係数**と呼ばれる．

$c(\mathbf{u}, \tau = 0) = \delta(\mathbf{u} - \mathbf{u}_0)$ という初期条件の下，$c(\mathbf{u}, \tau)$ は球面調和関数 $Y_{l,m}(\mathbf{u})$ を用いて以下のように解くことができる．

$$c(\mathbf{u}, \tau) = \sum_{l,m} e^{-l(l+1)D_R t} Y_{lm}^*(\mathbf{u}) Y_{lm}(\mathbf{u}_0) \tag{2.1.66}$$

この表式をもとに，電場 $E_{VV}(t)$ および $E_{VH}(t)$ の時間相関関数を計算すると，以下のような表式が得られる．

$$\langle E_{VV}(t) E_{VV}^*(t+\tau) \rangle_T \propto \left(\alpha^2 + \frac{4}{45} \beta^2 e^{-6D_R \tau} \right) e^{-Dq^2 \tau} \tag{2.1.67}$$

$$\langle E_{VH}(t) E_{VH}^*(t+\tau) \rangle_T \propto \frac{1}{15} \beta^2 e^{-6D_R \tau} e^{-Dq^2 \tau} \tag{2.1.68}$$

ここで，$\alpha \equiv (\alpha_{\parallel} + 2\alpha_{\perp})/3,\ \beta \equiv \alpha_{\parallel} - \alpha_{\perp}$ を表す．ここで，近似として $\alpha \gg \beta$ を適用

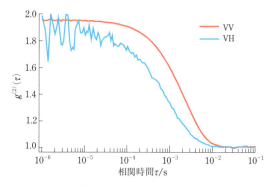

図 2.1.13 カーボンナノチューブ分散液を用いて行った,動的光散乱の時間相関関数の偏光依存性の例

VV は入射光と散乱光の偏光が同じ場合を,VH は直交している場合を表す.波長は 632.8 nm(He–Ne レーザー),散乱角は 50 度としている.

し,式 (2.1.67) 内の β^2 に比例する項を落とすと,散乱光強度 $I_{VV}(t)$ および $I_{VH}(t)$ の時間相関関数が以下のように簡潔に表される.

$$\frac{\langle I_{VV}(t)I_{VV}(t+\tau)\rangle_T}{\langle I_{VV}(t)\rangle_T^2} = 1 + \left(e^{-Dq^2\tau}\right)^2 \quad (2.1.69)$$

$$\frac{\langle I_{VH}(t)I_{VH}(t+\tau)\rangle_T}{\langle I_{VH}(t)\rangle_T^2} = 1 + \left(e^{-Dq^2\tau}e^{-6D_R\tau}\right)^2 \quad (2.1.70)$$

式 (2.1.69) は,等方性の試料の場合 (式 (2.1.25)) とまったく同じであり,入射光の偏光と直交した偏光をもつ散乱光 $I_{VH}(t)$ の時間相関関数にのみ,回転の影響が表れている.なお,回転拡散に関する項 $e^{-6D_R\tau}$ は散乱ベクトルの大きさ q に依存しない.これは回転に起因する減衰が干渉由来でないことに起因しており,回転由来の減衰は散乱体が 1 個の場合でも観測される.

例として,カーボンナノチューブ分散液を用いて行った測定の例を**図 2.1.13** に示した[25].直交成分 (VH) は散乱光強度が弱いためにノイズが大きくなっているものの,直交成分の緩和速度が平行成分 (VV) と比較して早く,回転による緩和の影響が出ていることがわかる.得られた時間相関関数を単一指数関数でフィッティングすることによって[xxv],D および D_R が得られる.ロッド状の試料はロッドの半径 r および長さ l によって特徴づけられるが,これらのパラメータと拡散係数を結びつける式がいくつか報告されている[26].ここでは以下の式を用いる[27].

[xxv] 実際は分散の影響で指数関数からの若干のズレが存在する.

$$D = \frac{k_{\mathrm{B}}T}{3\pi\eta l}\left(\ln\frac{l}{r} + \ln 2 - 1\right) \tag{2.1.71}$$

$$D_{\mathrm{R}} = \frac{3k_{\mathrm{B}}T}{\pi\eta l^3}\frac{\left(\dfrac{l}{2r}\right)^2\left(\ln\dfrac{l}{2r}\right)^2}{\left(\dfrac{l}{2r}\right)^2\left(\ln\dfrac{l}{2r} + \ln 2 - 1\right) + 0.651\left(\ln\dfrac{l}{2r}\right)^2} \tag{2.1.72}$$

式 (2.1.71) および (2.1.72) を用いた解析によって，測定されたカーボンナノチューブについて $r \sim 7$ nm, $l \sim 600$ nm と推定することができた．得られた結果は，AFM による観察結果とも整合している．

補足：Wiener–Khinchin の定理の証明

時間相関関数のフーリエ変換がパワースペクトル密度であることを示す．動的光散乱においては，コリレーターなどで計測される散乱光強度の時間相関関数のフーリエ変換 $\langle I_{\mathrm{s}}(t)I_{\mathrm{s}}(t+\tau)\rangle_T$ が，FFT アナライザなどで計測される散乱光強度のパワースペクトル $|I_{\mathrm{s}}(\omega)|^2$ に対応することを示している．パワースペクトルは，分光器で得られる電場の波長のスペクトルではなく，あくまで散乱光強度の揺らぎ情報であり，通常は Hz〜kHz オーダーのスペクトルである．

まず，時間相関関数を定義に従って展開する．ここで，$\mathcal{F}[\cdots]$ はフーリエ変換，$\mathcal{F}^{-1}[\cdots]$ は逆フーリエ変換を表し，$\mathcal{F}^{-1}[\mathcal{F}[\cdots]]$ によって元の関数に戻ることを利用する．

$$
\begin{aligned}
\langle I_{\mathrm{s}}(t)I_{\mathrm{s}}(t+\tau)\rangle_T &\equiv \lim_{T\to\infty}\frac{1}{T}\int_0^T I_{\mathrm{s}}(t)I_{\mathrm{s}}(t+\tau)\mathrm{d}t \\
&= \mathcal{F}^{-1}\left[\mathcal{F}[\langle I_{\mathrm{s}}(t)I_{\mathrm{s}}(t+\tau)\rangle_T]\right] \\
&= \int_{-\infty}^{+\infty}\mathrm{d}\omega\,\mathrm{e}^{+i\omega\tau}\left(\frac{1}{2\pi}\int_{-\infty}^{+\infty}\mathrm{d}\tau\,\mathrm{e}^{-i\omega\tau}\langle I_{\mathrm{s}}(t)I_{\mathrm{s}}(t+\tau)\rangle_T\right) \\
&= \int_{-\infty}^{+\infty}\mathrm{d}\omega\,\mathrm{e}^{+i\omega\tau}\left(\frac{1}{2\pi}\int_{-\infty}^{+\infty}\mathrm{d}\tau\,\mathrm{e}^{-i\omega\tau}\lim_{T\to\infty}\frac{1}{T}\int_0^T \mathrm{d}t I_{\mathrm{s}}(t)I_{\mathrm{s}}(t+\tau)\right)
\end{aligned}
\tag{2.1.73}
$$

ここで，$t+\tau \equiv t'$ という変数変換を行うことによって，以下のように計算することができる．

第 2 章　光子相関分光法

$$\langle I_{\mathrm{s}}(t)I_{\mathrm{s}}(t+\tau)\rangle_T$$

$$= \lim_{T\to\infty}\frac{1}{2\pi T}\int_{-\infty}^{+\infty}\mathrm{d}\omega\mathrm{e}^{+i\omega\tau}\left(\int_{-\infty}^{+\infty}\mathrm{d}\tau\mathrm{e}^{-i\omega\tau}\int_{0}^{T}\mathrm{d}t I_{\mathrm{s}}(t)I_{\mathrm{s}}(t+\tau)\right)$$

$$= \lim_{T\to\infty}\frac{1}{2\pi T}\int_{-\infty}^{+\infty}\mathrm{d}\omega\mathrm{e}^{+i\omega\tau}\left(\int_{-\infty}^{+\infty}\mathrm{d}\tau\mathrm{e}^{-i\omega(t+\tau)}I_{\mathrm{s}}(t+\tau)\int_{0}^{T}\mathrm{d}t\mathrm{e}^{+i\omega t}I_{\mathrm{s}}(t)\right)$$

$$= \lim_{T\to\infty}\frac{2\pi}{T}\int_{-\infty}^{+\infty}\mathrm{d}\omega\mathrm{e}^{+i\omega\tau}\left(\frac{1}{2\pi}\int_{-\infty}^{+\infty}\mathrm{d}\tau\mathrm{e}^{-i\omega t'}I_{\mathrm{s}}(t')\right)\left(\frac{1}{2\pi}\int_{-\infty}^{+\infty}\mathrm{d}\tau\mathrm{e}^{-i\omega t}I_{\mathrm{s}}(t)\right)^{*}$$

$$= \lim_{T\to\infty}\frac{2\pi}{T}\mathcal{F}^{-1}\left[\mathcal{F}[I_{\mathrm{s}}(t)]\mathcal{F}[I_{\mathrm{s}}(t)]^{*}\right]$$

$$= \lim_{T\to\infty}\frac{2\pi}{T}\mathcal{F}^{-1}\left[I_{\mathrm{s}}(\omega)I_{\mathrm{s}}^{*}(\omega)\right]$$

$$= \lim_{T\to\infty}\frac{2\pi}{T}\mathcal{F}^{-1}\left[|I_{\mathrm{s}}(\omega)|^{2}\right]$$

$$(2.1.74)$$

　式の最終式は，角周波数幅 $\displaystyle\lim_{T\to\infty}\frac{2\pi}{T}$ におけるパワースペクトル $|I_{\mathrm{s}}(\omega)|^{2}$ ($=$ パワースペクトル密度 $|\tilde{I}_{\mathrm{s}}(\omega)|^{2}$) の逆フーリエ変換が時間相関関数に対応することを示している．

補足：ヘテロダイン検出における散乱光強度の時間相関関数

　式(2.1.45)で示された光電場 $E_{\mathrm{tot}}(t)$ によって作られる光強度 $I_{\mathrm{tot}}(t)$ の時間相関関数を展開し，式(2.1.46)になることを示す．以下，時間相関関数を展開し，各項について計算を行う．

$$\langle I_{\mathrm{tot}}(t)I_{\mathrm{tot}}(t+\tau)\rangle_T \equiv \langle E_{\mathrm{tot}}(t)E_{\mathrm{tot}}^{*}(t)E_{\mathrm{tot}}(t+\tau)E_{\mathrm{tot}}^{*}(t+\tau)\rangle_T \qquad (2.1.75)$$

$$= \langle E_{\mathrm{s}}(t)E_{\mathrm{s}}^{*}(t)E_{\mathrm{s}}(t+\tau)E_{\mathrm{s}}^{*}(t+\tau)\rangle_T \qquad (2.1.76)$$

$$+\langle E_{\mathrm{LO}}E_{\mathrm{s}}^{*}(t)E_{\mathrm{s}}(t+\tau)E_{\mathrm{s}}^{*}(t+\tau)\rangle_T + \langle E_{\mathrm{s}}(t)E_{\mathrm{LO}}^{*}E_{\mathrm{s}}(t+\tau)E_{\mathrm{s}}^{*}(t+\tau)\rangle_T$$
$$+\langle E_{\mathrm{s}}(t)E_{\mathrm{s}}^{*}(t)E_{\mathrm{LO}}E_{\mathrm{s}}^{*}(t+\tau)\rangle_T + \langle E_{\mathrm{s}}(t)E_{\mathrm{s}}^{*}(t)E_{\mathrm{s}}(t+\tau)E_{\mathrm{LO}}^{*}\rangle_T \qquad (2.1.77)$$

$$+\langle E_{\mathrm{LO}}E_{\mathrm{LO}}^{*}E_{\mathrm{s}}(t+\tau)E_{\mathrm{s}}^{*}(t+\tau)\rangle_T + \langle E_{\mathrm{s}}(t)E_{\mathrm{s}}^{*}(t)E_{\mathrm{LO}}E_{\mathrm{LO}}^{*}\rangle_T \qquad (2.1.78)$$

$$+\langle E_{\mathrm{LO}}E_{\mathrm{s}}^{*}(t)E_{\mathrm{LO}}E_{\mathrm{s}}^{*}(t+\tau)\rangle_T + \langle E_{\mathrm{s}}(t)E_{\mathrm{LO}}^{*}E_{\mathrm{s}}(t+\tau)E_{\mathrm{LO}}^{*}\rangle_T \qquad (2.1.79)$$

$$+\langle E_{\mathrm{LO}}E_{\mathrm{s}}^{*}(t)E_{\mathrm{s}}(t+\tau)E_{\mathrm{LO}}^{*}\rangle_T + \langle E_{\mathrm{s}}(t)E_{\mathrm{LO}}^{*}E_{\mathrm{LO}}E_{\mathrm{s}}^{*}(t+\tau)\rangle_T \qquad (2.1.80)$$

$$
+\langle E_{\mathrm{LO}}E_{\mathrm{LO}}^{*}E_{\mathrm{LO}}E_{\mathrm{s}}^{*}(t+\tau)\rangle_{T}+\langle E_{\mathrm{LO}}E_{\mathrm{LO}}^{*}E_{\mathrm{s}}(t+\tau)E_{\mathrm{LO}}^{*}\rangle_{T} \tag{2.1.81}
$$
$$
+\langle E_{\mathrm{LO}}E_{\mathrm{s}}^{*}(t)E_{\mathrm{LO}}E_{\mathrm{LO}}^{*}\rangle_{T}+\langle E_{\mathrm{s}}(t)E_{\mathrm{LO}}^{*}E_{\mathrm{LO}}E_{\mathrm{LO}}^{*}\rangle_{T}
$$

$$
+\langle E_{\mathrm{LO}}E_{\mathrm{LO}}^{*}E_{\mathrm{LO}}E_{\mathrm{LO}}^{*}\rangle_{T} \tag{2.1.82}
$$

式(2.1.76)は，式(2.1.44)で示したように，ホモダイン検出の結果を表す．

$$
\langle E_{\mathrm{s}}(t)E_{\mathrm{s}}^{*}(t)E_{\mathrm{s}}(t+\tau)E_{\mathrm{s}}^{*}(t+\tau)\rangle_{T}=\langle I_{\mathrm{s}}\rangle_{T}^{2}\left(1+\mathrm{e}^{-2Dq^{2}\tau}\right) \tag{2.1.83}
$$

式(2.1.77)の第1項は，以下のように $\langle\mathrm{e}^{-\mathrm{i}\mathbf{q}\cdot(\mathbf{r}_{j}(t)+\mathbf{v}t)}\rangle_{T}$ のような複素ガウス関数の平均項を含むため，0となる．式(2.1.77)の第2〜4項も同様に0である．同様の議論により，式(2.1.79)および式(2.1.81)も0となる．

$$
\begin{aligned}
&\langle E_{\mathrm{LO}}E_{\mathrm{s}}^{*}(t)E_{\mathrm{s}}(t+\tau)E_{\mathrm{s}}^{*}(t+\tau)\rangle_{T}\\
&=E_{\mathrm{LO}}\left\langle\sum_{j}^{N}\sum_{k}^{N}\sum_{l}^{N}\mathrm{e}^{-\mathrm{i}\mathbf{q}(\mathbf{r}_{j}(t)+\mathbf{v}t)}\mathrm{e}^{\mathrm{i}\mathbf{q}(\mathbf{r}_{k}(t+\tau)-\mathbf{r}_{l}(t+\tau))}\right\rangle_{T}=0
\end{aligned} \tag{2.1.84}
$$

式(2.1.78)の2つの項は，散乱光とローカルオシレーターの強度の積を表す．

$$
\langle E_{\mathrm{LO}}E_{\mathrm{LO}}^{*}E_{\mathrm{s}}(t+\tau)E_{\mathrm{s}}^{*}(t+\tau)\rangle_{T}=I_{\mathrm{LO}}\langle I_{\mathrm{s}}\rangle_{T} \tag{2.1.85}
$$

式(2.1.80)の第1項は，式(2.1.43)を用いて以下のように計算される．

$$
\begin{aligned}
&\langle E_{\mathrm{LO}}E_{\mathrm{s}}^{*}(t)E_{\mathrm{s}}(t+\tau)E_{\mathrm{LO}}^{*}\rangle_{T}\\
&=I_{\mathrm{LO}}\left\langle\sum_{j}^{N}\sum_{k}^{N}\mathrm{e}^{\mathrm{i}\mathbf{q}(\mathbf{r}_{j}(t)+\mathbf{v}t-\mathbf{r}_{k}(t+\tau)-\mathbf{v}(t+\tau))}\right\rangle_{T}=I_{\mathrm{LO}}\mathrm{e}^{-Dq^{2}\tau}\mathrm{e}^{-\mathrm{i}\mathbf{q}\cdot\mathbf{v}\tau}
\end{aligned} \tag{2.1.86}
$$

式(2.1.80)の第2項は式(2.1.86)の複素共役であり，結果として式(2.1.80)の2項の和は以下のように計算される．

$$
\langle E_{\mathrm{LO}}E_{\mathrm{s}}^{*}(t)E_{\mathrm{s}}(t+\tau)E_{\mathrm{LO}}^{*}\rangle_{T}+\langle E_{\mathrm{s}}(t)E_{\mathrm{LO}}^{*}E_{\mathrm{LO}}E_{\mathrm{s}}^{*}(t+\tau)\rangle_{T}=2I_{\mathrm{LO}}\mathrm{e}^{-Dq^{2}\tau}\cos\mathbf{q}\cdot\mathbf{v}\tau \tag{2.1.87}
$$

式(2.1.82)は，ローカルオシレーターの強度の2乗を表す．

$$
\langle E_{\mathrm{LO}}E_{\mathrm{LO}}^{*}E_{\mathrm{LO}}E_{\mathrm{LO}}^{*}\rangle_{T}=I_{\mathrm{LO}}^{2} \tag{2.1.88}
$$

以上の結果をまとめることによって，式(2.1.46)が得られる．

第 2 章　光子相関分光法

補足：二色動的光散乱における散乱光強度の相互相関関数

式 (2.1.50)，(2.1.51) で示された光電場 $E_1(t)$，$E_2(t)$ によって作られる光強度 $I_1(t),I_2(t)$ の相互相関関数 $\langle I_1(t)I_2(t+\tau)\rangle_T$ を展開し，式 (2.1.58) になることを示す．以下，相互相関関数を展開し，各項について計算を行う．

$$\langle I_1(t)I_2(t+\tau)\rangle_T \equiv \langle E_1(t)E_1^*(t)E_2(t+\tau)E_2^*(t+\tau)\rangle_T \tag{2.1.89}$$

$$= \langle E_1^{\rm s}(t)E_1^{{\rm s}*}(t)E_2^{\rm s}(t+\tau)E_2^{{\rm s}*}(t+\tau)\rangle_T \tag{2.1.90}$$

$$+\langle E_1^{\rm m}(t)E_1^{{\rm s}*}(t)E_2^{\rm s}(t+\tau)E_2^{{\rm s}*}(t+\tau)\rangle_T + \langle E_1^{\rm s}(t)E_1^{{\rm m}*}(t)E_2^{\rm s}(t+\tau)E_2^{{\rm s}*}(t+\tau)\rangle_T$$
$$+\langle E_1^{\rm s}(t)E_1^{{\rm s}*}(t)E_2^{\rm m}(t+\tau)E_2^{{\rm s}*}(t+\tau)\rangle_T + \langle E_1^{\rm s}(t)E_1^{{\rm s}*}(t)E_2^{\rm s}(t+\tau)E_2^{{\rm m}*}(t+\tau)\rangle_T \tag{2.1.91}$$

$$+\langle E_1^{\rm m}(t)E_1^{{\rm m}*}(t)E_2^{\rm s}(t+\tau)E_2^{{\rm s}*}(t+\tau)\rangle_T + \langle E_1^{\rm s}(t)E_1^{{\rm s}*}(t)E_2^{\rm m}(t+\tau)E_2^{{\rm m}*}(t+\tau)\rangle_T \tag{2.1.92}$$

$$+\langle E_1^{\rm m}(t)E_1^{{\rm s}*}(t)E_2^{\rm m}(t+\tau)E_2^{{\rm s}*}(t+\tau)\rangle_T + \langle E_1^{\rm s}(t)E_1^{{\rm m}*}(t)E_2^{\rm s}(t+\tau)E_2^{{\rm m}*}(t+\tau)\rangle_T \tag{2.1.93}$$

$$+\langle E_1^{\rm m}(t)E_1^{{\rm s}*}(t)E_2^{\rm s}(t+\tau)E_2^{{\rm m}*}(t+\tau)\rangle_T + \langle E_1^{\rm s}(t)E_1^{{\rm m}*}(t)E_2^{\rm m}(t+\tau)E_2^{{\rm s}*}(t+\tau)\rangle_T \tag{2.1.94}$$

$$+\langle E_1^{\rm m}(t)E_1^{{\rm m}*}(t)E_2^{\rm m}(t+\tau)E_2^{{\rm s}*}(t+\tau)\rangle_T + \langle E_1^{\rm m}(t)E_1^{{\rm m}*}(t)E_2^{\rm s}(t+\tau)E_2^{{\rm m}*}(t+\tau)\rangle_T$$
$$+\langle E_1^{\rm m}(t)E_1^{{\rm s}*}(t)E_2^{\rm m}(t+\tau)E_2^{{\rm m}*}(t+\tau)\rangle_T + \langle E_1^{\rm s}(t)E_1^{{\rm m}*}(t)E_2^{\rm m}(t+\tau)E_2^{{\rm m}*}(t+\tau)\rangle_T \tag{2.1.95}$$

$$+\langle E_1^{\rm m}(t)E_1^{{\rm m}*}(t)E_2^{\rm m}(t+\tau)E_2^{{\rm m}*}(t+\tau)\rangle_T \tag{2.1.96}$$

このうち，値をもつものは以下の 4 項のみである．まず式 (2.1.90) は，異なる波長の単散乱光の強度の相互相関を表す．

$$\langle E_1^{\rm s}(t)E_1^{{\rm s}*}(t)E_2^{\rm s}(t+\tau)E_2^{{\rm s}*}(t+\tau)\rangle_T = \langle I_1^{\rm s}(t)I_2^{\rm s}(t+\tau)\rangle_T \tag{2.1.97}$$

式 (2.1.92) の 2 つの項は，単散乱光と多重散乱光の強度の積を表す．ここで，異なる波長の単散乱光および多重散乱光の間には相関がないことに注意する．

$$\langle E_1^{\rm m}(t)E_1^{{\rm m}*}(t)E_2^{\rm s}(t+\tau)E_2^{{\rm s}*}(t+\tau)\rangle_T = \langle I_1^{\rm m}(t)I_2^{\rm s}(t+\tau)\rangle_T = \langle I_1^{\rm m}(t)\rangle_T \langle I_2^{\rm s}(t)\rangle_T \tag{2.1.98}$$

$$\langle E_1^{\rm s}(t)E_1^{{\rm s}*}(t)E_2^{\rm m}(t+\tau)E_2^{{\rm m}*}(t+\tau)\rangle_T = \langle I_1^{\rm s}(t)I_2^{\rm m}(t+\tau)\rangle_T = \langle I_1^{\rm s}(t)\rangle_T \langle I_2^{\rm m}(t)\rangle_T \tag{2.1.99}$$

式(2.1.96)は，異なる波長の多重散乱光の強度の相互相関を表す．

$$\langle E_1^m(t) E_1^{m*}(t) E_2^m(t+\tau) E_2^{m*}(t+\tau) \rangle = \langle I_1^m(t) I_2^m(t+\tau) \rangle_T = \langle I_1^m(t) \rangle_T \langle I_2^m(t) \rangle_T$$

(2.1.100)

以上の結果をまとめることによって，式(2.1.58)が得られる．

なお，その他の式については式(2.1.53)，(2.1.56)および(2.1.57)を用いることによって0となることが示せる．例えば式(2.1.94)の第1項は，Isserlisの定理(式(2.1.10)を参照)を用いることによって，以下のように展開できる．

$$
\begin{aligned}
\langle E_1^m(t) &E_1^{s*}(t) E_2^s(t+\tau) E_2^{m*}(t+\tau) \rangle_T \\
&= \langle E_1^m(t) E_1^{s*}(t) \rangle_T \langle E_2^s(t+\tau) E_2^{m*}(t+\tau) \rangle_T \\
&\quad + \langle E_1^m(t) E_2^s(t+\tau) \rangle_T \langle E_1^{s*}(t) E_2^{m*}(t+\tau) \rangle_T \\
&\quad + \langle E_1^m(t) E_2^{m*}(t+\tau) \rangle_T \langle E_2^s(t+\tau) E_1^{s*}(t) \rangle_T
\end{aligned}
$$

(2.1.101)

式(2.1.101)の右辺第1項は，式(2.1.53)と同様の議論によって0となる．第2項は，共役でない電場の積の時間平均であるため，0となる．第3項は，式(2.1.57)にあるように $\langle E_1^m(t) E_2^{m*}(t+\tau) \rangle_T$ が0となる．

参考文献

1) B. J. Berne and R. Pecora, *Dynamic Light Scattering: With Applications to Chemistry, Biology, and Physics*, Dover Publications, New York(2000)

2) B. Chu, *Laser Light Scattering: Basic Principles and Practice, 2nd Ed.*, Dover Publications, New York(2007)

3) 柴山充弘，佐藤尚弘，岩井俊昭，木村康之，光散乱法の基礎と応用，講談社(2014)

4) L. D. Barron, *Molecular Light Scattering and Optical Activity, 2nd Ed.*, Cambridge University Press, Cambridge(2004)

5) 廣井卓思，東京大学，博士論文(2017)

6) A. Scotti, W. Liu, J. S. Hyatt, E. S. Herman, H. S. Choi, J. W. Kim, L. A. Lyon, U. Gasser, and A. Fernandez-Nieves, *J. Chem. Phys.*, **142**, 234905(2015)

7) S. W. Provencher, *Comput. Phys. Commun.*, **27**, 213(1982)

8) S. W. Provencher, *Comput. Phys. Commun.*, **27**, 229(1982)

9) H. C. van de Hulst, *Light Scattering by Small Particles*, Dover Publications, New York (2012)

10) E. Wolf, *Introduction to the Theory of Coherence and Polarization of Light*, Cambridge

University Press, Cambridge(2007)

11) B. Chu(R. Borsali and R. Pecora ed.), *Soft Matter Characterization*, Springer Netherlands, Dordrecht(2008), Chapter 7 Dynamic Light Scattering

12) W. Becker, *The bh TCSPC Handbook, 8th Ed.*, Becker & Hickl GmbH, Berlin(2019)

13) B. R. Ware, *Adv. Colloid Interface Sci.*, **4**, 1(1974)

14) T. Hiroi and M. Shibayama, *Opt. Express*, **21**, 20260(2013)

15) H. Xia, K. Ishii, and T. Iwai, *Jpn. J. Appl. Phys.*, **44**, 6261(2005)

16) K. Ishii, R. Yoshida, and T. Iwai, *Opt. Lett.*, **30**, 555(2005)

17) P. N. Pusey, *Curr. Opin. Colloid Interface Sci.*, **4**, 177(1999)

18) K. Schätzel, *J. Mod. Opt.*, **38**, 1849(1991)

19) P. N. Segrè, W. Van Megen, P. N. Pusey, K. Schätzel, and W. Peters, *J. Mod. Opt.*, **42**, 1929(1995)

20) L. B. Aberle, P. Hülstede, S. Wiegand, W. Schröer, and W. Staude, *Appl. Opt.*, **37**, 6511 (1998)

21) G. D. J. Phillies, *J. Chem. Phys.*, **74**,(1981)

22) G. D. J. Phillies, *Phys. Rev. A*, **24**,(1981)

23) M. Medebach, N. Freiberger, and O. Glatter, *Rev. Sci. Instrum.*, **79**, 073907(2008)

24) I. D. Block and F. Scheffold, *Rev. Sci. Instrum.*, **81**, 123107(2010)

25) T. Hiroi, S. Ata, and M. Shibayama, *J. Phys. Chem. C*, **120**, 5776(2016)

26) D. Lehner, H. Lindner, and O. Glatter, *Langmuir*, **16**, 1689(2000)

27) A. M. Shetty, G. M. H. Wilkins, J. Nanda, and M. J. Solomon, *J. Phys. Chem. C*, **113**, 7129(2009)

2.2 ■ X 線光子相関分光法

　動的光散乱法は可視光(波長：400〜700 nm 程度)の光源を利用して発展してきた．原理的には可視光で行われている測定方法は X 線(波長：サブナノメートル程度)を光源として用いた場合にも実現できる．X 線の高い透過性，短波長といった特徴を活用することで，可視光を用いた従来の動的光散乱法では得ることが困難な情報を得ることができる．その一方で，X 線を用いることによる制約もある．本節では X 線領域での動的光散乱法である **X 線光子相関分光法**(X-ray photon correlation spectroscopy, **XPCS**)について導入する．

2.2.1 ■ X線光子相関分光法の概略

　試料にX線を照射すると，物質の構造に応じたさまざまな回折パターンが観測される．結晶性の試料の場合には結晶構造に対応した特徴的な回折像が観測され，非晶性の試料の場合には散漫で特徴の捉え難い散乱像が観測される．これらの散乱像は物質の平均的な構造を反映しており，一般に実施されるX線構造解析では，このようなX線散乱像を解析することにより，物質の原子・分子スケールでの構造情報が得られる．ここで試料に入射するX線としてコヒーレントなX線(後述)を用いると，図 2.2.1 に示すような粒状の**スペックル**(speckle)と呼ばれる散乱像が観察されることがある．このスペックル散乱像は試料の平均化されていない構造を反映している．仮に平均的な構造に変化がない場合でも，局所的に構造に揺らぎや時間変化があるとそれに応じてスペックル強度分布が変化する．したがってスペックル強度の時間相関を調べることで，物質の構造揺らぎ・ダイナミクスに関する情報が得られる．このような実験手法を XPCS という．

　X線と物質との相互作用を考える上では，**運動量遷移**($\hbar \mathbf{q}$)と**エネルギー遷移**($E = \hbar\omega$)とが大事な量となる．これはX線が物質に入射した際のX線と物質の間での運動量とエネルギーのやりとりを表している．X線は主に電子により散乱されるため，時刻 t，位置 $\mathbf{r}$ における試料の電子密度分布を $\rho(\mathbf{r},t)$ とすると，時刻 t，散乱ベクトル $\mathbf{q}$ で測定された散乱強度 $I(\mathbf{q},t)$ は，電子密度分布の空間に関する自己相関関数

$$\gamma(\mathbf{r},t) = \frac{1}{V} \iint \rho(\mathbf{r}',t) \rho(\mathbf{r}+\mathbf{r}',t) d\mathbf{r}' \tag{2.2.1}$$

のフーリエ変換

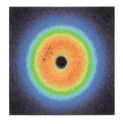

図 2.2.1　(左)非晶質の試料を対象としてX線散乱実験を行うと，散漫な散乱像が観察される．中央の影は透過X線が検出器に入射することを防ぐためのビームストップによる．(右)コヒーレントなX線を試料に入射すると，粒状のスペックル像が得られる．

［篠原佑也，放射光, **30**, 123 (2017)］

第 2 章　光子相関分光法

$$I(\mathbf{q},t) = \int d\mathbf{r}\, \gamma(\mathbf{r},t) \mathrm{e}^{-\mathrm{i}\mathbf{q}\cdot\mathbf{r}} = \frac{1}{V} \iint \rho(\mathbf{r},t)\rho(\mathbf{r}',t) \mathrm{e}^{-\mathrm{i}\mathbf{q}\cdot(\mathbf{r}-\mathbf{r}')} d\mathbf{r}\, d\mathbf{r}' \qquad (2.2.2)$$

で与えられる．この式から一見，$I(\mathbf{q},t)$ を測定することができれば，フーリエ逆変換を通じて，電子密度分布の時間変化 $\rho(\mathbf{r},t)$，すなわち，実空間構造の時間揺らぎも含めた時間変化を解析できそうに見える．しかし，X 線散乱の理論で知られている通り，実際にはフーリエ逆変換で得られる量は電子密度分布ではなく，その自己相関関数 $\gamma(\mathbf{r},t)$ であり，電子密度分布の位相情報が失われている（位相問題）[1]．この場合，特に非晶性の試料を対象とする場合には構造情報，特に時間とともに揺らぐ構造情報を抽出するのが困難である．そこであくまでも構造の時間揺らぎに着目することにして，構造解析をするのではなく，構造が時間とともにどう変化するのか，その情報を抽出するために，XPCS では異なる時間に測定された散乱強度の相関関数を計算する．異なる時刻における電子密度分布の相関に対応するのは，異なる時刻における散乱電場 $E(\mathbf{q},t)$ の相関関数であり，次式のように定義される．

$$g_1(\mathbf{q},t) = \frac{\langle E(\mathbf{q},t')E^*(\mathbf{q},t+t')\rangle}{\langle E(\mathbf{q},t')E^*(\mathbf{q},t')\rangle} = \frac{\langle E(\mathbf{q},t')E^*(\mathbf{q},t+t')\rangle}{\langle I(\mathbf{q},t')\rangle} \qquad (2.2.3)$$

X 線散乱で得られるのは散乱電場 $E(\mathbf{q},t)$ ではなく散乱強度 $I(\mathbf{q},t)$ なので，次式で与えられる散乱強度の相関関数を計算する．

$$g_2(\mathbf{q},t) = \frac{\langle I(\mathbf{q},t')I(\mathbf{q},t+t')\rangle}{\langle I(\mathbf{q},t')\rangle^2} \qquad (2.2.4)$$

動的光散乱の節で導入されたように，この相関関数 $g_2(\mathbf{q},t)$ は $g_1(\mathbf{q},t)$（式(2.1.16)における $F_s(\mathbf{q},\tau)$）と理想的には次の関係がある（**Siegert の関係**，式(2.1.25)）．

$$g_2(\mathbf{q},t) = 1 + |g_1(\mathbf{q},t)|^2 \qquad (2.2.5)$$

したがって，散乱強度の相関関数を計算することで，電子密度分布の時間相関に対応する量が得られる．

　前述のように XPCS はプローブとして X 線を用いた動的光散乱（DLS）と考えることができる．XPCS と DLS との間の一番の大きな違いは，用いられる電磁波の波長である．XPCS に用いられる X 線の波長は，通常は 0.10〜0.15 nm 程度である．波長が短いことで得られる情報の違いにはさまざまなものがあるが，最も異なるのは測定できる空間スケールである．散乱実験の場合，散乱ベクトル（運動量遷移）の絶対値 $q = |\mathbf{q}|$ は散乱角を 2θ，X 線の波長を λ として，

$$q = \frac{4\pi}{\lambda}\sin\theta \qquad (2.2.6)$$

52

で与えられる．ここで q の次元は長さの逆数である．この式からわかるように，同じ散乱角を用いても，用いる電磁波の波長が短いほど，より大きな q，すなわちより小さな空間スケールに対応する情報が得られる．小さな空間スケールのダイナミクスは大きな空間スケールのダイナミクスより高速な場合が多く，特に X 線の波長を考慮に入れると q の大きさは原子・分子レベルの大きさに対応する．したがって，XPCS を高い時間分解能で実施することができれば，原子や分子の詳細なダイナミクスの解明につながるデータを測定できることになる．その一方で，XPCS をゆっくりとした時間スケールに対して実施すると，遅すぎて動的光散乱では測定が困難なダイナミクスを測定できる可能性がある．例えば，コロイド粒子のダイナミクスは DLS でも測定されるが，同じ時間スケールで測定するとしても XPCS ではサブナノメートル，ナノメートル程度の大きさに対応した時間揺らぎを測定するため，ガラスやナノコンポジットなど，時間的な揺らぎが小さく見える系の微小な時間揺らぎを測定することが可能となる．また，X 線を用いることで，可視光が透過できないような試料を測定することが可能である．

XPCS と時間スケール，空間スケールの観点から関連する測定手法としては，中性子や X 線の**非弾性散乱**が挙げられる．これらの測定手法では，物質のダイナミクスを運動量遷移とエネルギー遷移をパラメータとして測定し，**動的構造因子**(dynamic structure factor) $S(\mathbf{q}, \omega)$ を測定する．それに対して，XPCS では運動量遷移と時間をパラメータとして，**中間散乱関数**(intermediate scattering function) $F(\mathbf{q}, t)$ を測定することになる．これらの量はフーリエ変換で結びついている．非弾性 X 線散乱や非弾性中性子散乱と比較すると，XPCS はより長い時間スケールや大きな空間スケールの測定に対応している．関連する測定手法と空間・時間領域を比較すると，**図 2.2.2** のようになる．

XPCS はコヒーレントな X 線を利用する必要があるため，高輝度な X 線を用いる必要がある．ここで輝度とは単位時間・単位面積・単位立体角・ある一定の波長幅に対する光子の数で規定される．したがって，実験室 X 線源を用いて XPCS を実施することは困難であり，放射光施設や X 線自由電子レーザー施設などの大型実験施設を利用する必要がある．この点も実験室で実施することが可能な動的光散乱との違いである．

2.2.2 ■ X 線光子相関分光法の原理

A. 中間相関関数と X 線散乱の関係

XPCS も DLS も散乱された電磁波の強度の相関を測定するという観点からは原

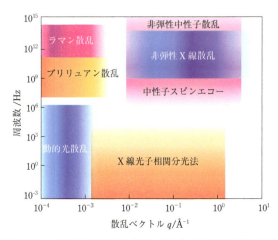

図 2.2.2 非弾性 X 線散乱, 非弾性中性子散乱と比較したときの X 線光子相関分光法 (XPCS) の時間・空間スケール

理に大きな違いはない. X 線は主に電子により散乱されるため, 散乱強度曲線は試料の電子密度分布 $\rho(\mathbf{r},t)$ と関連づけられることに気をつければ, DLS で導入された原理をそのまま用いることができる. XPCS では強度相関関数を計算して, 中間散乱関数 $F(\mathbf{q},t)$ を得る. 中間散乱関数を $\mathbf{q}$ についてフーリエ変換すると, **Van Hove の相関関数**

$$G(\mathbf{r},t)=\frac{1}{N}\int\langle\rho(\mathbf{r},0)\rho(\mathbf{r'}+\mathbf{r},t)\rangle d\mathbf{r'} \qquad (2.2.7)$$

が得られる. 動的光散乱と比較すると XPCS はコロイドや高分子などのソフトマターの他に, 分子・原子のダイナミクスや磁気ダイナミクスでも用いられ, 時間領域での相関関数としてのとらえ方以外に準弾性 X 線散乱としての理解も必要となってくる. ここでは非弾性 X 線散乱や中性子散乱との関連を考慮に入れて, 動的光散乱での導入とは異なる側面を強調する. 試料に入射した X 線が立体角 $d\Omega$ に散乱された状況を考える. X 線と電子の間では何らかのエネルギーの授受がある. この場合, エネルギー幅 $dE=\hbar d\omega$ への微分散乱断面積は次式で与えられる.

$$\frac{d^2\sigma}{d\Omega d\omega}=\frac{k_2}{k_1}r_e^2|\boldsymbol{\varepsilon}_2^*\cdot\boldsymbol{\varepsilon}_1|^2 S(\mathbf{q},\omega)=\frac{k_2}{k_1}r_e^2|\boldsymbol{\varepsilon}_2^*\cdot\boldsymbol{\varepsilon}_1|^2\frac{1}{2\pi\hbar}\int_{-\infty}^{\infty}dt e^{-i\omega t}\langle\rho_\mathbf{q}(0)\rho_{-\mathbf{q}}(t)\rangle \qquad (2.2.8)$$

ここで，$S(\mathbf{q},\omega)$ は**動的構造因子**であり最右辺の積分で与えられる．$\rho_\mathbf{q}$ は電子密度分布の波数 $\mathbf{q}$ でのフーリエ成分であり，$\mathbf{r}_j$ を j 番目の電子の時刻 t における位置として，$\rho_\mathbf{q}(t)=\sum_j e^{i\mathbf{q}\cdot\mathbf{r}_j(t)}$ で与えられる[xxvi]．k_1，k_2 はそれぞれ入射X線，散乱X線の波数であり，X線散乱の場合には $k_1\approx k_2$ とみなすことができる．r_e は古典電子半径，$\boldsymbol{\varepsilon}_1$ ($\boldsymbol{\varepsilon}_2$) は入射（散乱）X線の偏光ベクトルである．X線の共鳴現象を用いない場合には散乱の偏光依存性は無視することができるため，$r_\mathrm{e}^2|\boldsymbol{\varepsilon}_2^*\cdot\boldsymbol{\varepsilon}_1|^2$ は単にX線の散乱強度の大きさを規定するスカラー量となっている．$\langle\cdots\rangle$ は試料中の電子の位置や速度に関する平均を表している．このように，X線と電子とのエネルギー授受をあらわに考えた場合には，散乱断面積は異なる時間における $\rho_\mathbf{q}(t)$ の時間相関関数，すなわち中間散乱関数をフーリエ変換したものとなっている．したがって，非弾性X線散乱や非弾性中性子散乱測定を広いエネルギー領域にわたって実施し，スペクトルをエネルギーに関してフーリエ変換すると，中間散乱関数を得ることができる．しかし，このようにエネルギー領域でスペクトルを測定して中間散乱関数を得るためには，特にX線の場合には高エネルギー分解能での測定が必要となる．現在の非弾性X線散乱測定で得られるエネルギー分解能は最も高いもので 1 meV 程度であるが，これは周波数にすると 0.24 THz$=2.4\times10^{11}$ Hz に対応する．これはピコ秒($=10^{-12}$ 秒)程度のダイナミクスを議論するには適しているエネルギーの大きさであるが，これよりもゆっくりとしたマイクロ秒，ミリ秒程度の時間スケールを測定するにはエネルギー分解能が圧倒的に不足している．具体的には，系がピコ秒よりもゆっくりとしたダイナミクスを示す場合，XPCSで測定される散乱強度は実効的にはエネルギーの微分散乱断面積ではなく，それをエネルギーについて積分した，

$$\int S(\mathbf{q},\omega)\hbar\mathrm{d}\omega=\langle\rho_\mathbf{q}(0)\rho_{-\mathbf{q}}(0)\rangle=f(\mathbf{q},0)\tag{2.2.9}$$

に対応している．すなわち，測定されるのは同時刻における電子密度分布の相関関数 $f(\mathbf{q},0)$ であり，そこにダイナミクスに関する情報は含まれていない．したがって，ダイナミクスに関する情報を得るには散乱強度の時間相関を測定する必要があるのである．

XPCSの場合には粒子だけでなく原子や分子も対象となるため，中間散乱関数が表す物理量に関してDLSとは少し異なる記述が必要な場合がある．例えば個々の

[xxvi] 厳密には量子力学を考える場合にはこれらを演算子として取り扱う必要があるが，ここでの議論では古典的に取り扱えるとする．

第2章　光子相関分光法

電子の運動ではなく原子の運動を考える場合，j番目の原子の原子形状因子を$f_j(\mathbf{q})$として，電子密度分布は

$$\rho_{\mathbf{q}}(t) = \sum_j f_j(\mathbf{q}) e^{-i\mathbf{q}\cdot\mathbf{R}_j(t)} \tag{2.2.10}$$

となり，その相関関数は，

$$
\begin{aligned}
\langle \rho_{\mathbf{q}}(0)\rho_{-\mathbf{q}}(t)\rangle &= \left\langle \sum_{j,k} f_j f_k e^{-i\mathbf{q}\cdot\mathbf{R}_j(0)+i\mathbf{q}\cdot\mathbf{R}_k(t)} \right\rangle \\
&= \left\langle \overline{f}^2 \sum_{j,k} e^{-i\mathbf{q}\cdot(\mathbf{R}_j(0)-\mathbf{R}_k(t))} + \overline{f}\sum_{j,k}(\delta f_j + \delta f_k)e^{-i\mathbf{q}\cdot(\mathbf{R}_j(0)-\mathbf{R}_k(t))} \right. \\
&\quad \left. + \sum_{j,k}\delta f_j \delta f_k e^{-i\mathbf{q}\cdot(\mathbf{R}_j(0)-\mathbf{R}_k(t))} \right\rangle
\end{aligned}
\tag{2.2.11}
$$

で与えられる．ここで原子形状因子の平均を$\overline{f(q)}$として，$f_j(q) = \overline{f(q)} + \delta f_j(q)$である．一般的には必ずしも正しくないが，$f_j(q)$が元素の位置に依存しないと仮定すると，この相関関数の第2項は平均操作によりゼロになり，

$$
\begin{aligned}
\langle \rho_{\mathbf{q}}(0)\rho_{-\mathbf{q}}(t)\rangle &= \left\langle \overline{f}^2 \sum_{j,k} e^{-i\mathbf{q}\cdot(\mathbf{R}_j(0)-\mathbf{R}_k(t))} + \sum_j \delta f_j^2 e^{-i\mathbf{q}\cdot(\mathbf{R}_j(0)-\mathbf{R}_j(t))} \right\rangle \\
&= \overline{f}^2 \left\langle \sum_{j,k} e^{-i\mathbf{q}\cdot(\mathbf{R}_j(0)-\mathbf{R}_k(t))} \right\rangle + \left(\overline{f^2}-\overline{f}^2\right)\left\langle \sum_j e^{-i\mathbf{q}\cdot(\mathbf{R}_j(0)-\mathbf{R}_j(t))} \right\rangle
\end{aligned}
\tag{2.2.12}
$$

のように非弾性X線散乱，非弾性中性子散乱で用いられる形で整理することができる．ここで，2行目の第1項はコヒーレント散乱の項，第2項はインコヒーレント散乱の項に対応しており，それぞれすべての原子同士の相関，同一原子同士の相関に対応している．$\overline{f^2}=\overline{f}^2$である場合には第1項のみが残り，XPCSの測定結果は全原子間の相関に対応したものとなる．第2項が無視できない場合には，非弾性インコヒーレント中性子散乱で観察されるのと同じ相関関数の自己相関部分が顕在化することになる．

　散乱強度の時間相関測定は**ホモダイン**（homodyne）**実験**と**ヘテロダイン**（heterodyne）**実験**の2つに分けられる．ホモダイン実験では散乱強度の時間変動をそのまま測定するのに対して，ヘテロダイン実験では静的な参照波と時間的に揺らぐ散乱強度との干渉を測定する．通常のXPCS実験ではホモダイン実験であることが多い．この場合，散乱強度の時間相関は次式で与えられる．

$$g_2(q,t) = \frac{\langle I(q,t')I(q,t+t')\rangle}{\langle I(q,t')\rangle^2} \tag{2.2.13}$$

つまり，強度相関関数は，電子密度の4次の相関関数となっている．仮に散乱電場

が平均ゼロのガウス関数で表されるとすると，強度相関関数は中間散乱関数 $f(\mathbf{q},t)$ とは

$$g_2(q,t) = 1 + |f(\mathbf{q},t)|^2 \tag{2.2.14}$$

で関連する（**Siegert の関係**）．仮に X 線が完全なコヒーレントではなく部分的にコヒーレントな場合には，スペックルのコントラストが低下し，上記の式は

$$g_2(q,t) = 1 + A|f(\mathbf{q},t)|^2 \tag{2.2.15}$$

となる．ここで，A は入射 X 線のコヒーレンスや実験配置などにより決まる量であり，スペックルのコントラストに対応している．

　DLS と比較すると XPCS は X 線の高い透過力を生かして密度の高い，濃厚な系にしばしば用いられる．測定する長さスケールも，流体力学的近似が成り立つ領域ではないことが多く，例えば系がブラウン運動にしたがって拡散するなどといった仮定を無批判におくことはできない．したがって，Stokes–Einstein の式などをそのまま用いて自己拡散係数を求める，といった DLS で頻繁に実施される解析を用いることができない場合が多い．

B.　時間コヒーレンスと空間コヒーレンス

　ここまでの議論には，「試料に入射した X 線はすべてが互いに干渉する」という暗黙の前提がある．X 線源から放射される X 線は，実際には継続時間が短い波束の集まりである．各波束の間の位相は一般にはランダムであるため，これらの X 線は実際にすべてが互いに干渉するとは限らない．この場合にはスペックル像が平均化されてしまい，スペックル像ではなく通常の X 線散乱実験で観測されるのと同じ散乱強度分布が観察され，散乱強度の時間相関を計算してもダイナミクスに関する情報を得ることはできない．実際に干渉するかどうかの指標としては，X 線の**コヒーレンス長**という概念が重要となる（**図 2.2.3**）．X 線の進行方向のコヒーレンス長である**時間コヒーレンス長**（縦コヒーレンス長とも呼ばれる）と，進行方向と垂直な面内でのコヒーレンス長である**空間コヒーレンス長**（横コヒーレンス長）の 2 種類のコヒーレンス長が用いられる．コヒーレントな X 線の散乱が観測される条件，すなわちスペックル散乱像が観測される条件は，主に(1)入射 X 線のビームサイズが空間コヒーレンス長よりも小さい，(2)散乱の経路差が時間コヒーレンス長よりも短い，の 2 点である．試料位置での空間コヒーレンス長 $\xi_{T,x}$，$\xi_{T,y}$ は光源サイズ σ，光源から観測点までの距離 R，X 線の波長 λ を用いて，

第2章 光子相関分光法

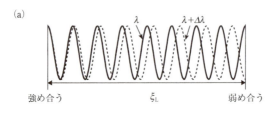

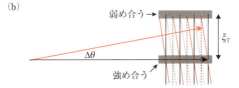

図 2.2.3 時間コヒーレンス長と空間コヒーレンス長
(a) 単色なX線でも有限の波長幅をもつことから波束として伝搬するため，有限な時間コヒーレンス長が定義される．簡単のために異なる波長の2つの平面波が同じ方向に伝搬している場合，時間コヒーレンス長だけ進むと2つの波の間の位相は π だけずれる．(b) 光源は常に有限のサイズをもつため，同じ方向に進むX線でも伝搬方向がわずかに異なる成分が存在する．そのため，同一の波長をもっていてもX線の進行方向に垂直な方向で観測した場合に位相が異なる．

$$\xi_{T,x} = \frac{\lambda R}{2\pi\sigma_x}, \xi_{T,y} = \frac{\lambda R}{2\pi\sigma_y} \tag{2.2.16}$$

で与えられる．一方，時間コヒーレンス長は波長幅 $\Delta\lambda/\lambda$ を用いて，$\xi_L = \lambda^2/\Delta\lambda$ により与えられる．散乱の位相差は光路差で決まる．もし時間コヒーレンス長が光路差よりも短くなってしまうと，異なる位置で散乱されたX線が干渉できなくなる．光路差は透過配置の場合には試料の厚さを W，ビームサイズを d として次式で表される（**図 2.2.4**）．

$$2W\sin^2\theta + d\sin 2\theta \tag{2.2.17}$$

この式からわかるように，光路差はビームサイズや試料の厚みに依存しているため，時間コヒーレンス長，空間コヒーレンス長の大きさ次第で試料の大きさや実験条件に制限が加えられる．光源サイズが小さく，光源から観測点までの距離が長いような実験配置で単色度の高いX線を用いると，試料位置におけるX線の空間コヒーレンス長および時間コヒーレンス長を大きくすることは可能であるが，それでもX線全体がコヒーレントになるわけではなく，XPCSを実施するにはコヒーレントなX線を切り取る必要があるため，利用可能なX線の光子数が減ることになる．したがって，XPCSは実験室光源や初期の放射光X線源では実施が困難であり，高

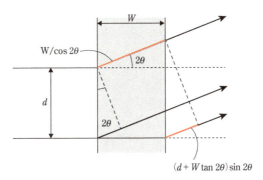

図 2.2.4 透過配置における X 線散乱の光路差

スペックル像を観察して XPCS 測定を実施するためには試料の厚さ，試料におけるビームサイズに依存して最大の光路差が定義され，それよりも時間コヒーレンス長が長い必要がある．また，ビームサイズが空間コヒーレンス長よりも短い必要がある．

輝度な X 線源の利用が必要不可欠な実験手法である．

C. X-ray speckle visibility spectroscopy

DLS や通常の XPCS では，散乱強度の時間揺らぎを測定する．したがって測定できる時間揺らぎのスケールは検出器の繰り返し時間分解能によって制限されることが多い．この制限を回避する手段として，**speckle visibility spectroscopy（SVS）**として知られる手法では露光時間を変えながら 1 枚のスペックル像を測定し，そのコントラスト（visibility）の露光時間依存性を解析することでダイナミクスに関する情報を得る．**図 2.2.5** に示すように，通常の XPCS 測定は刻一刻と変化する構造の時間相関を得るのに対して，XSVS では動いているものをすべて積算してしまうことで時間変化に関する情報を得る．時間 T だけ積算された散乱強度を $S(\mathbf{q},T) = \int_0^T I(\mathbf{q},t)dt$ で定義すると，Visibility は $\langle\cdots\rangle$ をアンサンブル平均として次式で定義される．

$$v(\mathbf{q},T) = \frac{\langle S^2(\mathbf{q},t)\rangle - \langle S(\mathbf{q},t)\rangle^2}{\langle S(\mathbf{q},t)\rangle^2} \qquad (2.2.18)$$

理想的な状況では，$v(\mathbf{q},T)$ は中間散乱関数 $f(\mathbf{q},t)$ と次式で対応づけられる．

$$v(\mathbf{q},T) = \frac{2\beta}{T}\int_0^T \left(1 - \frac{t}{T}\right)|f(\mathbf{q},t)|^2 \, dt \qquad (2.2.19)$$

SVS はもともと可視光領域で開発された手法であるが[2]，X 線領域でも同様に用いることができる[3,4]．XSVS での時間分解能は露光時間にのみ依存するため，例えば

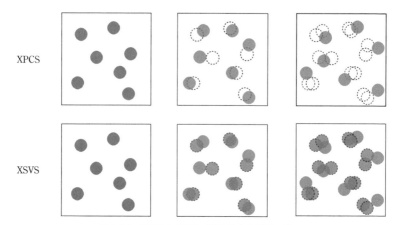

図 2.2.5 XPCS と XSVS で観測される情報の違い

XPCS では異なる時間において測定されたスペックル像の相関を測定するため，散乱体が時間とともにどう動くかを相関から解析する．XSVS ではスペックル像の時間積算を測定するため，散乱体が時間とともに動いた積算に対応する情報を得る．

シャッターと組み合わせるなどして検出器の時間分解能を超えた時間スケールでのダイナミクスを測定できる可能性がある．また XPCS では試料の同じ箇所を X 線で照射し続けなければならないが，XSVS では個々の散乱像を測定する際に別の場所を X 線で照射しても問題なく，測定時に同じ位置を X 線で照射し続ける必要もないため，後述の照射損傷が大きな問題となる系で有効な場合がある．

2.2.3 ■ X 線光子相関分光法の測定

　繰り返し述べてきたように，XPCS 測定を実施するためにはコヒーレントな X 線を利用する必要がある．可視光ではレーザーというコヒーレントな光源を利用することができるが，X 線領域では実験室で利用可能なコヒーレント光源は実現していないため，コヒーレントな X 線を得ることが最初の関門である．現在では高輝度な放射光 X 線からコヒーレントな部分を切り取って利用するか，X 線自由電子レーザーからのコヒーレントな X 線を利用するかの 2 つの選択肢がある．国外に目を向けるとさまざまな放射光施設で XPCS 実験専用ビームラインがあるため，試料を持ち込めば実験を比較的容易に実施することができるが，本書の執筆時点では日本国内の放射光施設において誰でも利用できる XPCS 専用のビームラインはなく，多目的の放射光ビームラインにおいて XPCS を実施するか，計測系を自ら構築する必要がある．したがって現状では本格的に XPCS を実施するためには，計測系などへ

の理解も求められる.本節では XPCS を実施するために必要な事項を紹介する.

A. XPCS 測定のための光源

ここでは放射光光源および X 線自由電子レーザーについて簡単に紹介する[1,5].電子が磁場中を運動するとローレンツ力を受けて加速し,加速された電子は電場を放射する.円形の加速器において高エネルギーの電子(速度が光速に近い電子)が磁場によって曲げられて円運動をする際に,軌道の曲率中心の方向へ加速度を受けて,高エネルギー電子から軌道の接線方向へ電磁場が放射される.このようにして発生した電磁波を**放射光**と呼ぶ.電子が静止した座標系で観察すると,電子からの放射は電気双極子放射で与えられるが,観測者がいる座標系からみると,座標系の間の変換がローレンツ変換により与えられるので,図 2.2.6 のように相対論効果により極端に歪む.ここでローレンツ因子 γ は電子の静止質量(エネルギーに換算すると 511 keV)と電子の質量との比で与えられ,例えば高輝度放射光施設 SPring-8 では電子のエネルギーが 8 GeV なので,$\gamma = 1.6 \times 10^4$ となるため,きわめて指向性の高い X 線放射が得られる.放射光の特性として,大強度,高指向性,パルス性などが挙げられる.蓄積リング中で円運動をさせるための偏向電磁石からは連続スペクトルの X 線が得られるが,アンジュレーターなどの挿入光源を用いて電子に正弦波的な蛇行運動をさせると,ある振動からの X 線放射と別の振動からの X 線

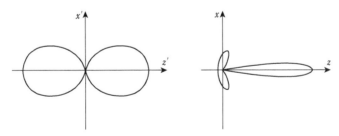

図 2.2.6 電子静止系(左)と実験室系(右)における電子からの電気双極子放射のパワー分布.電子の加速度ベクトルが電子の進行方向に垂直な場合.

図 2.2.7 アンジュレーターからの放射光

放射光の角度広がり($1/\gamma$)よりも電子軌道の偏向角(K/γ)が同程度か小さいと,観測者は蛇行軌道の周期から定まる単色光を観察する.

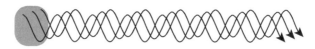

図 2.2.8　マイクロバンチからの放射光とコヒーレンス
バンチ長が X 線の波長よりも長い場合には，バンチからの放射光は位相がそろわずインコヒーレントになるが，バンチ長が X 線の波長よりも十分に短くなると，放射光の位相がそろうため，コヒーレントな X 線を得ることができる．

放射が同位相で足し合わされることで，準単色かつより高輝度な X 線を得ることができる(**図 2.2.7**)．

　放射光 X 線はきわめて輝度の高い X 線源ではあるが，コヒーレントな X 線源ではない．例えば挿入光源では 1 つの電子からの放射について考えると，ある振動からの放射と異なる振動からの放射は同位相で足し合わされコヒーレントである．しかし実際には 1 つの電子からの放射を利用しているのではなく，電子の集まり(電子雲)からの放射を利用しており，異なる電子からの放射とは位相が合わずコヒーレントでない(**図 2.2.8**)．これは電子が挿入光源を通過する際に特に空間的な秩序をもっていないためである．もし電子が電子雲中でマイクロバンチとして空間的な秩序をもち，X 線の波長と等しい間隔で並んでいると，各マイクロバンチからの X 線放射は同位相として取り扱うことができ，さらに各マイクロバンチの電荷を点電荷とみなすこともできる．電子 1 つの電荷 e に対してマイクロバンチあたりの電荷を $N_e e$ とすると，同等の挿入光源を利用してもその輝度は N_e^2 倍になる．このようにして実現されたコヒーレント X 線源を **X 線自由電子レーザー**(X-ray free electron laser, **XFEL**)という．実際にそのようなマイクロバンチ状の電子を実現するのは容易ではないが，2010 年頃から米国，日本，欧州などで X 線領域の自由電子レーザー施設が実現し，共用施設として利用することが可能になっている．

B.　XPCS 測定の基本配置

　放射光施設における XPCS の基本的な測定系を**図 2.2.9** に示す．ビームラインによって各種スリットの有無や詳細な光学系は異なるが，おおまかに上流から順に X 線源(アンジュレーター光源)，X 線ミラー，X 線分光器，集光素子や(準)コヒーレ

2.2 X線光子相関分光法

図 2.2.9 XPCS の基本的な測定系

ントX線を選択するためのスリット，試料，検出器が配置されている．X線は空気中を通過する際に減衰したり空気散乱を生じたりしてしまうため，通常は真空中やヘリウムガス中を通る．これらの光学系を用いて，XPCSに必要な空間コヒーレンス，時間コヒーレンスをもつX線を切り出し，実験に供する．また，XPCSは散乱強度の時間揺らぎを解析する手法であるため，試料のダイナミクスに起因する以外の揺らぎを可能な限り少なくする必要がある．したがって，上述の各光学素子や光源，試料環境の安定性はきわめて重要になる．

一般にXPCS実験で用いられるアンジュレーター光源から得られるX線は，完全にコヒーレントではない．空間的コヒーレンスに関しては，前項で議論した通り，光源から観察者までの距離，波長，光源サイズで空間コヒーレンス長が決まる．蓄積リングを周回している電子は点電荷ではなく，ある程度の広がりをもった電子雲であるため，そのまま用いるとその広がりが光源サイズとして試料位置での空間コヒーレンス長の大きさに寄与する．実際にはビームライン上流におけるスリットが仮想的な光源として働き，その開口サイズを実質的な光源サイズとして用いることができる．光源サイズと光源から試料までの距離が決まると，測定に用いることができるX線の空間コヒーレンス長が定まる．試料位置での空間コヒーレンス長はたいてい数 μm から数十 μm 程度であるため，同程度の径をもつピンホールやスリットを試料直前に挿入したり，集光素子を用いて試料位置でのX線ビームサイズを空間コヒーレンス長よりも小さくしたりすることで，空間的にコヒーレントなX線を得ることができる．スリットなどを用いてコヒーレントなX線を切り出した場合には，利用できるX線光子数が相応に減少するため，高輝度なX線を用いる必要がある．SPring-8などの大型放射光施設では実験室X線源と比較して輝度が高いだけではなく，光源サイズが小さく，光源から試料位置までの距離も長くとることができるため，コヒーレントX線を用いた実験を実施するのに適している．XFELを用いて実験をする際には，得られるX線が空間的にコヒーレントであるため，そのまま実験に用いることができる．

時間コヒーレンスはX線の単色度で決まる．放射光の場合には挿入光源（アン

63

第2章　光子相関分光法

ジュレーター)からの準単色 X 線だけでは多くの場合には XPCS のための単色度が
足りず，結晶分光器を用いて単色度を上げる．仮に分光器を通した後の X 線の波
長幅が $\Delta\lambda/\lambda \approx 10^{-4}$ 程度だとすると，X 線の波長が 0.1 nm のときには時間コヒー
レンス長は 1 μm 程度になる．したがって，散乱の経路差がこの時間コヒーレンス
長よりも短くなるような散乱に対してはスペックル像が得られることになる．この
条件は実験に用いることのできる試料の厚みに制限を加えることになる．

　XFEL を用いた実験技術は日進月歩であるが，現状一般に用いられている self-
amplified spontaneous emission(SASE)XFEL の場合，相対エネルギー幅($\Delta E/E$)は
$10^{-2} \sim 10^{-3}$ 程度であるため，結晶分光器(相対エネルギー幅：10^{-4})を通して時間
コヒーレンス長を長くする過程で相当数の X 線光子数を損失する．それに対して，
近年利用が可能になった self-seeded XFEL を用いた場合には，10 keV の X 線に対
してエネルギー幅が数 eV 程度であるため，結晶分光器を通しても高い X 線光子数
が維持され，高輝度な X 線を利用できる．ただし後述する通り，X 線照射による損
傷が生じる場合があり，必ずしも大きな X 線フラックスを使うのが最適解とは一
般にはいえない．

C.　XPCS 測定の検出器

　XPCS 測定を実施する場合には，通常は時間分解能を有する X 線用の二次元検出
器(ピクセルアレイ検出器など)を用いる．求められる性能としては，空間分解能に
関してはスペックルを解像できるようにピクセルサイズがスペックルの大きさと同
等か小さくなるようなサイズのものが選択される．スペックルサイズは，空間コ
ヒーレンス長 ξ_T，試料から検出器までの距離 L，X 線波長 λ に対しておよそ $\lambda L/\xi_T$
で与えられる．例えば試料・検出器間の距離が 5 m，試料位置での空間コヒーレン
ス長が 10 μm，波長が 0.1 nm の場合には，検出面でのスペックルサイズは 50 μm
程度となるので，同程度かそれよりも小さなピクセルサイズをもつ検出器が必要と
なる．検出器の時間分解能に関しては，測定対象のダイナミクスの時間スケールに
依存するが，スペックル強度の時間揺らぎを追える程度の時間分解能を有すること
が求められる．さらに，後述するように照射損傷の観点から試料への入射 X 線量
は極力制限した方がよいため，検出器には単一 X 線光子を検出できる程度の性能
が望まれる．21 世紀最初の 10 年程度は別の用途に開発された検出器が用いられる
ことが多く，その利用にもさまざまな工夫が要求されたが，近年は検出器技術の発
展とあわせて XPCS 用に開発された検出器も導入され始めたため，測定可能な時間
領域も広がり，データの質も大幅に向上しているため，XPCS の利用者が検出器に

ついての詳細な知識を要求される機会は圧倒的に少なくなっている．しかし多量で高品質のデータを利用できるようになったため，いかにして多量なデータを有効に活用するかという課題が顕在化してきた．これらの課題に関しては機械学習の活用も含めたさまざまな研究開発が進行している[6]．

D. 測定上の注意

　ここまで紹介してきたX線の光学系，検出器を用いると，適切な試料を用意することでX線スペックル像そのものは比較的容易に測定できる．試料に関する条件としては試料の厚みが挙げられる．一般に行われる透過型の実験配置（入射X線と検出器が試料を挟んで反対側にある）の場合には，まずX線が試料を透過しなければならない．各元素の質量吸収係数は既知であるため，試料の元素構成，各元素の密度からどの程度のX線が吸収されるかを見積もることができる．また，XPCSの場合には散乱の経路差が時間コヒーレンス長よりも短くなる必要があるため，時間コヒーレンス長の大きさに応じて試料を薄くする必要がある．試料厚さにかかわる他の要素としては多重散乱の影響がある．通常のX線散乱，XPCSの測定では，X線は試料中で1回のみ散乱されると仮定されているが，実際には複数回の散乱が起きうる（**多重散乱**）．XPCSの場合は多重散乱の効果があると，スペックルの visibility が低減するなどの効果として観察されるため，実験時に複数の厚さの試料を用意して比較することで，多重散乱の効果が実験結果に寄与するか否かを確認することができる．

　実際に測定をする上で欠かせない議論として，X線の照射そのものが試料に及ぼす影響が挙げられる．非常に高輝度なX線を試料に入射すると，試料によっては何らかの構造が凝集したり，void が発生する，あるいは試料の表面がX線照射にともない「削られる」などの構造変化が生じたりする場合がある．これらの場合にはX線散乱強度曲線そのものに変化が生じるため，測定ごとに散乱強度曲線の時間変化の確認を怠らなければ照射損傷の有無を確認できる．よりわかりにくい照射損傷として，構造変化としては観察されない損傷が挙げられる．例えばX線照射部分のみが照射により温度変化した場合には，仮に構造変化をともなわないとして，系のダイナミクスは影響を受ける．また酸化物ガラスではX線照射により誘起されたダイナミクスが観察されている[7]．**図 2.2.10** はシリカガラスと金属ガラス（$Cu_{65}Zr_{27.5}Al_{7.5}$）を対象としてXPCS測定を実施した際の強度相関関数である．シリカガラスの場合は，試料に入射するX線光子数が1秒あたり 3.6×10^9 個から 1×10^{11} 個に増大するとともに，測定される強度相関関数が短時間側にシフトしている．

第 2 章 光子相関分光法

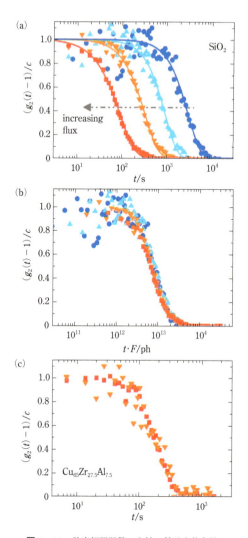

図 2.2.10 強度相関関数の入射 X 線強度依存性
(a) 温度 295 K においてシリカを試料として測定した場合 ($Q=1.5\,\text{Å}^{-1}$). 入射 X 線の強度は $F_0 \approx 1 \times 10^{11}$ 光子数/秒 (■), $F_1 \approx 3 \times 10^{10}$ 光子数/秒 (▼), $F_2 \approx 1.2 \times 10^{10}$ 光子数/秒 (▲), $F_3 \approx 3.6 \times 10^9$ 光子数/秒 (●). 曲線は Kohlrausch–Williams–Watts 関数によるフィッティングの結果. (b) 同一データを入射 X 線光子数で規格化したもの. (c) 温度 413 K において金属ガラス $Cu_{65}Zr_{27.5}Al_{7.5}$ を試料として測定した場合 ($Q=2.5\,\text{Å}^{-1}$). 入射 X 線の強度は $F_0 \approx 1 \times 10^{11}$ 光子数/秒 (■), $F_1 \approx 3 \times 10^{10}$ 光子数/秒 (▼).

[B. Ruta *et al.*, *Sci. Rep.*, **7**, 3962 (2017) をもとに作図]

2.2 X線光子相関分光法

強度相関関数の横軸を時間×時間あたりのX線光子数，すなわち試料に入射したX線光子数の総数にすると同一の曲線に乗っており，観測されているダイナミクスは試料中の揺らぎではなく，入射したX線により引き起こされたものであることがわかる．それに対して金属ガラスでは，X線光子数を1秒あたり1×10^{11}個から3×10^{10}個に大きく変えても，同じ強度相関関数が得られており，測定されたダイナミクスはX線照射起因ではないことがわかる．この例に限らず，さまざまな形で照射損傷は顕在化するため，XPCSの測定時には減衰板などを用いて試料に入射するX線の単位時間あたり光子数を制御し，測定結果がX線光子数に依存した変化を示すかどうかの確認が必要である．

実際の測定においては，試料起因の本質的な構造揺らぎ以外の測定データの揺らぎをいかに低減するかも大きな課題となる．例えば光学系の揺らぎや試料の取り付け加減次第で試料がドリフトすることによる揺らぎ，あるいは放射光の蓄積リング中を周回中の電子になんらかの揺らぎが加えられることもあり，これらが測定したいスペックルの揺らぎよりも大きくなってしまう場合がある．これらの揺らぎは単に利用できるX線の強度が揺らいでいるだけではなく，X線の波面の揺らぎをともなう場合があり，測定データを強度で規格化するなどのデータ処理では対応できず，測定系の安定性そのものを高めて揺らぎを低減する必要がある．放射光施設での実験は利用できる実験時間が限定されているため，ビームや試料の安定性について実験中にいかに確実に把握して低減するか，という課題がある．

試料によっては試料作製時の力学的な履歴により非常にゆっくりとした緩和挙動を示し，それがXPCSでダイナミクスとして測定される場合がある．例えば，タイヤなどに用いられるナノ粒子充填ゴム（未架橋ゴム）はそのような力学的履歴がXPCS実験で顕著に表れた例である（**図2.2.11**）[8]．試料はナノ粒子とゴムとを力学的に混ぜ合わせることで作製された．混ぜ合わせてからの経過時間（t_w）が異なる試料を用いてXPCS実験を実施すると，XPCSで得られる緩和時間が経過時間に依存して変化することがわかった（$\tau \sim \sqrt{t_w}/q$）．同じ試料の小角X線散乱解析からは平均的な構造にはまったく変化が観察されなかったため，ダイナミクスのみが試料作製からの経過時間に依存して遅くなっていることがわかる．この例の場合は作製時からの経過時間だけでなく，試料の設置時や切削時に何らかの応力が加わると，t_wがゼロにリセットされてしまうため，実験の際の作業内容により再現性がまったくとれなくなることが明らかになった．このような試料を複数用いて実験をする場合，これらの要素を適切に把握して実験しないと，試料依存性を観察しているのか，これらの試料作製などに起因する要素を観察しているのかがわからなくなる上

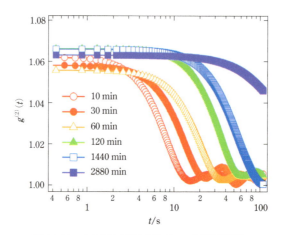

図 2.2.11 ナノ粒子充填未架橋ゴムの中間散乱関数
図中の時間は,ゴムとナノ粒子を混ぜ合わせてから測定開始までの経過時間を示す.
[Y. Shinohara *et al.*, *Macromolecules*, **43**, 9480(2010)をもとに作図]

に,実験後からは確認できないため慎重な実験デザインが必要となる.

2.2.4 ■ X線光子相関分光法の応用

XPCSはコロイド,液晶,高分子などのソフトマター[8-13]をはじめとして,過冷却液体[14],ガラス[7,15],合金[16],磁性材料[17,18],電荷密度波[19,20]など幅広く応用されている.本項では動的光散乱法と比較してXPCSならではの応用例を紹介する.

A. 反射型XPCSによる界面揺らぎ

X線の物質中での屈折率は1よりわずかに小さいため,試料すれすれの角度で試料にX線を入射すると,X線は全反射する[1,5].またその際の試料内部への侵入長も短い.物質中での吸収を無視してX線の屈折率を $n = 1 - \delta$ とすると,全反射の臨界角 θ_c は

$$\theta_c = \sqrt{2\delta} \tag{2.2.20}$$

で表される(**図 2.2.12**).これを利用すると界面・表面におけるダイナミクスを測定することが可能である[21].例えば,液体表面は熱的に励起された**表面張力波**で覆われている.表面張力波は温度,液体の表面張力,密度,粘度により特徴づけられ,これまでに動的光散乱などによりその詳細が研究されてきた.一方,より小さ

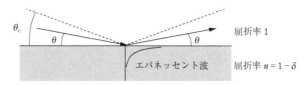

図 2.2.12 界面における X 線の全反射

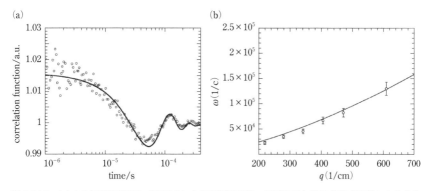

図 2.2.13 (a)水の反射型 XPCS で観察された強度相関関数．鏡面反射と散乱 X 線が干渉したため生じたヘテロダイン振動が観察される．(b)表面張力波の周波数 ω の $q_\parallel$ 依存性．実線は水の粘度 ρ および表面張力 γ の 5 ℃ における値を用いた理論予想 $\omega = \sqrt{(\gamma q_\parallel^3/\rho)}$ を表す．
[C. Gutt *et al.*, *Phys. Rev. Lett.*, **91**, 076104(2003)をもとに作図]

な構造スケール，特に流体力学的近似が成り立たないようなスケールでは XPCS が威力を発揮する．

図 2.2.13(a)に水の表面を対象として実施された反射型 XPCS から求められた強度相関関数を示す[22]．特徴的な振動が観察されるが，これは水の表面からの鏡面反射と散乱 X 線とが干渉したことによって生じたヘテロダイン振動である．この場合の散乱強度の相関の中で時間に依存する成分は次式で与えられる．

$$\langle I(q_\parallel,t)I(q_\parallel,t+\tau)\rangle \sim 2I_s I_r f(q_\parallel,\tau) + I_s^2 g_2(q_\parallel,t) \tag{2.2.21}$$

ここで，$f(q_\parallel,\tau) = \cos(\omega\tau)\exp(-\Gamma\tau)$，$g_2(q_\parallel,t) = \exp(-2\Gamma\tau)$ であり，I_s と I_r はそれぞれ散乱 X 線と鏡面反射 X 線の強度を表している．ω は表面張力波の周波数，Γ は減衰定数を表している．右辺の第 1 項から，散乱 X 線が鏡面 X 線と干渉することで，表面張力波の周波数の項があらわに観察されることがわかる．表面張力波の周波数 ω の $q_\parallel$ 依存性から分散関係を求めると，図 2.2.13(b)のように $\omega = \sqrt{(\gamma q_\parallel^3/\rho)}$ に従い，非圧縮性流体から予想される値になることが明らかになった．

第2章　光子相関分光法

B. プローブ粒子のダイナミクス観察

X線散乱強度は電子密度差の絶対値の2乗に比例する。したがって、ソフトマターのように炭素、窒素、酸素などの軽元素のみからなる試料の場合には散乱強度のコントラストが相関をとるのに不十分な場合がある。しかしナノ粒子などを分散させてそのダイナミクスを観察することで、試料の粘弾性特性に関する情報を得ることができる。最も単純化した系として、大きさや形状がまったく同じ粒子が分散している状況を考える。このとき、中間散乱関数は、粒子の形状因子を $f(\mathbf{q})$、粒子数を N として、

$$f(\mathbf{q},t) = \frac{(f(\mathbf{q}))^2}{N} \left\langle \sum_{j,k} e^{-i(\mathbf{q}\cdot\mathbf{r}_j(0)-\mathbf{q}\cdot\mathbf{r}_k(t))} \right\rangle_T \tag{2.2.22}$$

で与えられる。仮に粒子がランダムなブラウン運動をし、粒子間の相関を一切無視できる場合には、

$$f(\mathbf{q},t) = \frac{(f(\mathbf{q}))^2}{N} \sum_j \langle e^{-i\mathbf{q}\cdot[\mathbf{r}_j(0)-\mathbf{r}_j(t)]} \rangle_T = \frac{(f(\mathbf{q}))^2}{N} \sum_j e^{-\frac{1}{2}\langle\{\mathbf{q}\cdot[\mathbf{r}_j(0)-\mathbf{r}_j(t)]\}^2\rangle_T} \tag{2.2.23}$$

となる。ここで、最後の等式では $\mathbf{r}_j(t)$ がランダムなガウス変数であることを用いた。拡散の法則 $\langle[\mathbf{r}_j(0)-\mathbf{r}_j(t)]^2\rangle_T = 6Dt$ を用いると、

$$f(\mathbf{q},t) = e^{-Dq^2t} \tag{2.2.24}$$

となり、プローブ粒子の拡散係数が求められる。例えば、Stokes–Einstein の式

$$D = \frac{k_\mathrm{B}T}{6\pi\eta R_\mathrm{h}} \tag{2.2.25}$$

を用いると、半径 R_h がよくわかっているナノ粒子の拡散係数を測定することで、粘度 η に関する情報が得られる。

上記の式の流れは DLS と同じであるが、X線を用いることでより小さなスケールでのダイナミクスを得ることができる。ただし、X線を用いる場合には、そもそも流体力学の適用範囲外であったり、粒子間の相互作用を無視できない場合があったりするなど、安易に上記の関係式を用いるのは危険である。拡散係数が観察スケールに依存するとして $D(q)$ を導入してその q 依存性を調べることも頻繁に行われる。いずれにせよ、他の多くの手法で求められる拡散係数は自己拡散に関する情報であることがほとんどであるのに対し、XPCS は通常は粒子間の相関や配置に起因したスペックル像を観察していることが多く、必ずしも自己拡散に関する情報を観察しているわけではないことに注意が必要である。

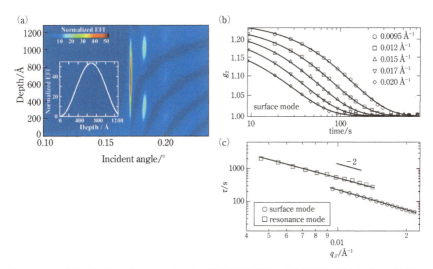

図 2.2.14 (a) 金含有ポリスチレンフィルムにおける電場強度増大の計算結果．図中のプロットは入射角が 0.168 度の際の電場強度増大プロファイルの深さ依存性．(b) ポリスチレンフィルム表面近傍の金ナノ粒子からの散乱の強度相関関数．(c) フィルム表面近傍とフィルム内部での金ナノ粒子ダイナミクスの緩和時間．
［T. Koga *et al.*, *Phys. Rev. Lett.*, **104**, 066101（2010）をもとに作図］

プローブ粒子と反射型 XPCS を用いて高分子溶融フィルムのダイナミクスを観察した例を**図 2.2.14** に示す[12]．この例では，ポリスチレン（分子量：30, 65, 123, 200, 290, 400 kDa）フィルムの表面近傍と内部での局所的な粘度の違いを調べている．入射角を 0.15 度とした場合には，7.5 keV の X 線に対するポリスチレンの臨界角 0.16 度よりも小さいため X 線は全反射され，散乱 X 線が含む情報は表面から 9 nm 程度の深さまでの電子密度分布にのみ依存する．それに対して，入射角を 0.17 度にすると，図に示したような電場強度の増大が生じ，表面近傍の電子密度分布は X 線散乱にほぼ寄与しなくなる．したがって，X 線の入射角度を制御して XPCS を実施することで，フィルムの表面と内部におけるダイナミクスを区別して得ることができる．しかし，ポリスチレンだけでは X 線散乱のコントラストが不十分であるため，半径 1.5 nm 程度の金ナノ粒子を分散させ，金ナノ粒子のダイナミクスを観察することで，ポリスチレンの局所的な粘度に関する情報を得ている．図からわかるように，ガラス転移温度より高い温度において，ポリスチレンフィルム表面の粘度がフィルム内部の粘度と比較して 30% 程度低いことが明らかとなった．

C. 時間変化する場合の相関関数

XPCS では測定中に試料のダイナミクスが変化しないことを前提としているため，仮に測定中にダイナミクスに変化があっても強度相関関数 $g_2(q,t)$ では検出できない．このような動的な変化を観察するためには，**二時間相関関数**

$$C(q,t_1,t_2) = \frac{\langle I(q,t_1)I(q,t_2)\rangle_\phi}{\langle I(q,t_1)\rangle_\phi \langle I(q,t_2)\rangle_\phi} \tag{2.2.26}$$

が用いられる．ここで，$\langle\cdots\rangle_\phi$ はアンサンブル平均に対応するが，XPCS では通常は二次元検出器を用いて測定するため，検出器上での方位角 ϕ についての平均となる．またこの相関関数の分散

$$\chi(q,\Delta t) = \frac{\langle C(q,t_1,t_1+\Delta t)^2\rangle_{t_1} - \langle C(q,t_1,t_1+\Delta t)\rangle_{t_1}^2}{\langle C(q,t_1,t_1)\rangle_{t_1}} \tag{2.2.27}$$

を計算することで，ガラスなどで観察される動的不均一性を議論できると期待されている[23]．ここで，$\langle\cdots\rangle_{t_1}$ は異なる t_1 についての平均を表している．

図 2.2.15 にはエポキシ接着剤の硬化過程を XPCS で観察した例を示す[24]．エポキシ接着剤は外的な刺激(2 種類の成分を混ぜる，温度や紫外線で架橋反応を開始するなど)を引き金に高分子が架橋し三次元ネットワークを形成することで，接着剤としての特性を発揮する．コヒーレント X 線を用いて架橋反応中のエポキシ接着剤を観察することで，架橋反応中の分子レベルでの動的物性を明らかにすることができる．接着剤中にはフィラーとしてアルミナ粒子($2\,\mu m$ 径)が入っているため，前述のプローブ粒子としてフィラーのダイナミクスを通して，接着剤のミクロなダイナミクス変化を観察することができる．反応前(85.9℃)および昇温中は，左下から右上にかけての対角線($t_2 = t_1$)に対して，緩和挙動($\tau = |t_2 - t_1|$ 依存性)が変わらない．これはダイナミクスが経過時間 t_{age} によらず一定であることを示している．そ

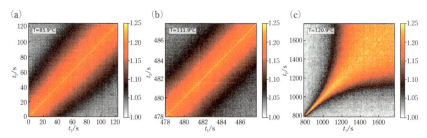

図 2.2.15 エポキシ接着剤の硬化過程における二時間相関関数($q = 0.097\,\text{nm}^{-1}$)．(a)硬化前，(b)硬化温度への昇温過程，(c)硬化温度(120.9 ℃)での測定．
[T. Koga *et al.*, *J. Appl. Phys.*, **127**, 114701 (2020) をもとに作図]

れに対して反応過程(120.9℃)では，経過時間 t_{age} が大きくなるにつれて緩和挙動が遅くなっていることがわかる．これはエポキシ接着剤の硬化反応が進むことで，接着剤中のフィラーダイナミクスがゆっくりとしたものになっていくことを示している．

D. ナノコンポジット

タイヤなどに用いられるゴムは，カーボンブラックやシリカなどのナノ粒子が混ぜられることで，力学特性，粘弾性特性が制御されている．これらの補強効果の制御には，原子・分子レベルでナノ粒子が補強効果にどのように寄与するかの知見が必須であるが，そのためにはナノ粒子のダイナミクスに関する情報が一つの鍵となる．タイヤをみればわかるように，ナノコンポジットの多くは可視光に対して不透明であり，動的光散乱を用いて解析するのは困難であるが，X線は 1 mm 程度の厚みの試料であれば問題なく透過するため，XPCS 実験を実施することができる．

これらの系の XPCS で課題となるのは，希薄溶液を対象とする場合やプローブを観察する場合と比較して，結果の解釈が単純ではないことである．多くの対象に対して，XPCS の結果から次のような傾向が観察されている[25]．(1)中間散乱関数が単純な指数緩和ではなく，$e^{-(t/\tau)^{\beta}}$ の形の **compressed 指数関数**($\beta > 1$)で記述される，(2)緩和時間 τ の q 依存性が $\tau \sim q^{-2}$ のような拡散モードではなく，$\tau \sim q^{-1}$ などの別のスケーリングを示す．したがって DLS で培われてきたさまざまなモデル，解析をそのままでは適用できない場合が多く，現在でも試料に応じてさまざまなモデルが提案されている．濃厚な系でかつ干渉像を対象としている以上，単純な自己拡散などによる記述は正確なものとはなりえないことに注意が必要である．

ナノコンポジットなどの力学特性とミクロなダイナミクスを関連付ける際，単に熱揺らぎに基づく散乱強度の時間変化だけではなく，試料そのものに変形を加えてその際の応答を調べることも有用である．試料を変形した際の X 線散乱を用いた構造解析はさまざまな試料を対象として実施されている．その一方でダイナミクス測定は，変形にともなう信号変化と変形により誘起されたダイナミクスによる信号とを区別するのが困難であるため，実施例は必ずしも多くない．そのなかで，大振幅振動せん断(large amplitude oscillatory shear)とスペックル測定とを組み合わせてナノコロイドゲルの不可逆的な変形挙動を研究した例が報告されている(**図 2.2.16**)[26]．周期的な振動が試料に加えられた場合，試料内部の変形挙動が完全に可逆的であれば，各周期で観察されるスペックル像は同一なものなるはずである．しかし**図 2.2.16** に示すように試料中のごく一部で構造の再配置が生じた場合，

第 2 章 光子相関分光法

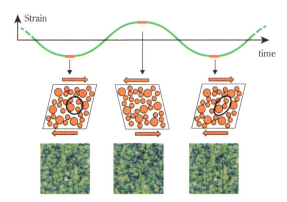

図 2.2.16 大振幅振動せん断下での XPCS 実験の模式図

正弦波状のせん断を試料に加え，せん断の最大，最小の箇所でスペックル像を測定する．物質が完全な弾性体の場合には各周期ごとに同一なスペックル像が観察されるが，試料中で不可逆に変形する部分があると（中段の曲線で囲まれた部分），スペックル像の違い（下段）として観察される．したがって，スペックル像の強度相関を比較することで，試料中での不可逆的な構造変化の有無を確認できる．

[R. L. Leheny *et al.*, *Curr. Opin. Colloid Interface Sci.*, **20**, 261（2015）をもとに作図]

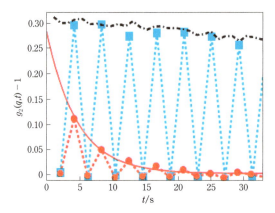

図 2.2.17 コロイドゲルに対して異なる振幅（■：4%，●：12%）でせん断を加えた場合の 0.18 nm^{-1} におけるスペックルコントラスト．せん断の繰り返し周期は 4.14 秒．
[R. L. Leheny *et al.*, *Curr. Opin. Colloid Interface Sci.*, **20**, 261（2015）をもとに作図]

スペックル像には違いが生じる．この変化は散乱強度の時間相関関数，すなわちXPCS と同様の計算をすることで見積もることができる．図 2.2.17 に示すように，せん断の振幅が小さく可逆的な構造変化をする場合には，各周期で $g_2(q,t)-1$ から見積もられるスペックルコントラストがほぼ同じであるのに対して，せん断の振幅

が大きくなると試料中で降伏現象が生じて不可逆的な構造変化を生じ,散乱強度の相関が失われていることがわかる.

E. 原子レベルの時空間スケールのダイナミクス

原子レベルでのダイナミクスを XPCS により測定するためには,散乱角の大きな実験条件で XPCS を実施する必要がある.例えば波長が 0.1 nm の場合,1–6 Å^{-1} に対応する散乱角 2θ は 10 度から 60 度程度に対応する.このように大きな散乱角で XPCS を実施すると光路差が大きくなるため,スペックルのコントラスト低下や入射 X 線光子数の減少などの影響により,S/N がきわめて小さくなる.しかし試料によっては S/N のきわめて小さな条件でも測定が実施されるようになっており,放射光を用いた測定では金属ガラスや酸化物ガラスの研究に応用されている.

合金中での原子拡散に応用した例を図 2.2.18 に示す[27].本研究では $Cu_{90}Au_{10}$ の単結晶を 528〜555 K に加熱し,コヒーレント X 線を照射し試料からの散漫散乱像を測定している.散乱角が大きいため,コヒーレント X 線回折の強度は非常に弱く,観測されたカウントレートは 1 ピクセル 1 時間あたり 3 光子ときわめて小さい

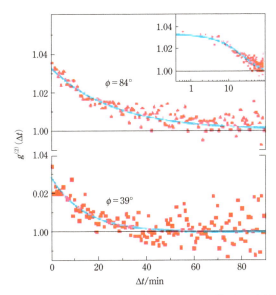

図 2.2.18 異なる方位角 (ϕ) において測定された $Cu_{90}Au_{10}$ 単結晶の強度相関関数
散乱角は 25°.指数関数によるフィッティングで得られた緩和時間は,52 分 ($\phi=84°$) と 28 分 ($\phi=39°$).
[M. Leitner *et al.*, *Nat. Mater.*, **8**, 717 (2009) をもとに作図]

第 2 章　光子相関分光法

が，検出器全体を 1 つの **q** として取り扱うことで，**図 2.2.18** のような強度相関関数を得ることに成功している．試料は平衡状態にあるため，通常の X 線散乱像からは原子の拡散時間などの情報を得るのは困難であるが，XPCS を用いることによって原子の拡散の逆空間内での方向依存性や拡散時間が明らかになった．

F. X 線自由電子レーザーを用いた測定例

　放射光 X 線を用いた XPCS も十分に強力なものではあるが，前節で述べたように原子・分子スケールのダイナミクスを観察する上では本質的に X 線光子数の不足にともなう S/N の不足がある．また，放射光源を用いた XPCS の時間分解能は，検出器のフレームレートや X 線光源の繰り返し周波数によって制限されるため，例えばナノ秒よりも高速な時間領域のダイナミクスを測定するのは困難である．X 線自由電子レーザー（XFEL）は X 線領域でのレーザー光源であり，放射光 X 線と比較すると，短パルス性，高い空間的なコヒーレンス，高いパルス輝度といった特徴がある．X 線自由電子レーザーを用いた測定技術の進展により，従来の放射光光源を用いた測定では不可能であった時間・空間スケールの測定を実施することが可能となってきた．日本国内の XFEL 施設 SACLA[28] は 60 Hz で，米国の LCLS[29] は 120 Hz でパルス発振しているため，そのまま用いても高速なダイナミクスの測定は困難である．そこで高速な時間分解能で XPCS 実験を実施するためのさまざまな方法が提案されている．例えば，XFEL からのパルス X 線を 2 つのパルスに分割し，時間差をつけた上で試料にそれぞれ入射すると，2 つのパルスからの散乱 X 線を 1 つの検出器の上で重ねて測定できる．あるいはパルス長を制御することで，実行的に露光時間の異なるスペックル像を測定することも可能である（**図 2.2.19**）．これらは speckle visibility spectroscopy と同様の測定になっており，2 つのパルスの間の時間差やパルス長を時間分解能としてダイナミクスの測定が可能となる．またこのような光学系を用いず，XFEL から発生する X 線パルスの時間構造を用いた XPCS 測定も可能である．

　2 つの X 線パルスを用いた XPCS 測定を実現するためには，時間・空間特性の同一な 2 つの X 線パルスを時間差を制御して試料に入射し，さらにその際に 2 つのパルスを空間的に重なり合わせて実験する必要がある．このために，XFEL から時間差のついた 2 つのパルス分割・遅延光学系（split-and-delay optics, SDO）が開発され，SACLA で供用されている（**図 2.2.20**）[30]．これらの技術は日進月歩であるが，100 ピコ秒程度の時間差のついた X 線パルスを利用可能である．

　原子・分子スケールのダイナミクスを実施する上で課題となるのは，XFEL を用

2.2 X線光子相関分光法

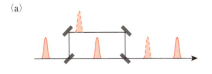

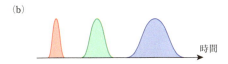

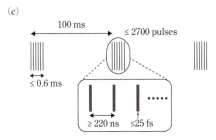

図 2.2.19 XFEL を用いた XPCS 測定の模式図
(a)パルスを分割して時間差をつける．(b)X線パルスのパルス長そのものを制御する．(c)X線パルスの時間構造を利用する．

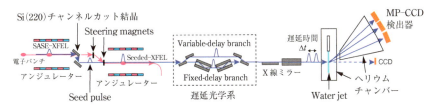

図 2.2.20 SACLA における SDO を用いた XPCS 実験の模式図
ここではパルスあたりのX線光子数を増やすために，種光を用いた self-seeding を2組のアンジュレーターを用いて実現している．X線パルスは SDO を用いて時間差をもつ2つのX線パルスに分割され，試料に照射されている．
［Y. Shinohara *et al.*, *Nat. Commun.*, **11**, 6213（2020）をもとに作図］

いたとしても利用できるX線光子数が少ないことである．**図 2.2.21** には水に 3.3 μJ のX線を照射した際に $q = 2.0$ Å^{-1} 近傍で測定されたX線散乱の様子を示す．粒で見えているのがX線光子の一つ一つに対応する．あまりにも利用できるX線の光子数が少ないため，光子数がゼロの部分がデータの大部分を占めている．この場

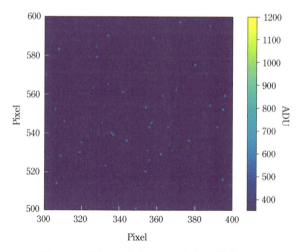

図 2.2.21 SACLA における XPCS 実験での散乱像の例
単一 X 線光子による信号は 595 ADU（analog-to-digital units）に対応している.
[Y. Shinohara *et al.*, *Nat. Commun.*, **11**, 6213（2020）をもとに作図]

合，単に相関をとるだけではゼロ光子数との掛け算となり，本来の相関情報を得ることができない．この場合，相関のある X 線がしたがうべき統計分布を利用して解析が進められる．試料に入射する X 線の光子数を I_t とすると，光子数分布は次式のようにガンマ分布にしたがうことが確認される[31]．

$$P(I_t) = \left(\frac{M}{\langle I_t \rangle}\right)^M \frac{e^{\frac{MI_t}{\langle I_t \rangle}} I_t^{M-1}}{\Gamma(M)} \qquad (2.2.28)$$

ここで，$\Gamma(M)$ はガンマ関数，M は X 線のモード数を表す．このような X 線が散乱され，検出器の各ピクセルで XFEL のパルスごとに k 個の光子が観察される場合，その確率は負の二項分布で次のように表されると仮定できる．

$$P(k|\mu, M_s) = \frac{\Gamma(k+M_s)}{\Gamma(M_s) k!} \left(\frac{M_s}{M_s+\mu}\right)^k \left(\frac{\mu}{M_s+\mu}\right)^{M_s} \qquad (2.2.29)$$

ここで，μ は観測される平均光子数，M_s は散乱像におけるモード数であり，スペックルのコントラストと $\beta = 1/M_s$ という関係がある．したがって，測定された散乱像の光子分布の統計情報を解析することで，スペックルのコントラストを得ることができる．SDO を用いた場合には，時間差を変えながらコントラスト変化を調べることで，中間散乱関数と同じ情報を得ることができる．

応用例として,試料として水を用いた例を紹介する.100フェムト秒よりも高速な時間スケールに関してはXFELのパルス長を制御することで調べることができる.図2.2.22(左)では,水の構造因子のピーク($q = 2$ Å^{-1})付近でXSVSの要領で計算されたスペックルのコントラストが示されている[32].パルス長を制御することでフェムト秒スケールのダイナミクスが測定でき,その結果が分子動力学計算の結果と一致していることがわかる.それより長い時間スケールはパルス幅を変えるのではなく,SDOを用いて2つのパルスの間にピコ秒程度の時間差をつけることで図2.2.22(右)のようにスペックルのコントラストが変化する様子が観察された[33].ピコ秒程度での水の原子スケールのダイナミクスはX線の非弾性散乱を用いて研究されており,同様の中間散乱関数を得られることが確認された.非弾性散乱で測定できる時間スケールは現状ではピコ秒程度に限定されているため,本手法を展開してより長い時間スケールを研究できれば,過冷却液体やガラス転移などの詳細を調べることができると期待されている[34].

G. X-ray cross correlation spectroscopy(XCCS)

少し毛色が異なるが,XPCSと同様の実験配置で異なる相関関数を測定するXCCSをここで紹介する[35].XPCSでは異なる時間に測定された散乱強度の時間相

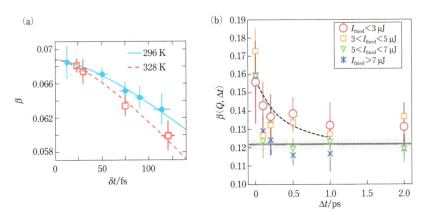

図 2.2.22 XFELを用いたXPCSによる水のダイナミクス測定結果
(a) X線パルス幅を変えて,フェムト秒領域のコントラスト変化を観察し,分子動力学計算の結果と比較している.[F. Perakis *et al.*, *Nat. Commun.*, **9**, 1917(2018)をもとに作図]
(b) ピコ秒に近い時間領域ではSDOを用いた実験によるコントラストの時間依存性が確認されている.[Y. Shinohara *et al.*, *Nat. Commun.*, **11**, 6213(2020)をもとに作図]

第2章　光子相関分光法

関を測定する．それに対して散乱強度の方位角に対する相関を計算すると，液体や非晶質などの乱れた構造中の局所的な相関を抽出できる場合がある．

角度相関関数を次のように定義する．

$$C(q,q',\Delta) = \frac{\langle I(q,\varphi)I(q',\varphi+\Delta)\rangle_\varphi - \langle I(q,\varphi)\rangle_\varphi \langle I(q',\varphi)\rangle_\varphi}{\langle I(q,\varphi)\rangle_\varphi \langle I(q',\varphi)\rangle_\varphi} \quad (2.2.30)$$

ここで，φ は検出面上での方位角，Δ は 2 点の角度差を表す．コロイドガラスについてさまざまな $q=q'$ でこの相関関数を計算した例を**図 2.2.23** に示す．一見，乱雑なスペックル像からさまざまな対称性が抽出されているのがわかる．この解釈は，相関関数をフーリエ展開することで明らかになる．$q=q'$ の場合について考えると，

$$C(q,\Delta) = \sum_{n=-\infty}^{\infty} C_n(q)\mathrm{e}^{in\Delta} = C_0(q)+2\sum_{n=1}^{\infty} C_n(q)\cos(n\Delta) \quad (2.2.31)$$

となる．ここで，係数 $C_n(q)$ は散乱強度 $I(q,\varphi)$ をフーリエ展開したときの係数

$$I(q,\varphi) = \sum_{n=-\infty}^{\infty} I_n(q,\varphi)\mathrm{e}^{in\varphi} \quad (2.2.32)$$

と

$$\frac{C_n(q)}{C_0(q)} = \left|\frac{I_n(q)}{I_0(q)}\right|^2 \quad (2.2.33)$$

の関係がある．したがって，XCCS の解析を実施することで，一見，乱雑さに埋もれてしまう対称性が抽出できる．

2.2.5 ■ まとめ

X 線散乱を用いた構造解析，ダイナミクス解析は放射光や実験室光源を用いて幅広く行われているが，用いられる X 線源がコヒーレントではないため，散乱像の相関情報が平均化されて失われている場合が多い．それに対して高輝度な放射光からコヒーレントな部分を切り出したり，X 線自由電子レーザーを用いてコヒーレントな X 線を利用したりすることで，さまざまな相関関数を計算することができ，既存の手法では失われていた情報を抽出できる場合があることを見てきた．可視光と比較すると X 線は散乱されにくいため，希薄な系だけではなく濃厚な系，すなわちより局所的な相関が構造やダイナミクスに寄与する系を扱うことができる．X 線の波長は可視光よりも短いため，散乱実験を通してより広い逆空間，すなわちより小さな長さスケールに対応したダイナミクスも調べることができる．コヒーレント X 線を利用して X 線散乱の相関を活用した計測手法は，実験室でレーザーを利

2.2 X線光子相関分光法

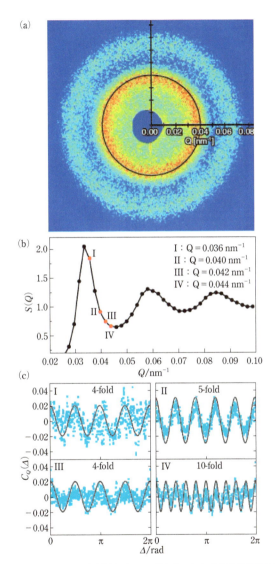

図 2.2.23 コロイドガラスの XCCS. 同時刻において異なる q における強度相関を計算する. ここでは絶対値の等しい q に対して 2 点の角度差 Δ に関する相関をとる. $|q|$ に応じて異なる対称性が観察されている.

[P. Wochner *et al., Proc. Natl. Acad. Sci.*, **106**, 11511 (2009) をもとに作図]

81

第 2 章　光子相関分光法

用できる可視光領域と比較していまだ発展途上である．興味をもたれた読者はぜひ
積極的に放射光施設や X 線自由電子レーザー施設の研究者と相談して，新たな実
験手法，応用を開拓していただきたい．

参考文献

1)　菊田惺志，X 線散乱と放射光科学 基礎編，東京大学出版会(2011)，第 4 章　運動学
　　的回折理論 — モザイク結晶による回折

2)　R. Bandyopadhyay *et al., Rev. Sci. Instrum.*, **76**, 093110 (2005)

3)　I. Inoue *et al., Opt. Express*, **20**, 26878 (2012)

4)　J. Verwohlt *et al., Phys. Rev. Lett.*, **120**, 168001 (2018)

5)　J. Als-Nielsen and D. McMorrow, *Elements of Modern X-ray Physics, 2nd Edition*, John
　　Wiley & Sons (2011)：(日本語訳)雨宮慶幸，高橋敏男，百生 敦 監訳，篠原佑也，
　　白澤徹郎，矢代 航 訳，X 線物理学の基礎(2012)，第 2 章　X 線源

6)　T. Konstantinova *et al., Phys Rev. Res.*, **4**, 033228 (2022)

7)　B. Ruta *et al., Sci. Rep.*, **7**, 3962 (2017)

8)　Y. Shinohara *et al., Macromolecules.*, **43**, 9480 (2010)

9)　S. B. Dierker *et al., Phys. Rev. Lett.*, **75**, 449 (1995)

10)　H. Y. Guo *et al., Phys. Rev. Lett.*, **102**, 075702 (2009)

11)　R. Leheny, *Curr. Opin. Colloid Inter. Sci.*, **17**, 3 (2012)

12)　T. Koga *et al., Phys. Rev. Lett.*, **104**, 066101 (2010)

13)　S.G.J. Mochrie *et al., Phys. Rev. Lett.*, **78**, 1275 (1997)

14)　C. Caronna *et al., Phys. Rev. Lett.*, **100**, 055702 (2008)

15)　B. Ruta *et al., Phys. Rev. Lett.*, **109**, 165701 (2012)

16)　F. Livet *et al., Phys. Rev. E*, **63**, 036108 (2000)

17)　M. S. Pierce *et al., Phys. Rev. Lett.*, **90**, 175502 (2003)

18)　O. G. Shpyrko *et al., Nature*, **447**, 68 (2007)

19)　J.-D. Su *et al., Phys. Rev. B*, **86**, 205105 (2012)

20)　X. M. Chen *et al., Nat. Commun.*, **10**, 1435 (2019)

21)　S. K. Sinha *et al., Adv. Mater.*, **26**, 7764 (2014)

22)　C. Gutt *et al., Phys. Rev. Lett.*, **91**, 076104 (2003)

23)　K. Kanayama *et al., Phys. Rev. Res.*, **4**, L022006 (2022)

24)　B. M. Yavitt *et al., J. Appl. Phys.*, **127**, 114701 (2020)

25)　A. Madsen *et al., New J. Phys.*, **12**, 055001 (2010)

26) M. C. Rogers *et al., Phys. Rev. E*, **90**, 062310 (2014)

27) M. Leitner *et al., Nat. Mater.*, **8**, 717 (2009)

28) T. Ishikawa *et al., Nat. Photon*, **6**, 540 (2012)

29) P. Emma *et al., Nat. Photon*, **4**, 641 (2010)

30) T. Hirano *et al., J. Synchrotron Rad.*, **25**, 20 (2018)

31) J. W. Goodman, *Statistical Optics*, John Wiley & Sons, New York (1985)

32) F. Perakis *et al., Nat. Commun.*, **9**, 1917 (2018)

33) Y. Shinohara *et al., Nat. Commun.*, **11**, 6213 (2020)

34) F. Lehmkühler *et al., Appl. Sci.*, **11**, 6179 (2021)

35) P. Wochner *et al., Proc. Natl. Acad. Sci. USA*, **106**, 11511 (2009)

2.3 ■ 蛍光相関分光法

　動的光散乱法およびX線光子相関分光法では，被照射体積中の分子から散乱された光の干渉に起因する強度揺らぎを観測していた．干渉を利用するため，散乱光はコヒーレントである必要がある．そのため，蛍光のようなインコヒーレントな光では光子相関分光を行うことは一見不可能であると思われる．しかし，被照射体積を十分に小さくすることによって，蛍光においても分子の数揺らぎに起因する強度揺らぎが観測されることが知られており，**蛍光相関分光法**(fluorescence correlation spectroscopy, **FCS**)と呼ばれる．本節では，蛍光相関分光法および関連手法である蛍光相互相関分光法(fluorescence cross-correlation spectroscopy, FCCS)について解説を行う．

2.3.1 ■ 蛍光相関分光法の概略

　前の2節の復習として，動的光散乱で観測される散乱光強度揺らぎの模式図を**図 2.3.1**(a)に示した．被照射体は，多くの場合高分子やコロイド粒子である．被照射体から発生するレイリー散乱光は，入射光によって誘起された双極子からの二次放射光であり，入射光がコヒーレントであれば，レイリー散乱光もコヒーレントである．そのため，複数の被照射体からのレイリー散乱光は干渉し，散乱光強度の増減が観測される．そして，被照射体が分子運動などで揺らいでいる場合は，その位置揺らぎが散乱光強度の揺らぎとして観測される．この揺らぎを利用して被照射体の拡散などのダイナミクス観測を行うのが動的光散乱である．入射光としてX線を用いるX線光子相関分光法の場合は，被照射体が原子中の電子になるという違

第2章 光子相関分光法

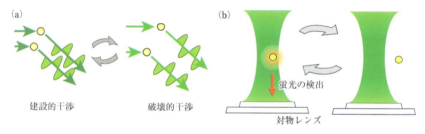

図 2.3.1 基本的な DLS と FCS の比較
(a) DLS の模式図. 被照射体積中に存在する粒子からの散乱光が, 粒子の位置揺らぎによって強度を変化させる様子を観測する. (b) FCS の模式図. 被照射体積中に存在する分子からの蛍光が, 被照射体積中の分子の移動に起因する数揺らぎによって強度を変化させる様子を観測する.

いはあるものの, 被照射体積中で起こった X 線の弾性散乱の干渉による強度揺らぎを見るという点は, 動的光散乱に類似している.

これに対し, 蛍光強度の揺らぎからダイナミクスに関する情報を得る手法が**蛍光相関分光法**である(**図 2.3.1(b)**)[1]. 蛍光はインコヒーレントな光であるため, 異なる分子から生じた蛍光同士は干渉を起こさない. そのため, 被照射体積中に存在する蛍光分子の数と, 蛍光分子から生じる蛍光強度は, 被照射体積中の入射光強度の分布を無視すると比例する[xxvii]. このことを利用し, 蛍光相関分光法では被照射体積中に存在する**蛍光分子の数の揺らぎ**が観測されている. 例えば, 非常に希薄な蛍光分子溶液において蛍光強度を観察する場合, 被照射体積にブラウン運動などで蛍光分子が入っている場合は蛍光が観測され, 蛍光分子が被照射体積から外れると蛍光分子は励起されず蛍光が見えなくなる. この蛍光強度の揺らぎの時間スケールは, 被照射体積の大きさと蛍光分子の揺らぎの速さ(拡散係数)で決まると予想される. そのため, 被照射体積の大きさが決まった実験系を用意できれば, 蛍光分子のダイナミクスに関する情報を得ることができる. このような希薄条件下では, 動的光散乱の観測対象である複数分子からの散乱光の干渉は観測できないため, 蛍光相関分光法が有効である. なお, 蛍光の強さにもよるが, 分子1個からの蛍光を観測することは, 現代の光源および検出技術を用いれば, それほど困難ではない.

数揺らぎは, 蛍光が観測されるかされないかという2状態でなくとも観測される. 多くの場合, 被照射体積中に存在する粒子の数の確率分布はポアソン分布に従

[xxvii] レイリー散乱光の場合も, 散乱光強度の時間平均は, 被照射体積中の分子数に比例する. しかし, 強度揺らぎの相関時間であるミリ秒よりも短い時間スケールにおいては, この比例関係が感知できないほど大きく散乱強度が揺らぐ.

い，平均分子数 N に対して標準偏差は $\sqrt{N}$ となるため，粒子数が多くなればなるほど数揺らぎは観測されにくくなる．そのため，蛍光相関分光法で測定する場合は，共焦点光学系などを用いて被照射体積を小さくし，なおかつ試料を適切な濃度に希釈することが重要となる．なお，蛍光相関分光法では数揺らぎの大きさも定量化することができ，被照射体積中の粒子の平均数を求めるという使い方も可能である．この点も，濃度に関する情報を一切与えない動的光散乱とは対照的である．

以下では，蛍光相関分光法に関連するさまざまな技術や理論，応用について解説を行う．一般的な蛍光相関分光法の解説書としてはまず，Fluorescence Correlation Spectroscopy Theory and Application (2001)[2] がある．次に，生命科学の立場から種々の生体分子を対象として FCS・FCCS 解析や，画像相関を含めた解説 (Review) としては Method in Enzymology. Vol 518. Fluorescence Fluctuation Spectroscopy (FFS), Part A[3], Part B[4] (2013) が参考になる．

さらに広い視野から "FCS-family" として FCS の関連分野を含めて解説した雑誌の特集号[5] が読者の興味の対象となることを期待する．またやや簡便になるが，拙文として日本語の解説[6] もあげておきたい．

2.3.2 ■ 蛍光相関分光法の原理

A. FCS における自己相関関数

まず，FCS における自己相関関数について，数式を用いて簡単に解説する．時刻 t における蛍光強度を $I(t)$ としたとき，FCS では式 (2.3.1) で示す**自己相関** $G(\tau)$ を評価する．

$$G(\tau) = \frac{\langle I(t) \cdot I(t+\tau) \rangle}{\overline{I}^2} \qquad (2.3.1)$$

ここで，$\langle \cdots \rangle$ は調和平均を表し，$\overline{I}$ は平均蛍光強度を表す．蛍光強度を平均蛍光強度成分と，時間揺らぎ成分 $\delta I(t)$ に分けて

$$I(t) = \delta I(t) + \overline{I} \qquad (2.3.2)$$

と表すことができ，式 (2.3.2) を式 (2.3.1) に代入すると

$$G(\tau) = \frac{\langle \left[\delta I(t) + \overline{I} \right] \cdot \left[\delta I(t+\tau) + \overline{I} \right] \rangle}{\overline{I}^2} = \frac{\langle \delta I(t) \cdot \delta I(t+\tau) \rangle + \overline{I}^2}{\overline{I}^2}$$

$$\therefore G(\tau) = \frac{\langle \delta I(t) \cdot \delta I(t+\tau) \rangle}{\overline{I}^2} + 1 \qquad (2.3.3)$$

が得られる．

第 2 章　光子相関分光法

　光軸方向を z 軸，光軸に垂直な方向を x, y 軸としたとき，試料内の励起光強度分布 $U(x, y, z)$ は下記のように三次元ガウス分布で近似される.

$$U(x, y, z) = U_0 \exp\left[-2\frac{x^2}{w_0^2} - 2\frac{y^2}{w_0^2} - 2\frac{z^2}{z_0^2} \right] \tag{2.3.4}$$

この励起光強度分布の形状は，z 軸方向に長い回転楕円体様である. ここで，w_0 および z_0 は，それぞれ励起光強度が焦点の $1/\mathrm{e}^2$ になる短軸半径と長軸半径である[xxviii]. このとき，検出される蛍光強度は

$$I(t) = \iiint \varepsilon_0 \cdot C(x, y, z, t) \cdot U(x, y, z)\, \mathrm{d}x \mathrm{d}y \mathrm{d}z \tag{2.3.5}$$

で表せる. ここで，ε_0 は蛍光分子 1 分子の単位励起光強度あたりの蛍光強度を表す. $C(x, y, z, t)$ は局所的な濃度分布（数密度分布）であり，平均値 $\bar{C}$ と時間揺らぎ成分 $\delta C(x, y, z, t)$ を用いて

$$C(x, y, z, t) = \delta C(x, y, z, t) + \bar{C} \tag{2.3.6}$$

と置く. 式 (2.3.5) および式 (2.3.6) を式 (2.3.1) に代入すると

$$G(\tau) = \frac{\left\langle \iiint \varepsilon_0 \cdot C(x, y, z, t) \cdot U(x, y, z)\, \mathrm{d}x \mathrm{d}y \mathrm{d}z \cdot \iiint \varepsilon_0 \cdot C(x', y', z', t) \cdot U(x', y', z')\, \mathrm{d}x' \mathrm{d}y' \mathrm{d}z' \right\rangle}{\bar{I}^2} + 1$$

$$\tag{2.3.7}$$

が得られる. 異なる任意の 2 点間の局所濃度に相関がないと仮定すると，式 (2.3.7) は

$$G(\tau) = \frac{\varepsilon_0^2 \iiint \langle \delta C(x, y, z, t) \cdot \delta C(x, y, z, t+\tau) \rangle \cdot [U(x, y, z)]^2\, \mathrm{d}x \mathrm{d}y \mathrm{d}z}{\varepsilon_0^2 \bar{C}^2 \left[\iiint U(x, y, z)\, \mathrm{d}x \mathrm{d}y \mathrm{d}z \right]^2} + 1 \tag{2.3.8}$$

とできる. $\tau = 0$ のとき，式 (2.3.8) は

$$G(0) = \frac{\iiint \langle [\delta C(x, y, z, t)]^2 \rangle \cdot [U(x, y, z)]^2\, \mathrm{d}x \mathrm{d}y \mathrm{d}z}{\bar{C}^2 \left[\iiint U(x, y, z)\, \mathrm{d}x \mathrm{d}y \mathrm{d}z \right]^2} + 1 \tag{2.3.9}$$

となる. ここで，$\langle [\delta C(x, y, z, t)]^2 \rangle$ は $C(x, y, z, t)$ の分散であり，$C(x, y, z, t)$ が連続ポアソン分布に従うとき，

[xxviii]　共焦点光学系に基づいた FCS において，w_0 はエアリーディスク半径と混同されがちだが，実際にはエアリーディスク半径よりも小さいので注意されたい.

$$\langle [\delta C(x,y,z,t)]^2 \rangle = \bar{C} \tag{2.3.10}$$

とできる．したがって，式(2.3.9)は

$$G(0) = \frac{1}{\bar{C}} \frac{\iiint [U(x,y,z)]^2 \, \mathrm{d}x\mathrm{d}y\mathrm{d}z}{\left[\iiint U(x,y,z) \, \mathrm{d}x\mathrm{d}y\mathrm{d}z \right]^2} + 1 \tag{2.3.11}$$

とできる．また，式(2.3.11)の分子の積分は

$$\iiint [U(x,y,z)]^2 \, \mathrm{d}x\mathrm{d}y\mathrm{d}z = \iiint U_0^2 \exp\left[-4\frac{x^2}{w_0^2} - 4\frac{y^2}{w_0^2} - 4\frac{z^2}{z_0^2} \right] \mathrm{d}x\mathrm{d}y\mathrm{d}z$$

$$= U_0^2 \int e^{-4\frac{x^2}{w_0^2}} \, \mathrm{d}x \cdot \int e^{-4\frac{y^2}{w_0^2}} \, \mathrm{d}y \cdot \int e^{-4\frac{z^2}{z_0^2}} \, \mathrm{d}z \tag{2.3.12}$$

$$\therefore = U_0^2 \sqrt{\frac{w_0^2 \pi}{4}} \cdot \sqrt{\frac{w_0^2 \pi}{4}} \cdot \sqrt{\frac{z_0^2 \pi}{4}}$$

であり，分母の積分は同様に

$$\iiint U(x,y,z) \, \mathrm{d}x\mathrm{d}y\mathrm{d}z = U_0 \sqrt{\frac{w_0^2 \pi}{2}} \cdot \sqrt{\frac{w_0^2 \pi}{2}} \cdot \sqrt{\frac{z_0^2 \pi}{2}} \tag{2.3.13}$$

となる．ここでガウス積分を使用した．式(2.3.12)および式(2.3.13)を式(2.3.11)に代入すると

$$G(0) = \frac{1}{\bar{C}} \frac{U_0^2 \sqrt{\frac{w_0^2 \pi}{4}} \cdot \sqrt{\frac{w_0^2 \pi}{4}} \cdot \sqrt{\frac{z_0^2 \pi}{4}}}{U_0^2 \frac{w_0^2 \pi}{2} \frac{w_0^2 \pi}{2} \frac{z_0^2 \pi}{2}} + 1$$

$$= \frac{1}{\bar{C}} \frac{\frac{1}{8} \pi^{\frac{3}{2}} w_0^2 z_0}{\frac{1}{8} \pi^3 w_0^4 z_0^2} + 1 \tag{2.3.14}$$

$$= \frac{1}{\bar{C}} \frac{1}{\pi^{\frac{3}{2}} w_0^2 z_0} + 1$$

が得られる．$\pi^{\frac{3}{2}} w_0^2 z_0$ を FCS 測定時の実効的な体積とみなして $V_{\mathrm{eff}} = \pi^{\frac{3}{2}} w_0^2 z_0$ と置くと，実効体積内の平均分子数・粒子数 N は

$$N = \bar{C} \cdot V_{\mathrm{eff}} \tag{2.3.15}$$

と表せる．したがって，蛍光強度揺らぎが分子・粒子の並進拡散のみによる場合，式(2.3.8)は下記の式(2.3.16)のように表すことができるといえる．

第 2 章　光子相関分光法

$$G(\tau) = \frac{1}{N} f(\tau) + 1 \tag{2.3.16}$$

ここで，$f(\tau)$ は蛍光強度揺らぎの特性を反映した，$f(0) = 1$ となる関数である．

B.　三次元自由拡散モデル

　例えば，測定対象の分子・粒子 1 種類のみが三次元の自由拡散をしている場合，自己相関関数（モデル式）は

$$G(\tau) = \frac{1}{N} \left(1 + \frac{\tau}{\tau_D}\right)^{-1} \left(1 + \frac{1}{s^2} \frac{\tau}{\tau_D}\right)^{-\frac{1}{2}} + 1 \tag{2.3.17}$$

となることが知られている[7-10]．ここで，τ_D は**（並進）拡散時間**と呼ばれ，測定領域に測定対象分子・粒子が滞在する平均滞在時間である．また，s は**構造因子**（structure parameter）と呼ばれ，測定領域のアスペクト比（$s = z_0/w_0$）である．このアスペクト比である s で定義される領域は，一般の顕微鏡で用いられる点像分布関数（point spread function, PSF）と同じ形状である．

　この 1 成分三次元自由拡散モデル式は FCS において最も基本的なモデル式であり，色素溶液や細胞溶解液などにおいて，1 種類の測定対象が自由拡散していると見なせる試料で，最初に選択されるモデル式である．並進拡散時間 τ_D と並進拡散係数 D は

$$D = \frac{w_0^2}{4\tau_D} \tag{2.3.18}$$

で関係付けることができる．このことから，並進拡散係数が既知の分子を測定し，その並進拡散時間を得ることで，共焦点領域の短軸半径 w_0 を決定することができる．このように使用する FCS 装置について，共焦点領域の短軸半径を決定しておくことで，未知の試料から得られた並進拡散時間から並進拡散係数を得ることが可能となる．

　並進拡散時間は w_0 に依存することから，異なる測定装置間や異なる測定日間で直接比較することは困難であるが，並進拡散係数は装置に依存しないため，実験のたびに並進拡散係数が既知の試料を測定して w_0 を決定しておくことは重要である．同時に，構造因子 s を測定により決定しておけば，実効体積も決定可能であることから，測定で得られた分子数を体積で割ることで濃度を得ることもできる．筆者らの場合，必ず日ごとにローダミン（rhodamine）6G 色素溶液（$D = 414\ \mu\text{m}^2/\text{s}$ [11]）やフルオレセイン（fluorescein）色素溶液（$D = 425\ \mu\text{m}^2/\text{s}$ [11]）を測定し，w_0 と s を決定してから実試料の測定を行うことを徹底している．

また，**Stokes–Einstein の式**

$$D = \frac{k_B T}{6\pi\eta R_h} \tag{2.3.19}$$

より，測定対象が球形に近似できる場合，並進拡散係数を測定対象の流体力学的半径 R_h，溶媒の粘度 η，絶対温度 T などと関係付けることができる．ここで，k_B はボルツマン定数である．

分子量が分子の体積と比例すると仮定し，式(2.3.18)と(2.3.19)を用いると，拡散時間 τ_D，または拡散係数 D から下記の関係が導き出せる．

$$M_{\text{sample}} = \left(\frac{D_{\text{R6G}}}{D_{\text{sample}}}\right)^3 M_{\text{R6G}} \tag{2.3.20}$$

または

$$M_{\text{sample}} = \left(\frac{\tau_{\text{sample}}}{\tau_{\text{R6G}}}\right)^3 M_{\text{R6G}} \tag{2.3.21}$$

この関係は既知の拡散係数または拡散時間の蛍光分子測定をもとに「2.3.4 項 B 分子量測定」のように未知の分子の分子量を測定するときに必要となる．

FCS 測定により得られる有用なパラメータの一つとして，**一分子輝度**(counts per molecule, **CPM**)，または**一粒子輝度**(count per particle, **CPP**)があり，下式によって得られる．

$$\text{CPM} = \frac{\bar{I}}{N} \tag{2.3.22}$$

CPM は 1 分子あたりが 1 秒間に放出した蛍光光子の数を意味する．この値は式(2.3.5)における ε_0 に対応する．例えば，CPM が 1 kHz である蛍光分子でタンパク質を蛍光標識した際，タンパク質に蛍光分子が 3 分子結合していれば，CPM は 3 倍の 3 kHz となる．この CPM の変化から蛍光標識のラベル数を知ることができる．同様に，蛍光標識した分子の多量体化などを評価可能である．例えば，CPM が 1 kHz の分子が 100 個ある場合と，CPM が 5 kHz の分子が 20 個ある場合ではどちらも蛍光強度としては 100 kHz であり，蛍光強度だけでは違いを評価できないが，FCS では CPM というパラメータでこれらを見分けることができる強みがある．また，蛍光分子によっては pH など周囲の環境によって明るさが変化するなどの応答性蛍光プローブが存在するが，蛍光強度のみの評価では強度の変化が蛍光プローブの濃度の変化なのか環境の変化なのか知ることができない．このため通常は環境の影響を受けない蛍光色素の蛍光強度と比をとるなどの対策をとるが，FCS の場合は蛍光プローブ分子単体でも CPM の評価によって環境の影響を評価できる．

2.3.3 ■ 蛍光相関分光法の測定

A. 蛍光相関分光装置の概要

近年のFCSではそのほとんどが連続発振(continuous wave, CW)レーザーと共焦点蛍光検出系を採用していることから，ここではCWレーザーと共焦点蛍光検出系に基づいた最も基本的なFCSの測定原理について解説する．

図2.3.2に基本的なFCS装置の構成を示す．励起用CWレーザー(以降，励起レーザー)がダイクロイックミラーで反射され，顕微鏡対物レンズで試料溶液または培養細胞内部などに集光される(図2.3.3)．このとき，測定試料はガラスボトムディッシュやマルチウェルチャンバーのような底面がカバーガラスになっている容器に入れられ，カバーガラスを通して励起レーザーが試料内に集光される．用いられる対物レンズは，通常は開口数(numerical aperture, NA)が1.2程度の対物レンズである．これは高NA対物レンズを用いることで蛍光をより多く検出する狙いと，より小さく集光させることで測定領域を小さく限定する狙いとがある．また，測定試料のほとんどは生物学試料で水程度の屈折率であることから，通常は水浸対物レンズを用いる．

試料から発せられる蛍光は，同じ対物レンズを通ってダイクロイックミラーと蛍光フィルタを通過する．ダイクロイックミラーと蛍光フィルタにより，蛍光に混入

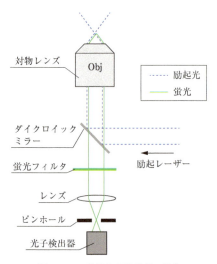

図2.3.2 一般的なFCS装置の構成

2.3 蛍光相関分光法

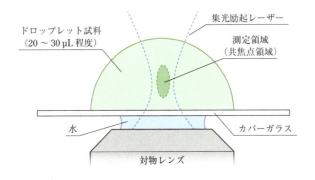

図 2.3.3 一般的な FCS 測定時の試料部分拡大図

している励起光の散乱光や反射光は排除される．蛍光はレンズによって集光され，ピンホールを通過し，光子検出器で検出される．このとき，ピンホールの直径は，集光された蛍光が形成するエアリーディスクの直径程度とすることが一般的である．試料内では，励起レーザーが通過した領域すべてから蛍光が発せられうるが，励起レーザーの焦点領域以外から発せられた蛍光の大部分はピンホールを通過できないため，実効的に焦点領域から発せられた蛍光のみを検出できる．このような光学系を**共焦点光学系**，蛍光を検出する領域を**共焦点領域**と呼び，これが FCS の測定領域となる．

FCS で測定する蛍光は微弱であることが多いため，通常は光子計数（フォトンカウンティング）モードの光電子増倍管（photomultiplier tube, PMT）またはアバランシェフォトダイオード（avalanche photodiode）が用いられる．これらの検出器は，光子を検出したときデジタルパルスを出力するが，このデジタルパルス信号をハードウェアまたはソフトウェアで実現する相関器に入力することで，自己相関関数（auto-correlation function, ACF）に変換する．FCS では，この得られた ACF に対して各種モデル式を用いたフィッティング解析を行うことで，所望の情報を得る．

B. 蛍光相互相関分光法（FCCS）

蛍光相互相関分光法（fluorescence cross-correlation spectroscopy, **FCCS**）およびその測定について簡単に解説する．特定の分子間相互作用について，その結合割合や結合の強さを測定したいとき，FCCS が有効である場合がある．例えば，遺伝子導入によって 2 種類のタンパク質をそれぞれ GFP 融合タンパク質と RFP 融合タンパク質として細胞内に発現させ，生細胞内で FCCS 測定を行うことで，*in vivo* で

第 2 章 光子相関分光法

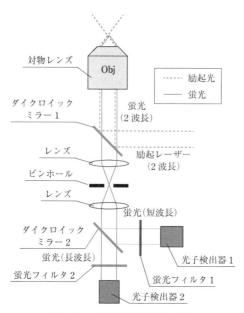

図 2.3.4 一般的な FCCS 装置の構成

分子間相互作用の解離定数を決定することができる[12]．以下では FCCS によって解離定数を決定する方法について解説する．

分子 1 と分子 2 の結合を評価したい場合，例えば分子 1 を緑色蛍光，分子 2 を赤色蛍光で蛍光標識する．ここで蛍光の波長（色）は問わないが，できるだけクロストークが生じにくい組み合わせを選ぶことが望ましい．蛍光標識した分子 1 と分子 2 の混合溶液を試料とし，図 2.3.4 に示すような FCCS 装置で測定する．励起レーザーは 2 種類の蛍光色素を励起するため，2 波長のレーザーを混合することが一般的だが，Keima のようなロングストークスシフトの蛍光タンパク質を用いることで 1 波長の励起レーザーで 2 色の蛍光を同時に励起することもある[13]．

緑色蛍光の強度信号と赤色蛍光の強度信号はそれぞれ検出器 1 および検出器 2 で共焦点検出され，それぞれで得られる蛍光強度信号を $I_g(t)$ および $I_r(t)$ とする．このとき，分子 1 および分子 2 に由来する蛍光強度信号の自己相関関数を，

$$G_g(\tau) = \frac{\langle I_g(t) \cdot I_g(t+\tau) \rangle}{\overline{I_g}^2} \tag{2.3.23}$$

$$G_r(\tau) = \frac{\langle I_r(t) \cdot I_r(t+\tau) \rangle}{\overline{I_r}^2} \tag{2.3.24}$$

とする．ここで，G_g および G_r は，それぞれ信号 I_g, I_r の自己相関関数であり，$\overline{I_g}$, $\overline{I_r}$ はそれぞれの平均蛍光強度である．これらの自己相関関数に対して，FCS解析を行うことができる．2波長の励起レーザーを用いる場合，長波長では集光径が大きくなることから，それぞれの波長で実効体積が異なることに注意が必要である．

FCCS の場合，これに加えて，**相互相関関数**

$$G_{gr}(\tau) = \frac{\langle I_g(t) \cdot I_r(t+\tau) \rangle}{\overline{I_g} \cdot \overline{I_r}} \tag{2.3.25}$$

を得ることができる．ここで，I_g と I_r を入れ替えた $G_{rg}(\tau)$ も定義可能であるが，通常の FCCS である場合は理論上 $G_{rg}(\tau)$ と $G_{gr}(\tau)$ は同等であり，計算を省くことが多い．三次元自由拡散モデルでは，これらの自己相関関数と相互相関関数は

$$G_g(\tau) = \frac{1}{N_g}\left[F_{g,1}\left(1+\frac{\tau}{\tau_{g,1}}\right)^{-1}\left(1+\frac{1}{s_g^2}\frac{\tau}{\tau_{g,1}}\right)^{-\frac{1}{2}} + (1-F_{g,1})\left(1+\frac{\tau}{\tau_{g,2}}\right)^{-1}\left(1+\frac{1}{s_g^2}\frac{\tau}{\tau_{g,2}}\right)^{-\frac{1}{2}} \right] + 1 \tag{2.3.26}$$

$$G_r(\tau) = \frac{1}{N_r}\left[F_{r,1}\left(1+\frac{\tau}{\tau_{r,1}}\right)^{-1}\left(1+\frac{1}{s_r^2}\frac{\tau}{\tau_{r,1}}\right)^{-\frac{1}{2}} + (1-F_r)\left(1+\frac{\tau}{\tau_{r,2}}\right)^{-1}\left(1+\frac{1}{s_r^2}\frac{\tau}{\tau_{r,2}}\right)^{-\frac{1}{2}} \right] + 1 \tag{2.3.27}$$

$$G_{gr}(\tau) = \frac{N_{gr}}{N_g \cdot N_r}\left(1+\frac{\tau}{\tau_{gr}}\right)^{-1}\left(1+\frac{1}{s_{gr}^2}\frac{\tau}{\tau_{gr}}\right)^{-\frac{1}{2}} + 1 \tag{2.3.28}$$

と表すことができる[14]．ここで，N_g, F_g, s_g はそれぞれ，緑蛍光分子の分子数，緑蛍光分子のうち第1成分（後述）の割合（$0 \leq F_g \leq 1$），緑蛍光の共焦点領域に関する構造因子を表す．緑色蛍光で標識した分子1と，赤色蛍光で標識した分子2を混合してその相互作用を FCCS で解析する場合，試料中の分子1には，分子2と結合していない成分と結合している成分が存在することが想定される．分子2の分子量が分子1に比べて同等以上である場合，これらの2成分は並進拡散時間が異なることが予想される．そのため式(2.3.26)では，並進拡散時間と振幅の異なる2成分の重ね合わせとしており，それぞれの成分の並進拡散時間を $\tau_{g,1}$ および $\tau_{g,2}$ とした．式(2.3.27)は赤色蛍光に関して，式(2.3.26)と同様である．式(2.3.28)は分子1と分子2が結合している成分（クロス成分）に由来する相互相関関数である．N_{gr}, τ_{gr}, s_{gr}

はそれぞれ，クロス成分の分子数，並進拡散時間，構造因子を表す．ここで，分子
1と分子2の結合の仕方が1通りであると考え，並進拡散成分は1成分としている．
ここで，式(2.3.28)の振幅が$N_{gr}/(N_g \cdot N_r)$であることから，N_gとN_rを式(2.3.26)
と式(2.3.27)によるフィッティング解析で決定しておかなければ，クロス成分の分
子数N_{gr}は一意に決定できないことに注意する．緑および赤それぞれの自己相関解
析における共焦点領域の実効体積は，それぞれ

$$V_g = \pi^{\frac{3}{2}} w_g^2 z_g \tag{2.3.29}$$

$$V_r = \pi^{\frac{3}{2}} w_r^2 z_r \tag{2.3.30}$$

である．ここで，w_g，w_rは緑および赤蛍光の共焦点領域の短軸半径，z_g，z_rはそれ
ぞれの長軸半径を表す．このとき，クロス成分の実効体積は

$$V_{gr} = \left(\frac{\pi}{2}\right)^{\frac{3}{2}} \left(w_g^2 + w_r^2\right)\left(z_g^2 + z_r^2\right)^{\frac{1}{2}} \tag{2.3.31}$$

で与えられる．

　得られたN_g，N_r，およびN_{gr}をそれぞれの実効体積で割ることで，それぞれの
濃度C_g，C_r，およびC_{gr}が得られる．さらに，それぞれの濃度を用いることで，下
式によって解離定数を得ることができる[15]．

$$K_d = \frac{C_g \cdot C_r}{C_{gr}} \tag{2.3.32}$$

　ここまで紹介した1成分三次元自由拡散モデルにも，多成分に拡張した多成分三
次元自由拡散モデル式，膜上を二次元拡散している場合のモデル式，異常拡散を示
す場合のモデル式，測定試料に流れが存在する場合のモデル式など，さまざまなモ
デル式が提案されている[16]．また，ここで紹介した蛍光強度が分子・粒子の並進拡
散のみによって揺らぐ場合以外にも，化学反応[8]，回転拡散[8,17]，三重項状態遷
移[18,19]，蛍光共鳴エネルギー移動[20]，ブリンキング[21]などの他の要因で蛍光強度の
時間揺らぎが起きる場合についても，さまざまなモデル式が提案されており，それ
らによってさまざまな物理量を評価可能とするFCSの応用範囲は日々広がってい
る．

C. FCS/FCCSにおける非蛍光成分

　蛍光色素によって，FCS/FCCSにおける自己相関関数や相互相関関数に，分子
拡散によらない蛍光強度揺らぎに起因する成分が現れることがある．このような成

分の代表的な物としてトリプレット(三重項)成分やブリンキング成分がある．蛍光分子が励起されたとき，多くの場合は励起準位から基底状態に遷移するときに蛍光光子を放出する．しかしまれに励起準位から三重項準位に遷移した後，基底状態に遷移することがある．三重項準位にある寿命は一般に数マイクロ秒程度以上であることが多く，また三重項準位にある間は蛍光を発することができない暗状態であることから，蛍光分子が共焦点体積内にある間であっても，この成分によって数マイクロ秒程度以上の蛍光強度揺らぎが生じることになる．この揺らぎ成分が自己相関関数に現れることがあり，この成分を**トリプレット成分**と呼ぶ．蛍光分子が励起される頻度が高いほどトリプレット成分が大きくなることから，通常は励起光が強いほど影響が大きくなる．また，溶媒の pH などの周囲の環境によってトリプレット成分の振幅や減衰時間が変化する場合がある．

三重項準位への遷移以外に，蛍光分子と他分子やプロトンとの相互作用によって，蛍光分子が蛍光を発する状態と暗状態を行き来する場合があり，これによって蛍光が明滅することがある．この明滅による蛍光強度揺らぎの成分を FCS/FCCS では**ブリンキング成分**と呼ぶ．

トリプレット成分やブリンキング成分のように蛍光分子の拡散以外による蛍光揺らぎ成分を，FCS/FCCS では**非蛍光成分**(non-fluorescence component) と総称することがある．例えばトリプレット成分を考慮した FCS における自己相関関数は，下記のように表される[14]．

$$G(\tau) = G_{\mathrm{D}}(\tau)\left[1 + \frac{T_{\mathrm{f}}}{1 - T_{\mathrm{f}}}\exp\left(-\frac{\tau}{\tau_{\mathrm{T}}}\right)\right] + 1 \qquad (2.3.33)^{*}$$

$$G_{\mathrm{D}}(\tau) = \frac{1}{N}\left(1 + \frac{\tau}{\tau_{\mathrm{D}}}\right)^{-1}\left(1 + \frac{1}{s^{2}}\frac{\tau}{\tau_{\mathrm{D}}}\right)^{-\frac{1}{2}} \qquad (2.3.34)$$

τ_{T} はトリプレット時間または非蛍光成分の減衰時間であり，T_{f} はその割合を示す．

---

*注釈　式 (2.3.33) はもともとは論文 18 で

$$G(\tau) = G_{\mathrm{D}}(\tau)\left[1 - T_{\mathrm{f}} + T_{\mathrm{f}}\exp\left(-\frac{\tau}{\tau_{\mathrm{T}}}\right)\right] + 1 \qquad (2.3.33)'$$

としてともに示されているが，$(1 - T_{\mathrm{f}})$ で規格化した形となっていることに注意．
こうすることで指数減衰成分の振幅 T は拡散成分の振幅 $(1/N)$ の $T_{\mathrm{f}}/(1 - T_{\mathrm{f}})$ 倍となる．これは，N 個の蛍光分子のうち非蛍光成分またはトリプレット状態の分子の割合を示す．これは吸収したエネルギー(光子数)に依存するので，拡散時間により変化する．

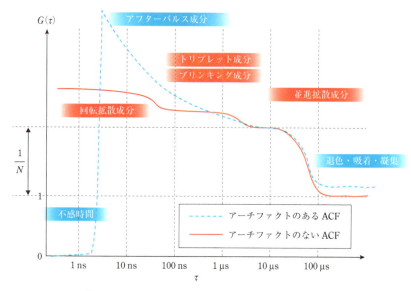

図 2.3.5　FCS における自己相関数(ACF)とアーチファクト

D. FCS/FCCS における装置に起因するアーチファクト

　理想的な FCS/FCCS 装置によって理想的な試料の測定をする場合，全時間領域にわたって式(2.3.17)や式(2.3.25)～(2.3.28)で自己相関関数や相互相関関数を十分に説明可能である．しかし実際には装置や色素の特性を反映する蛍光強度揺らぎに起因しない成分が現れる(**図 2.3.5**)．

　装置に起因する成分として，光検出器のアフターパルスノイズ成分と不感時間(dead time)成分が挙げられる．**アフターパルスノイズ**は，光子検出器が光子を検出してから数マイクロ秒程度以内に，一定の確率で実際には存在しない光子の信号を出力してしまうことに起因する成分である．光検出器の種類やロットによってアフターパルスノイズの大きさは異なる．測定対象分子の濃度が低いほど，蛍光強度揺らぎによる自己相関関数の振幅がアフターパルスノイズによる成分よりも相対的に高くなるため，アフターパルスノイズによる影響を抑えることができる．また一般に，分子の拡散による拡散時間は数十マイクロ秒よりも長いことから，アフターパルスノイズが現れる数マイクロ秒程度の時間領域をフィッティング解析に含めないことによって，その影響を低減できる．パルスレーザーと時間相関単一光子計数(TCSPC)を用いた**蛍光寿命相関分光法**(fluorescence lifetime correlation spectroscopy, **FLCS**)では，原理的にアフターパルスノイズによる成分が現れない[22]．

不感時間は，光子検出器が光子を検出してから次の光子を検出できるようになるまでの準備時間である．例えば雪崩増幅フォトダイオード(avalanche photodiode, APD)の場合，数ナノ秒から数十ナノ秒程度の不感時間があり，フォトンを検出してから不感時間の間は必ずフォトンが検出されない空白の時間が生じる．これはすなわちフォトンを検出したタイミングとその直後のタイミングでは蛍光強度に完全な負の相関があることを意味し，自己相関関数の不感時間の時間領域においては自己相関関数の振幅が小さくなる．この影響を排除するためには，蛍光をハーフミラーなどで2分割して2台の光子検出器で検出し，得られる2つの蛍光強度信号の相互相関関数を評価する Hanbury Brown and Twiss 干渉計を利用する．2台の光子検出器の間では不感時間に相関がないため，不感時間の影響が表れない．通常のFCS/FCCS による分子拡散の測定において，数ナノ〜数十ナノ秒の時間領域を評価する必要はないが，2.3.4 項 A で解説する分子の回転拡散の測定においては，この成分を除去することが重要である．

E. FCS/FCCS における測定条件に起因するアーチファクト

測定条件に起因するアーチファクトとして，測定対象分子の吸着，蛍光退色，試料の乾燥などが挙げられる．測定対象分子がカバーガラスなどに吸着する場合，試料溶液中で拡散する分子が時間経過とともに減少し，蛍光強度信号も時間経過とともに減少する．このとき，自己相関関数には一般的に数秒程度の長い減衰時間をもつ成分のように現れるか，通常は1に収束する($G(\infty) = 1$)自己相関関数が1に収束しないという形で現れる．この問題を避けるためには，使用するカバーガラスやチャンバーに対してあらかじめ吸着を防ぐブロッキング処理を施すか，試料を配置してから吸着が収まるまで十分に時間を置いてから測定するなどの対策を行う．

励起光が強すぎる場合，蛍光色素が退色することがある．測定中にこの退色が進むと，時間経過とともに蛍光強度が減衰し，アーチファクトとなる．励起光強度を過剰に強くしないことに気を付ける必要がある．

試料が乾燥によって濃縮され，時間経過とともに蛍光強度が上昇することがある．試料の液量が少ないほどこの影響が顕著であることから，測定時間が長くなる場合には試料を密閉したり液量を増やしたりする工夫が必要であることがある．

2.3.4 ■ 蛍光相関分光法の応用

A. 偏光蛍光相関分光法(polarization-dependent FCS, Pol-FCS)

FCS の発展手法の一つとして，**偏光蛍光相関分光法(Pol-FCS)**がある．Pol-FCS

では，通常の FCS 装置と比較して，励起光を偏光板によって直線偏光とし，励起光に平行な偏光や直交する偏光の蛍光に対して相互相関解析を行う．詳細は文献[8, 23]を参照されたい．

Pol-FCS では，通常の FCS で得られる並進拡散時間（translational diffusion time）に加えて，回転拡散時間（rotational diffusion time）が得られる．並進拡散時間は蛍光分子がブラウン運動によって共焦点領域をランダムに出入りすることに起因する蛍光強度揺らぎの速さを反映するが，回転拡散時間は蛍光分子が共焦点領域内でランダムに回転することで蛍光偏光がランダムに回転し，その回転によって偏光板を透過する蛍光強度がランダムに変化する揺らぎを反映する．一般的に，並進拡散時間は数十マイクロ秒程度であるのに対して，回転拡散時間はサブナノ秒から数ナノ秒程度であり時間領域が大きく異なることから，分離して測定可能である．また，回転拡散時間が並進拡散時間に比べて 1000 倍程度短いことから，回転拡散時間の間は並進拡散による並進移動はほとんど起きていない．したがって回転拡散時間は蛍光分子の回転半径以内程度の非常に狭い環境の情報を反映する．ただし，回転拡散の時間領域は，光子検出器のアフターパルスや不感時間の影響を大きく受けることから，2.3.3 項 D で紹介したような対策が必須となる．

筆者らは以前，この Pol-FCS の応用として，高分子ゲル内のメッシュサイズや高分子混雑環境の評価の可能性を実証することに成功した[24, 25]．また Pol-FCS 測定を生細胞内で実現可能であることを実証し，細胞周期や細胞株によって細胞内高分子混雑環境に違いがあることを見出した[26]．Pol-FCS はまったくの同一地点において回転拡散と並進拡散をまったく同時に評価可能であるため，細胞内のような時空間的に不均一な環境の混雑環境評価に非常に適した手法である．今後，高分子混雑環境のみならず，液–液相分離やその他ナノスケールの微環境を評価するための強力なツールとなりうると期待している．

B. 分子量測定

（1）タンパク質

タンパク質や核酸の単体や複合体の分子量を見積もることは生命科学や生体分子科学において重要である．生体分子はそれだけで存在しているのではなく，さまざまな複合体や相互作用を通して機能を発揮している．そのため，生体分子の機能を解明するためには複合体形成量や単量体と複合体の比を知ることは生体分子科学の基本となる．

大腸菌シャペロニン（GroEL）は構造のよくわかっているシャペロン（他のタンパ

ク質分子が正しい構造をとるのを補助する役割をもつタンパク質)である．その構造は 60 kDa のサブユニットが 14 個結合した直径 14 nm，軸長 15 nm のほぼ球状の構造である．GroEL ならびに GroEL の基質として知られるラクトアルブミンとペプシン，アポシトクローム c のそれぞれにテトラメチルローダミンで蛍光修飾を行い，FCS を用いて式(2.3.20)または式(2.3.21)によって拡散時間と分子量の関係を調べると，分子量の増加と相関関数の変化がよい一致を示した．したがって，逆に相関時間の変化から GroEL と各基質との結合定数を，他の結合性・非結合性分子などを物理的に分けることなく求めることができる[27]．FCS 測定により，球状タンパク質が直鎖状に結合したタンデム型 GFP(green fluorescent protein)オリゴマーが溶液中だけでなく細胞内でも大まかには棒状分子と同じ拡散時間になること[28, 29]も示されている．このように，FCS 測定から得られる拡散時間とタンパク質の分子量の間には定量的な関係が得られるだけでなく，構造を知ることも可能である．

蛍光標識タンパク質の分子量と拡散時間の関係については，いろいろな測定が行われているが，実際に報告された例は多くはない．いくつか報告があるので，それが参考になる[30-32]．その理由については 2.3.3 項 C〜E で述べているように，FCS は単独で拡散係数を決定するには多くの光学的アーチファクトに影響されるためである．いずれにしても生命科学においては絶対的な値も相対的な変化も有用である．

また，蛍光標識タンパク質がリボソームから合成されたばかりの新生鎖タンパク質を含む巨大タンパク質複合体と結合すると，相関関数の変化は明確となり，溶液中で生体分子同士の解離定数 K_d を見積もることが可能である．しかし，溶液中ではあるが数 μm しかない大腸菌中の蛍光観察は蛍光色素の退色などで相互作用をみることは簡単ではない．そのため薬剤処理で大きく成長させた大腸菌の中での生体分子間相互作用を検出した報告がある[33]．

このように，生細胞測定を行うときには，FCS 測定装置だけでなく，測定対象にも工夫を施すことで対象を広げることが可能となる．

(2)核酸

初期の FCS 研究においては，棒状分子である DNA の拡散速度の変化が DNA 鎖長に直接比例することを利用して DNA–DNA ハイブリダイゼーション時間変化を追跡した例や[34]，PCR 産物の定量へ応用した例[35]などがある．DNA は棒状分子と見なされるが，その形状を考慮すると，拡散時間と DNA 分子量(鎖長)の間に比例関係があることが示された[36]．

DNA が棒状分子である特徴を利用し，さらに FCS や FCCS の大きな特徴の一つ

として生細胞内での測定がある．生細胞内に外から遺伝子を導入してさまざまな生理活性や機能を付与または抑えることは現代の生命科学の基礎であるが，細胞内に取り込まれた外来DNAがどのような過程で核まで到達するかを知ることは簡単ではない．細胞内に取り込まれた外来DNAの拡散，あるいは分解を直接観察することを目的として解析を行い，FCSやFCCSを駆使して分解メカニズムに迫った研究がある[37,38]．この研究では導入されたDNAの拡散時間は45分程度で分子量が非常に小さな蛍光色素と同じ程度になり，細胞内に取り込まれた外来核酸は短時間で切断されることを示された．この速やかな分解メカニズムは病原菌などへの抵抗性にもなっていることが示唆された．

(3) 細胞外マトリックス研究

分子サイズが同じでも，蛍光分子のおかれた環境により拡散速度は変化する．ヒアルロン酸(HA)は細胞外マトリックスを形成する生体高分子の一つである．HAは細胞間隙を埋め，細胞から分泌される物質をコントロールしている可能性があるが，HAの網目構造については不明な点が多い．そのHAが作る網目構造をFCSによる色素の拡散測定や光化学的手法，NMRを用いて比較解析した報告がある．特に測定領域の大きさを変え，正常，異常拡散の比較を行った点は注目に値する[39-41]．

同じく細胞間隙での測定ではゼブラフィッシュの胚を対象とした測定がある．細胞から放出された成長因子などのホルモンが細胞分化を決定するためには拡散による濃度勾配が必要とされるが，このような細胞間シグナル分子はモルフォゲンと呼ばれ，モルフォゲン仮説として知られている．その拡散・濃度勾配の生成機構をFCS測定により(後述する2点測定FCSをも利用して)胚の中の細胞による単純なソース(供給)-シンク(受容)機構から生じることを明らかにした[42]．

(4) 分子量測定の具体的な方法

・これまでの方法

前述でFCS測定から拡散時間と分子数が得られることを述べた．この拡散時間と分子数は実効体積における拡散時間と分子数であることに注意しておきたい．

この実効体積は理論的には式(2.3.14)で示されているように w_0 および z_0 を用い $\pi^{\frac{3}{2}} w_0^2 z_0$ で決定できるが，FCSの相関関数(相関カーブ)はさまざまな要因に影響を受けることがわかっている．例えば，ピンホールの調整位置(共焦点位置からのずれ)，170 μm のカバーガラス厚に対する製品のばらつきによる10 μm 程度の厚さ

の違い，試料溶液と対物レンズ上の液浸溶液の 1.3 と 1.38 程度の屈折率の相違，また励起光強度に依存する蛍光分子の励起飽和状態や三重項準位への遷移は蛍光分子単独の場合と蛍光修飾として使われた場合では異なることがある．当然ながら同じメーカーの同じスペックの対物レンズでも個々の対物レンズによってもその PSF は異なるため，実効体積の大きさは異なってくる．

したがって，相関関数から得られる実効体積も内部・外部要因により影響を受けることを知っておくことは重要である．

繰り返しになるが，拡散時間は実効体積に依存することから，異なる測定装置間や同じ装置でも異なる測定条件（温度，試料溶液の屈折率など）では異なることがある．しかし拡散係数は装置に依存しないため，実験のたびに拡散係数が既知の試料（フルオレセインやローダミン 6G など）を測定して実効体積を決定しておくことは重要である．または，少なくとも拡散係数が既知の色素の拡散時間を求めておくことは必須であることはすでに述べた．

そのための標準的な蛍光色素溶液（例えば，塩基溶媒中のフルオレセインや中性溶媒中のローダミン 6G）と励起光強度を決めておくことで，ピンホール調整の不備やカバーガラスの不一致，励起光による飽和状態の相違はある程度回避可能である．

基本的な測定準備としては下記のようになる（詳細は文献[43]など）．

1. 中性溶媒中のローダミン 6G などを用いて，ピンホール調整，対物レンズに補正環がある場合にはその調整を行う．
2. この時点で相関関数（相関カーブ）が得られているなら，CPM が最大となるレーザーパワーを決める．
3. 1，2 を数回繰り返して調整する．
4. 用いた色素の拡散係数と，式(2.3.17)の 1 成分三次元自由拡散モデルと式(2.3.18)により s と w_0 を決定し，式(2.3.14)の実効体積を求める[xxix]．
5. 次に，目的とする蛍光標識分子の FCS 測定を行い拡散時間を求め，式(2.3.18)および式(2.3.19)を利用することで，目的とする拡散係数が未知の分子の拡散係数または分子半径・分子量を決定可能となる．

以上のように Stokes–Einstein の式を用いると，FCS 測定から得られる拡散時間をもとに溶液中の流体力学的半径（または分子量）を知ることが可能であるが，常に

[xxix] 以上の過程は，対物レンズに最適なカバーグラス，液浸溶液を前提としている．

第 2 章　光子相関分光法

何らかの基準となる基準物質(外部標準)が必要であり重要であることがわかる．次に，精確な FCS による定量的測定法について，2 つ紹介したい．1 つは 2-focus FCS(2f-FCS, dual focus FCS)を用いた拡散係数の決定方法，もう 1 つは標準蛍光色素溶液を用いた実効体積の決定方法である．

・2f-FCS 法

これまでの FCS では対物レンズ上で形成された焦点領域における蛍光色素の出入りによる蛍光強度の揺らぎ測定を基本としていた．それに対して，多点または 2 点の共焦点領域を形成し，その間の色素の拡散時間を測定しようとするユニークな試みである．

基本的な原理は，微分干渉顕微鏡に用いられるノマルスキープリズムを用いて，励起光の 2 種類の偏光(つまり垂直と平行)が試料の焦点面にオーバーラップした 2 点の共焦点領域を形成し，それぞれの共焦点位置での蛍光の自己相関関数と，2 焦点間の相互相関関数を得る方法である[44, 45]．2 点間の距離が外部標準(外部ルーラー，external ruler)となり，2 点間の蛍光色素の拡散時間から，蛍光色素の拡散係数を決定する手法である．この外部標準となる 2 点間の距離は用いるノマルスキープリズムと対物レンズによって一義的に決定されるか，または，実際に蛍光ビーズを用いて確認することが可能である．この距離には何ら機械的な因子がないために次のような利点がある．

1)溶液の屈折率とカバーグラスのミスマッチの影響を受けない．

2)レーザーパワーの影響を受ける光化学反応(光飽和，ブリンキング，消光，3重項移行など)の影響を受けない．

そのため，蛍光標識生体分子の拡散係数を精密に決定することができ，それをもとに，生体分子の流体力学的半径の精密測定と，その変化から立体構造の変化を推定することが可能となる．

その一方で，装置的には，励起光の 2 種類の偏光(つまり垂直と平行)の光源を用意する必要がある．さらに両方の励起光と蛍光発光を確実に分けて受光するために，pulsed inter-leaved excitation, (PIE)と呼ばれる 50 ps のパルスレーザーで片方ずつ励起，検出を 40 MHz で繰り返す手法を用いている．

当然，検出についても交互にデータを取得するために，time-tagged time-resolved(TTTR)mode と呼ばれるやや高度なシステムを必要とする．

通常の FCS が共焦点顕微鏡のシステムに相関器だけで測定が可能であることに比較すると，パルスレーザーの追加や検出器などへの付加装置が必要とされること

2.3 蛍光相関分光法

が大きな負担となる.

・標準蛍光色素溶液法

通常の FCS の実効体積の大きさや形はさまざまな要因で影響を受けることは前に述べた. 一方で, FCS で得られるもう一つのパラメータである分子数は実効体積の容積には依存するが, 実効体積の形には依存しない. そこで濃度既知の標準蛍光色素溶液を外部標準とし, FCS で得られる分子数(粒子数)と式(2.3.15)から実効体積の大きさが決定可能となる.

これまで市販され入手可能な標準蛍光色素溶液はなかったが, 2003 年から米国国立標準技術研究所(National Institute of Standards and Technology)から Fluorescein ホウ酸水溶液(Standard Reference Material® 1932, SRM1932)[46]が利用可となり, 現在国内でも市販品として Invitrogen 社などから入手可能となった.

理論的にはフルオレセイン色素溶液の拡散係数をもとに, 式(2.3.17)と(2.3.18)から w_0 が決定される. 拡散係数から w_0 を決定するこの方法では, 実効体積の形が理論通りのガウシアン形状であれば正確な見積りが可能[47]であるが, 特に高 NA の対物レンズを使用した場合には実効体積の形状が理論からずれ, 自己相関関数のゆがみの原因となり正確な実効体積が求められない[48]. 一方で, この SRM1932 標準蛍光色素溶液を用いることの大きな特徴は, FCS で得られる分子数と標準蛍光色素溶液にあらかじめ示されている濃度から直接実効体積を決定し, その後の実際の測定の蛍光色素や蛍光標識生体分子の濃度測定が可能となる簡便さにある[49]. また, SRM1932 は計量学的に定められた手順で濃度値が決定された「認証標準物質」であるため, 装置の校正手段としても適している.

この SRM1932 の利用にあたっては, 分子数に影響を与える光化学反応の影響を適切に評価するために, 励起光強度の変化に対して, 蛍光発光強度と CPM は比例し, しかし分子数(N)は変化せず一定である励起光強度の範囲を事前に調べておく必要がある. 対物レンズ上での励起光強度は約 5 µW 以下となることに注意が必要である. その他, 蛍光分子のチューブやガラス表面への吸着防止[xxx], 希釈時のバッファーや希釈方法[xxxi] の精密さに注意が必要である.

[xxx] 低吸着のチップやチューブで, 色素の性質に合ったものを推奨. 例:住友ベークライト社のプロテオセーブシリーズや Axygen 社の maximum recovery tube など.

[xxxi] 希釈バッファーについては, フルオレセインが中性酸性では光特性が変化するので, アルカリ性での保存が必要. SRM1932 の認証書が参考となる.

103

第 2 章　光子相関分光法

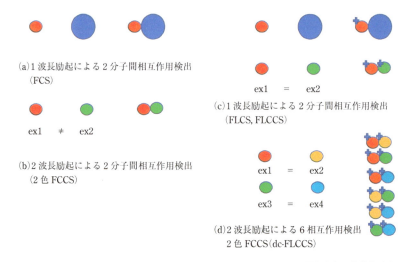

図 2.3.6　蛍光相関分光法で利用する蛍光波長と分子間相互作用の数
(a) 1 波長励起による 2 分子間相互作用検出 (FCS), (b) 2 波長励起による 2 分子間相互作用検出 (2 色 FCCS), (c) 1 波長励起による 2 分子間相互作用検出 (FLCS, FLCCS), (d) 2 波長励起による 6 相互作用検出 2 色 FCCS (dc-FLCCS). ✚は蛍光寿命の変化を示す.

C.　分子間相互作用検出

(1) 1 波長励起による 2 分子間相互作用検出 (FCS, Pol-FCS)

生体分子はさまざまな複合体や相互作用を通して機能を発揮している. FCS で解析するためにはその相互作用の様子を分子量変化として捉え, 分子量変化を見積もるための拡散時間の変化か, 複合体形成による CPM の変化を利用する. 蛍光色素標識分子同士の相互作用なら分子量変化と CPM の変化を同時に見ることができ, 比較的単純である.

しかし, 蛍光標識分子に対して無標識の分子が結合する場合には, 原理的には CPM の変化がなく (これはこれで一つの重要な情報であるが), 拡散時間の変化を比較することになる (**図 2.3.6**(a)).

まず, 拡散係数の変化と分子量の関係は Stokes–Einstein の式 (2.3.19) で下記のように示される.

$$D_\mathrm{T} = \frac{k_\mathrm{B} T}{6\pi \eta R_\mathrm{h}} \quad (2.3.19)$$

一方で, Pol-FCS から測定される回転拡散係数は **Stokes–Einstein–Debye の式**とし

て

$$D_R = \frac{k_B T}{8\pi\eta R_h^3} \tag{2.3.35}$$

で示される. 拡散係数(D)とFCSで得られる拡散時間(τ)の関係式(2.3.18)を合わせてみると, それぞれ

$$\tau_T \propto R_h \tag{2.3.36}$$
$$\tau_R \propto R_h^3 \tag{2.3.37}$$

つまり, 並進拡散時間(τ_T)は分子の流体力学的半径(R_h)に依存し, 回転拡散時間(τ_R)は半径の3乗, つまり分子の体積に比例する. つまり分子量変化に直接比例することを示している.

　これからわかるように, Pol-FCSの特徴は回転拡散係数を測定することで分子量変化を精密に解析できる点である. 2.3.4項Aに記したように, Pol-FCSは励起光になるレーザー光源を偏光させるための偏光板を挿入して, 検出器側にも平行または直交の偏光板を挿入することで構成される. 一般のFCS測定における蛍光色素や蛍光色素標識分子の並進拡散時間は数十マイクロ秒以上であり, 回転拡散の緩和時間は数百ピコ秒から数ナノ秒程度で相関関数上では分離可能である. ただしPol-FCS測定のような高時間分解能測定ではピコ秒から数ナノ秒領域に検出器の不感時間(dead time), アフターパルス成分, ショットノイズなどがあり, その分離には2台の光検出器(APDやPMT)よるHanbury Brown and Twiss干渉型の蛍光検出系を構築し, 2つの検出器シグナルの相互相関関数(CCF)を得ることで除去することが不可欠になる.

(2) 2波長励起による2分子間相互作用検出(2色FCCS)
　蛍光相関分光法の原理は, 通常の共焦点レーザー顕微鏡の焦点領域に相当する極微小領域での観測を基本としている. 溶液中や細胞内の分子はブラウン運動というランダムな拡散運動をしているため, この極微小な焦点領域ではこのブラウン運動により, 絶えず出入りする蛍光分子により蛍光強度揺らぎを引き起こす. FCSはこの揺らぎの速さの変化から相互作用を検出するといえる. 一方, FCCSは2種類の蛍光色素の蛍光強度揺らぎの同時性から, 2種類の分子の「時間的・空間的同時性」, すなわち「相互作用」を直接求める方法である(図2.3.6(b)). 蛍光標識した生体分子を対象としているが, 生体内で, ほぼ実時間内に生体分子の相互作用を求めることが可能な唯一の方法といっても過言ではない.

第 2 章 光子相関分光法

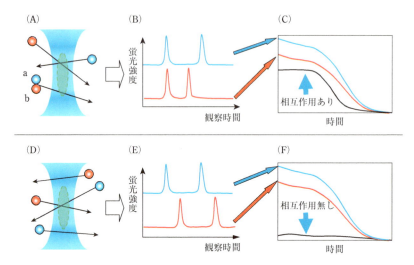

図 2.3.7 蛍光相互相関分光法(FCCS)の模式図
(A), (D)FCCSの観察領域を通過する2種類の蛍光分子の動き. (B), (E)観察される蛍光強度変化. (C), (F)蛍光強度シグナルから求められる蛍光自己相関関数(赤, 青)と相互相関関数(黒).

　FCCSの厳密な原理についてはすでに述べた(2.3.3項B). また詳細な説明に関しては, 他の文献など[50])を参考にしていただき, ここでは図 2.3.7 をもとに定性的に説明を行う. 相互作用をすると考えられる生体分子(a, b)を用意し, 各々2種類の蛍光色素で標識し, それぞれ緑色蛍光標識分子と赤色蛍光標識分子とする. 緑色または赤色に蛍光標識された分子が直接結合または同一の複合体に含まれている場合, 2種類の蛍光色素は測定領域に同時に出入りし(図 2.3.7(A)), 結合の強さに従って緑色蛍光と赤色蛍光の強度変化は同時に検出される確率が高くなる(図 2.3.7(B)). この同時性の強さを表したのが式(2.3.25)の相互相関関数であり, 同時性の確率が高いと相互相関の振幅は大きくなる(図 2.3.7(C)). 反対に, 2種類の蛍光標識分子が相互作用しないときは, それぞれの蛍光色素がランダムに測定領域に入るために(図 2.3.7(D))各々の蛍光強度変化と(図 2.3.7(E))それに従って蛍光自己相関関数は得られるが, 一方で, 2つのシグナルが同時に検出される可能性は低く, したがって, 相互相関関数は小さくなる(図 2.3.7(F)).

　本項で述べたFCCSはFCSから発展し, 分子運動の変化ではなく相互相関関数を利用することで2種類のシグナルの空間的ならびに時間的同時性を利用して生細胞内での分子間相互作用を評価する手法である. しかし, その特性に由来する2つの弱点が存在する. 1つは, 2色の蛍光分子の発光波長のcrosstalk(混線)である.

特に短波長側の蛍光発光が長波長側の検出器に漏れることで発生する"偽陽性"（false-positive）と呼ばれる偽の相互相関関数現象である．もう１つは光を回折限界まで集光することで顕著になる短波長側と長波長側の色収差による不完全な焦点領域の不一致に由来する相互相関シグナルの低下である．各顕微鏡メーカーはこの色収差などに関しては多大な努力をしているが，完全には除くことができない（補正することができない）のが現状である．特に生細胞イメージングなどでは，細胞内外の溶媒（ガラス，細胞培養液，細胞質，細胞内小器官など）の屈折率の違いによる散乱光や測定時の迷光などの背景光の影響も考慮しなくてはならない．これらは相互相関関数へ影響を与え，その補正の一部については報告されている[51]．

しかし，蛍光現象がもつ一つの特徴である蛍光寿命に注目することで，発光波長の crosstalk 部分や，散乱光，検出器由来のノイズを除去し，シグナル低下を防ぐ手段として蛍光寿命 FCS/FCCS（FLCS, FLCCS）がある．

(3) １波長励起による２分子間相互作用検出（FLCS, FLCCS）

FCCS は波長の異なる２つの蛍光（２色蛍光）を利用しているが，２色の色の違い，すなわち波長の違いで蛍光分子種を区別するのではなく，２つの蛍光分子の蛍光寿命の差異を利用する方法が蛍光寿命 FCS または FCCS である（**図 2.3.6**(c)）．

蛍光分子は散乱光とは異なり，励起光と蛍光発光の間に蛍光寿命という励起状態の時間が存在する．この蛍光寿命は一般に数ナノ秒の時間を有し，したがって FCS で測定される並進拡散時間のマイクロ秒以上の時間領域とは区別され，またバックグラウンドとして見なされる散乱光や検出器のアフターパルス成分，ショットノイズも区別可能である．これを応用したものが当初，time-resolved FCS と呼ばれた[52]．この手法は２色の蛍光色素間に区別しうる蛍光寿命の違いがあれば，１波長励起で同じ発光波長であっても，どの蛍光色素由来の蛍光シグナルであるかを区別（filtered）することができる．この手法は蛍光寿命の違いにより多種の蛍光分子を区別する可能性があることから，当初から２色の蛍光色素を用いた FCCS にも同じように応用可能であることが考えられた．

FCS の一つの特徴は CW レーザーを用いることであるが，超短パルスレーザーを用いた time-resolved FCS は現在では**蛍光寿命相関分光法**（fluorescence lifetime correlation spectroscopy, **FLCS**）と呼ばれる．これは FCS 測定と同時に時間分解蛍光寿命測定を行う手法である．パルス光源としてはピコ秒あるいはフェムト秒レーザーを使用する．パルスレーザーで励起され発光する蛍光は，TCSPC（time correlated single photon counting）モジュールと呼ばれる装置でナノ秒スケールの蛍光寿

第 2 章　光子相関分光法

命減衰とマイクロ秒以上の蛍光分子が共焦点領域を出入りすることによる蛍光強度揺らぎが同時に得られる[53].

　蛍光分子の蛍光寿命がその周囲環境に応じて影響を受ける場合は，蛍光寿命の違いで蛍光分子の動きを分離し計測が可能である．すなわち 2 種類の蛍光寿命があり，かつ，その蛍光寿命の違いや蛍光寿命減衰の仕方に特徴があるならば，その特徴に従って重み付ける（または filterd 化する）ことで，1 つのシグナルから 2 つの成分を分離することが可能である[22].

　例えば，リン脂質平面相（supported phospholipid bilayers）支持膜と水層に分散する small unilamellar vesicles（SUVs）に含まれる蛍光分子の蛍光寿命の違いから，脂質相における蛍光分子の拡散係数を決定した報告がある[54].

　生体分子構造変化や生体分子相互作用の検出によく利用されている蛍光法の一つとして FRET が知られている．FRET は，蛍光ドナー分子とアクセプター分子間のエネルギー共鳴移動現象が蛍光寿命に与える影響を用いて，生体分子の立体構造変化や生体分子間相互作用を検出しているが，FLCS と FRET を組み合わせることで生命科学の分野で多くの報告がある[22,55-57].　近年，特に神経変性疾患の原因と見なされている天然変性タンパク質 intrinsically disordered proteins（IDPs）研究への応用が期待されている[58,59].

　FCCS の大きな特徴は分子間相互作用を直接検出可能なことである．2 種類の生体分子をそれぞれ区別するために，異なる蛍光性タンパク質であるが同じような励起スペクトルを有し，したがって 1 波長励起可能で，しかし蛍光寿命が異なる蛍光性タンパク質の探査が行われ[60]，それを組み合わせることで，1 波長で 2 種類の蛍光タンパク質を励起する **1 波長励起（1 色）FLCCS**（single-color fluorescence lifetime cross-correlation spectroscopy, **sc-FLCCS**）が報告されている．

　この FLCS・FLCCS の装置は，1 波長励起によるレーザー光源ならびに検出器がそれぞれ 1 台で済むことで，収差の問題や色素間のクロストークを防ぐことが大きな特徴である．

（4）2 波長励起による 6 相互作用検出　2 色 FCCS（dc-FLCCS）

　FLCS を行う装置としては時間相関単一光子計数（time-correlated single photon counting, TCSPC）システムの構築のために，まず繰り返し周波数が安定かつ時間幅が短いパルス光源と単一光子レベルのピコ秒程度の時間分解検出器，ならびに全体を制御するソフトが必要である．dc-FLCCS となると，光源ならびに検出器はそれぞれ 2 台必要となる．システム構築だけでなく，2 色の蛍光を利用するときの懸念

としては色収差の問題が再発する.

しかし,sc-FLCCS を用いて 1 波長励起で 2 種類の蛍光標識タンパク質の相互作用を検出できることのその発展の先には当然,2 色 FCCS のように dc-FLCCS が考えられる[60].同時に 4 種類の生体分子間の 6 つの相互作用を生細胞内で一度に解析可能なことは,細胞生物学の分野では非常に魅力的であろう(図 2.3.6(d)).

D. FCS と DLS

生体分子の水溶液中での拡散状態から水和半径を明らかにする手法としては,FCS 以外に DLS や NMR,超遠心法などがある.ここでは,同じ光を利用した測定であり,データ処理に相関解析を利用する DLS との比較に簡単に言及しておきたい.

DLS の特徴としては溶液中の分子の移動(振動)に起因する光の散乱とその干渉を利用していることである.散乱光強度変化の評価のために相関解析を利用していることは FCS と同じである.しかし,FCS と異なる DLS の大きな特徴は,対象とする分子を非標識のまま分子の拡散動態を精密に解析できることである.精製した生体分子が比較的潤沢に得られる場合には測定は容易であるが,生細胞内の夾雑条件下や細胞由来の粗精製試料などでは散乱光の由来が一つではない(つまり 1 種類の生体分子ではない)ので,その解析はきわめて困難となる.蛍光測定である FCS/FCCS はその点,蛍光色素による特異的な標識により,目的分子以外からのシグナルを抑えている.標識は利点でもあり,弱点でもある.

散乱強度は分子半径に比例するために,分子半径が 100 nm 以下では測定がやや困難になってくる.また,散乱光強度は分子数に依存するのではなく,分子からの散乱光の干渉に依存するために,FCS で得られる分子数の情報は得られない.

一般に,試料濃度と測定時間は逆比例になる.したがって,単純に比較はできないが,DLS と FCS を比較すると,DLS に必要な試料濃度は mM 以上と比較的濃く,FCS に必要な濃度は μM 程度かそれ以下の比較的薄い希薄溶液が測定対象となっている.

タンパク質は溶液中で高濃度になると凝集を起こしたりするために,これまでは希薄濃度での測定が求められてきたが,近年,生細胞内で核酸やタンパク質がある濃度になると種々のタンパク質を巻き込みながら液滴様の構造をつくる液液相分離現象(liquid-liquid phase separation)が見つかってきた.つまり,細胞内の生体分子がある領域に高濃度で存在し,何らかの機能を有するこのことは,溶液中での高濃度状態でのタンパク質の集合状態は異常ではなく,天然状態の一つとして認識され

第 2 章　光子相関分光法

研究対象となり，DLS，FCS の測定対象として，新たな展開が期待されている．

E.　アドバンス FCS・FCCS

　この章では，FCS/FCCS の相関分光としての基本的な内容を中心に述べてきた．分光学的な視点からは，観察光として 1 波長(1 色)にするか 2 波長(2 色)にするかにより測定から得られる生命科学分野の情報は格段に多くなることがわかった．したがって，蛍光測定における励起方法を wide field から near field にすることや，1 光子励起だけでなく，多光子励起や light sheet などの例については重要であるが，その分野の急速な広がりから筆者らの範囲を越えていることを危惧する．しかし基本的な時間領域の相関分光としては同じであるため，本節が助けになることを期待している．

　また，細胞生物分野ではなじみの深い蛍光画像の中から，情報を抽出する image correlation spectroscopy(ICS)と呼ばれる画像相関や N & B(分子数・蛍光強度解析)に関しても，ここでは述べなかったが，相関解析の立場からは時間領域を空間領域に変換したと考えることができ，同じ解析方法といえる．

　また，非常にユニークな二次元蛍光寿命相関分光 two-dimensional fluorescence lifetime correlation spectroscopy による生体分子のダイナミクス計測に関しては，章末のコラムの解説を参考にしていただきたい．

　最後に，FCS の相関関数では拡散時間と蛍光寿命の間にある時間領域の，励起一重項状態(S1)から励起三重項状態への移行による蛍光強度消光を利用することによる分子の構造変化の検出についても，生命科学分野への応用が進んできている[19, 61–63]．

　この章を終えるにあたり，FCS を創成した黎明期から共焦点系光学系を利用した FCS・FCCS のルネッサンスを生み出し，これまでもさまざまな FCS・FCCS 関連研究を支えてきた R. Rigler 博士の言葉を紹介したい．

The only limitation of FCS is your own imagination.
（Rudolf Rigler）

補足：FCS のデータ解析について

　読者の中には FCS や FCCS などを使ってみたいが，装置の構築や購入などにあたりハードルの高さを感じる人もいるかもしれない．また，実際の FCS 測定にお

いて，どの程度の相関関数の変化が見込まれるのかなど，事前に知っておくことは有用である．

また，一度測定したデータでも，再解析が必要になる場合など，自分で数値計算ソフトを利用することも可能であるが，下記のサイトに FCS 関連のソフトがあり，それを利用することも可能である．それぞれの管理や維持の状況によりアクセス状態に変化があるが参考にしてほしい．

QuickFit 3
https://github.com/jkriege2/QuickFit3

PyCorrFit 1.1.7
https://pycorrfit.readthedocs.io/en/stable/index.html
https://pycorrfit.readthedocs.io/en/stable/sec_getting_started.html
https://github.com/FCS-analysis/PyCorrFit

ImFCS ImageJ Plugin
https://www.dbs.nus.edu.sg/lab/BFL/imfcs_image_j_plugin.html
https://www.dbs.nus.edu.sg/lab/BFL/confocal_FCS.html

Globals Software - Laboratory for Fluorescence Dynamics
https://www.lfd.uci.edu/globals/

参考文献

1）D. Magde, W. W. Webb, and E. Elson, *Phys. Rev. Lett.*, **29**, 705–708（1972）

2）R. Rigler and E. Elson, *Springer Ser. Chem. Physics.*, **65**, 1–6（2001）

3）E. S. Y. Tetin, *Methods Enzymol.*, **518**, 2–285（2013）

4）E. S. Y. Tetin, *Methods Enzymol.*, **519**, 2–325（2013）

5）C. H. Eggeling, Christian, *Methods*, **140–141**, 1–222（2018）

6）山本条太郎，北村朗，金城政孝，生物物理，**59**, 125–131（2019）

7）E. L. Elson and D. Magde, *Biopolymers*, **13**, 1–27（1974）

8）S. R. Aragon and R. Pecora, *J. Chem. Phys.*, **64**, 1791–1803（1976）

9）北村朗，白燦基，金城政孝，"FCS 解析の実際" in 新・生細胞蛍光イメージング，

共立出版(2015)，pp. 202–212

10）山本条太郎，金城政孝，"蛍光相関分光法の基礎" in 新・生細胞蛍光イメージング，共立出版(2015)，pp. 193–201

11）C. T. Culbertson, S. C. Jacobson, and J. Michael Ramsey, *Talanta.*, **56**, 365–373(2002)

12）M. Tiwari, S. Oasa, J. Yamamoto, S. Mikuni, and M. Kinjo, *Sci. Rep.*, **7**, 4336(2017)

13）T. Kogure, S. Karasawa, T. Araki, K. Saito, M. Kinjo, and A. Miyawaki, *Nat. Biotechnol.*, **24**, 577–581(2006)

14）P. Schwille, F. J. MeyerAlmes, and R. Rigler, *Biophys. J.*, **72**, 1878–1886(1997)

15）S. Oasa, S. Mikuni, J. Yamamoto, T. Kurosaki, D. Yamashita, and M. Kinjo, *Sci. Rep.*, **8**, 7488(2018)

16）V. Vukojević, A. Pramanik, T. Yakovleva, R. Rigler, L. Terenius, and G. Bakalkin, *Cell., Mol. Life Sci.* **62**, 535–550(2005)

17）M. Ehrenberg and R. Rigler, *Chem. Phys.*, **4**, 390–401(1974)

18）J. Widengren, U. Mets, and R. Rigler, *J. Phys. Chem.*, **99**, 13368–13379(1995)

19）A. Kitamura, J. Tornmalm, B. Demirbay, J. Piguet, M. Kinjo, and J. Widengren, *Nucleic Acids Res.*, **51**, e27–e27(2023)

20）T. Schröder, J. Bohlen, S. E. Ochmann, P. Schüler, S. Krause, D. C. Lamb, and P. Tinnefeld, *Proc. Natl. Acad. Sci. USA*, **120**, e2211896120(2023)

21）C. Dong, H. Liu, and J. Ren, *Langmuir.*, **30**, 12969–12976(2014)

22）A. Ghosh, N. Karedla, J. C. Thiele, I. Gregor, and J. Enderlein, *Methods*, **140–141**, 32–39(2018)

23）山本条太郎，金城政孝，細胞，**53**, 385–389(2021)

24）J. Yamamoto, M. Oura, T. Yamashita, S. Miki, T. Jin, T. Haraguchi, Y. Hiraoka, H. Terai, and M. Kinjo, *Opt. Express*, **23**, 32633–32642(2015)

25）M. Oura, J. Yamamoto, H. Ishikawa, S. Mikuni, R. Fukushima, and M. Kinjo, *Sci. Rep.*, **6**, 31091(2016)

26）J. Yamamoto, A. Matsui, F. Gan, M. Oura, R. Ando, T. Matsuda, J. P. Gong, and M. Kinjo, *Sci. Rep.*, **11**, 10594(2021)

27）C. Pack, K. Aoki, H. Taguchi, M. Yoshida, M. Kinjo, and M. Tamura, *Biochem. Biophys. Res. Commun.*, **267**, 300–304(2000)

28）C. Pack, K. Saito, M. Tamura, and M. Kinjo, *Biophys. J.*, **91**, 3921–3936(2006)

29）S. Hihara, C.-G. Pack, K. Kaizu, T. Tani, T. Hanafusa, S. Nozaki, S. Takemoto, T. Yoshimi, H. Yokota, N. Imamoto, Y. Sako, M. Kinjo, K. Takahashi, T. Nagai, and K. Maeshima, *Cell Rep.*, **2**, 1645–1656(2012)

30）T. Krouglova, J. Vercammen, and Y. Engelborghs, *Biophys. J.*, **87**, 2635–2646(2004)

2.3 蛍光相関分光法

31) S. Basak and K. Chattopadhyay, *Langmuir.*, **29**, 14709–14717 (2013)

32) J. Yamamoto and A. Sasaki, *Appl. Sci.*, **11**, 6744 (2021)

33) T. Niwa, K. Nakazawa, K. Hoshi, H. Tadakuma, K. Ito, and H. Taguchi, *Front. Mol. Biosci.*, **9**, 891128 (2022)

34) M. Kinjo and R. Rigler, *Nucleic Acids Res.*, **23**, 1795–1799 (1995)

35) M. Kinjo, *Biotechniques*, **25**, 706–715 (1998)

36) S. Björling, M. Kinjo, Z. Földes-Papp, E. Hagman, P. Thyberg, R. Rigler, S. Bjorling, M. Kinjo, Z. Foldes-Papp, E. Hagman, P. Thyberg, and R. Rigler, *Biochemistry*, **37**, 12971–12978 (1998)

37) A. Sasaki and M. Kinjo, *J. Control. Release*, **143**, 104–111 (2010)

38) A. Sasaki, J. Yamamoto, T. Jin, and M. Kinjo, *Sci. Rep.*, **5**, 14428 (2015)

39) A. Masuda, K. Ushida, G. Nishimura, M. Kinjo, M. Tamura, H. Koshino, K. Yamashita, and T. Kluge, *J. Chem. Phys.*, **121**, 10787–10793 (2004)

40) A. Masuda, K. Ushida, and T. Okamoto, *Biophys. J.*, **88**, 3584–3591 (2005)

41) A. Masuda, K. Ushida, and T. Okamoto, *Phys. Rev. E - Stat. Nonlinear, Soft Matter Phys.*, **72**, 060101 (2005)

42) S. R. Yu, M. Burkhardt, M. Nowak, J. Ries, Z. Petrasek, S. Scholpp, P. Schwille, and M. Brand, *Nature*, **461**, 533–536 (2009)

43) S. A. Kim, K. G. Heinze, and P. Schwille, *Nat. Methods*, **4**, 963–973 (2007)

44) T. Dertinger, V. Pacheco, I. Von Der Hocht, R. Hartmann, I. Gregor, and J. Enderlein, *Chem. Phys. Chem.*, **8**, 433–443 (2007)

45) C. Pieper, K. Weiß, I. Gregor, and J. Enderlein, "Dual-focus fluorescence correlation spectroscopy" in *Methods in Enzymology*, Academic Press, Cambridge, vol. 518, 175–204 (2013)

46) (available at https://tsapps.nist.gov/srmext/certificates/1932.pdf)

47) S. Rüttinger, V. Buschmann, B. Krämer, R. Erdmann, R. MacDonald, and F. Koberling, *J. Microsc.*, **232**, 343–352 (2008)

48) S. T. Hess, and W. W. Webb, *Biophys. J.*, **83**, 2300–2317 (2002)

49) A. Sasaki, J. Yamamoto, M. Kinjo, and N. Noda, *Anal. Chem.*, **90**, 10865–10871 (2018)

50) K. Bacia, and P. Schwille, *Nat. Protoc.*, **2**, 2842–2856 (2007)

51) J. Ries, Z. Petrášek, A. J. García-Sáez, and P. Schwille, *New J. Phys.*, **12**, 113009 (2010)

52) M. Bohmer, M. Wahl, H. J. Rahn, R. Erdmann, and J. Enderlein, *Chem. Phys. Lett.*, **353**, 439–445 (2002)

53) J. Enderlein, and I. Gregor, *Rev. Sci. Instrum.*, **76**, 033102 (2005)

54) A. Benda, V. Fagul'ová, A. Deyneka, J. Enderlein, and M. Hof, *Langmuir.*, **22**, 9580–

113

9585(2006)

55）E. Sisamakis, A. Valeri, S. Kalinin, P. J. Rothwell, and C. A. M. Seidel, *Methods Enzymol.*, **475**, 455–514（2010）

56）P. Kapusta, R. Macháň, A. Benda, and M. Hof, *Int. J. Mol. Sci.*, **13**, 12890–12910（2012）

57）S. Felekyan, S. Kalinin, H. Sanabria, A. Valeri, and C. A. M. Seidel, *Chem. Phys. Chem.*, **13**, 1036–1053（2012）

58）B. Schuler, *J. Chem. Phys.*, **149**, 010901（2018）

59）A. Ghosh and J. Enderlein, *Curr. Opin. Struct. Biol.*, **70**, 123–131（2021）

60）M. Štefl, K. Herbst, M. Rübsam, A. Benda, and M. Knop, *Biophys. J.*, **119**, 1359–1370（2020）

61）J. Tornmalm and J. Widengren, *Methods*, **140–141**, 178–187（2018）

62）K. Kawai and A. Maruyama, *Chem. - A Eur. J.*, **26**, 7740–7746（2020）

63）H. Takakura, Y. Goto, A. Kitamura, T. Yoshihara, S. Tobita, M. Kinjo, and M. Ogawa, *J. Photochem. Photobiol. A Chem.*, **408**, 113094（2021）

● コラム　　二次元蛍光寿命相関分光法

　第2章では，光強度の時間揺らぎの相関関数を利用する光子相関分光法について見てきた．一方，次の第3章および第4章では，スペクトル波長の間の相関を二次元マップで表現する解析・実験手法を扱う．本書の趣旨はこれらの手法を相関分光法という枠組みで一体的にとらえることにあるが，実際の相関の使われ方という意味では，第2章と第3章・第4章の内容に大きな差があるように見えるのは確かである．そこでこんな疑問が湧いてこないだろうか．つまり，光子相関分光法に後者の二次元（相関）分光法の手法を取り入れられないだろうか，と．

　2.3.3項Bで説明した蛍光相互相関分光法（FCCS）は，この疑問に対するヒントを与える．FCCSでは2点の波長における蛍光強度を用いて，式(2.3.25)のように時間相関関数を定義する．この式は見方を変えると，第3章・第4章で登場する波長－波長二次元マップ表示において，マップ上の（使用した波長値の対で座標が指定される）ある1点の強度を与えていると見なせる．この考え方を推し進めると，FCCSで検出する2つの波長を連続的にスキャンしながら

測定を繰り返せば，波長分解した二次元蛍光相互相関マップを作れることがわかる．このマップは式(2.3.25)のτの値によって変化するから，時間相関関数としての性質も保持している．したがって，上記の疑問に対する一つの回答になっているといえるだろう．

二次元蛍光寿命相関分光法（2D-FLCS）[xxxii] は，この考えに基づき考案された発展的なFCS関連手法である（ただし，スペクトル波長の代わりに蛍光寿命を用いて二次元マップを作るので，2.3.4項C(3)のFLCSの発展形ともいえる）．2D-FLCSでは蛍光寿命を生体分子の構造プローブとして利用する．パルスレーザーを用いて測定された光子データから蛍光寿命の二次元相関マップを作成し，その変化を遅延時間τを変えながら調べる．測定対象に外部から摂動を与えなくても，平衡状態にある複数の構造間の遷移速度を高い時間分解能で計測できるため，生体分子の構造ダイナミクスのユニークな研究手段として期待されている．

2D-FLCSの原理はある意味で，本書で取り上げたさまざまな相関分光法のエッセンスを集めたものになっている．異分野の技術の背後にある発想を学ぶことの重要性を示す好例といえないだろうか．

[xxxii] 石井邦彦，田原太平，日本物理学会誌，**72**, 854 (2017).

第3章 二次元相関分光法

本書ではさまざまな相関分光法について，それぞれ章を分けて解説を行っているが，それらの多くが実験手法に基づく分類となっている．それらと比較して本章で扱う**二次元相関分光法**(two-dimensional correlation spectroscopy, **2D-COS**)[1-3]は，実験データの解析手法なので，どのような実験手法に対しても応用が可能である．二次元相関分光法は最初，高分子フィルムに周期的な微小引っ張りを与えながら連続測定した，偏光赤外スペクトルのデータセットの解析に用いられた[4]．これにより，高分子の各官能基に帰属される偏光赤外信号の，加振による変化の相関が波数 − 波数二次元面にマッピングされた．今日では試料に与える外部摂動が周期的である必要がなく，また，プローブする機器分析も分光スペクトルデータに限定されないことから，さまざまな摂動の元で測定されたさまざまな機器分析データの解析に二次元相関分光法が使われている．

3.1 ■ 二次元相関分光法の概念

図 3.1.1 を用いて二次元相関分光法の概念を説明する．分光分析では試料に何らかのプローブ光を入射し，透過，反射，あるいは散乱した光を検出して分光する．このとき試料に何らかの外部摂動を与えながら分光スペクトルを連続的に測定すると，外部摂動に応答する試料の変化をスペクトルの変化として捉えることができる．このスペクトルの変化を動的スペクトルに変換し，相関解析を行って二次元相関スペクトルを得る．

このときのプローブ光はどのようなエネルギー帯でも構わないし，検出方法にも制限はない．例えば赤外透過スペクトル，可視反射スペクトル，蛍光発光スペクトル，ラマン散乱スペクトルなどが考えられる．また，プローブする機器分析は分光法である必要もなく，質量分析，分離分析，熱分析，電気分析などであっても構わない．

試料に与える外部摂動は，引っ張りや圧縮のような力学的な刺激だけでなく，電場，磁場，光照射，加熱など，さまざまなものが考えられる．あるいは，化学反応を開始させた直後からの時間追跡や，一定間隔の濃度順に並べた試料を順次測定す

117

第 3 章 二次元相関分光法

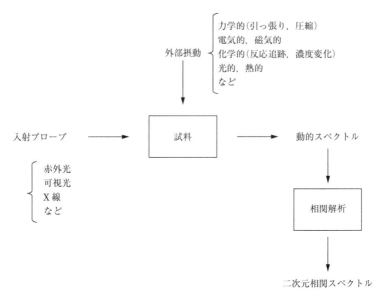

図 3.1.1 二次元相関分光法の概念図

図 3.1.2 二次元相関分光法に用いるデータセットの構造

る方法で得た機器分析データでも二次元相関分光法による解析が可能である.

ここで,波長や波数のようなスペクトル変数 v に対して吸光度や発光強度のような信号強度 y を測定した分光スペクトル $y(v)$ を考えよう.本章ではあえて $y(v)$ を「スペクトル」と呼ぶことにするが,保持時間に対するクロマトグラムや散乱角に対する散乱強度プロファイルといったスペクトル以外のデータを扱ってもよい.外部摂動 t ($T_{min} \leq t \leq T_{max}$) に誘起されて変化するスペクトルの波形を $y(v,t)$ とすると,二次元相関分光法で扱うデータセットは,スペクトル変数 v を行方向(横方向)に,摂動変数 t を列方向(縦方向)に並べた**図 3.1.2** のような二次元配列(行列)にしておくとよい.一般に,スペクトル変数の数は摂動変数の数より多くなる傾向があ

り，このとき，データセットは横長の構造となる．これを転置して，摂動変数を行方向に，スペクトル変数を列方向に並べた縦長の二次元配列を扱っても構わないが，以降の式で表現が変わるので注意が必要である．

3.2 ■ 動的スペクトル

相関解析を行う前に，測定スペクトルのデータセット $y(v,t)$ は次の**動的スペクトル** $\tilde{y}(v,t)$ に変換しておく．

$$\tilde{y}(v,t) = \begin{cases} y(v,t) - \bar{y}(v) & T_{\min} \leq t \leq T_{\max}\text{のとき} \\ 0 & \text{その他} \end{cases}$$

ここで $\bar{y}(v)$ は**参照スペクトル**であり，多くの場合，次の平均スペクトルが用いられる．

$$\bar{y}(v) = \frac{1}{T_{\max} - T_{\min}} \int_{T_{\min}}^{T_{\max}} y(v,t)\mathrm{d}t$$

参照スペクトルとして平均スペクトルを用いると，各スペクトル変数 v における動的スペクトル $\tilde{y}(v,t)$ の摂動 t 方向の平均が0となり，ケモメトリックスや機械学習において各特徴量でセンタリングを行うことと同じになる．これは，多次元空間に散らばったデータを原点まわりに写像することに対応する．

場合によっては参照スペクトルとして，平均スペクトルではなく，ある摂動変数 $t = T_{\mathrm{ref}}$ におけるスペクトル $y(v, T_{\mathrm{ref}})$ を選ぶこともある．例えば，測定開始時 $t = T_{\min}$ や測定終了時 $t = T_{\max}$ におけるスペクトルを参照スペクトルとして選んでもよい．あるいは0信号スペクトル $y(v) = 0$ を参照スペクトルとして用いることもあり，そのときは測定スペクトル $y(v,t)$ がそのまま動的スペクトル $\tilde{y}(v,t)$ になる．参照スペクトルの選び方によってそれぞれ解析上のメリットが得られることもあるが，最もよく選ばれるのは平均スペクトルであり，よりよい解析結果が得られることが多い．以降では平均スペクトルを参照スペクトルとして扱う．

図 3.2.1 に動的スペクトルの計算例を示す．**図 3.2.1**(a) は，メチルエチルケトン（butan-2-one）と重水素化トルエンを 1:1 の割合で混合した溶媒に，ポリスチレンを 1.0 wt％の濃度で溶かした溶液を準備し，その溶液を減衰全反射赤外（attenuated total reflection infrared, ATR-IR）プリズムの反射面に塗布して，混合溶媒が蒸発しながらポリスチレンフィルムが成膜される過程を測定した時間依存 ATR-IR スペクトルである．常温における蒸気圧はトルエンよりもメチルエチルケトンの方が高く，ラウールの法則に従ってトルエンよりも先にメチルエチルケトンが多く蒸発するこ

119

第3章 二次元相関分光法

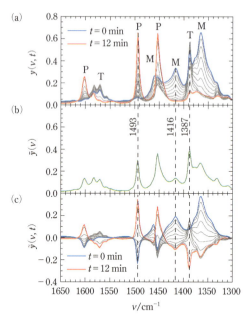

図 3.2.1 動的スペクトルの計算例
(a)解析に用いるスペクトルデータ，(b)参照スペクトル，(c)動的スペクトル．

とが予想される．また，溶媒の蒸発によって溶液中のポリスチレンが濃縮されると，ATR-IR法の特性により，ポリスチレンの信号強度が大きくなると予想される．図 3.2.1(a)において，M，T，Pで示した特徴的な信号はそれぞれ，メチルエチルケトン，重水素化トルエン，ポリスチレンに由来する赤外吸収ピークである．溶媒であるメチルエチルケトン(M)と重水素化トルエン(T)の信号は時間に対して減少しており，溶質であるポリスチレン(P)の信号は時間に対して増加していることが確認できる．図 3.2.1(b)は図 3.2.1(a)に示した測定スペクトル $y(\nu,t)$ から算出した平均スペクトル $\bar{y}(\nu)$ であり，図 3.2.1(c)は測定スペクトル $y(\nu,t)$ から平均スペクトル $\bar{y}(\nu)$ を引いた動的スペクトル $\tilde{y}(\nu,t)$ である．

ここで図 3.2.1 に点線で示した，メチルエチルケトン(M：1416 cm^{-1})，重水素化トルエン(T：1387 cm^{-1})，ポリスチレン(P：1493 cm^{-1})に帰属されるそれぞれの信号強度の変化を外部摂動である時間に対してプロットしてみよう．図 3.2.2(a)と図 3.2.2(b)はそれぞれ，測定スペクトルと動的スペクトルにおける3つの信号強度の時間変化を示している．図 3.2.2(a)は赤外吸収強度の時間変化なのですべて

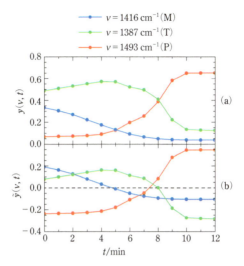

図 3.2.2 図 3.2.1 に示したメチルエチルケトン (M : 1416 cm^{-1}),重水素化トルエン (T : 1387 cm^{-1}),ポリスチレン (P : 1493 cm^{-1}) に帰属される信号強度の時間変化 (a) 測定スペクトルと (b) 動的スペクトルにおける信号強度.

正の値である.それに対して,図 3.2.2(b) に示した動的スペクトル強度の時間変化は摂動方向の平均がそれぞれ 0 であり,原点まわりの変化になっている.別の言い方をすると,動的スペクトルはそれぞれのスペクトル変数における信号変化において,時間方向に変化しない直流成分を差し引き,変化する成分だけを抜き出したスペクトルである.

3.3 ■ 二次元相関分光法の考え方

二次元相関分光法は,図 3.2.2(b) に示したような,あるスペクトル変数 v における正味の信号強度変化 $\tilde{y}$ について,摂動 t 方向に T_{min} から T_{max} の範囲を指定し,異なるスペクトル変数 v_1 と v_2 の間で相関を定量的に求めて,すべての v_1 と v_2 の組み合わせで計算した結果を二次元面にマッピングするデータ解析手法である.

2 つのスペクトル変数 v_1 と v_2 における摂動 t 方向の信号強度変化の相互相関関数を考えよう.

$$X(v_1, v_2) = \langle \tilde{y}(v_1, t) \cdot \tilde{y}(v_2, t') \rangle$$

第3章　二次元相関分光法

このとき，すべての v_1 と v_2 の組み合わせで相互相関関数を計算することで，二次元相関スペクトル $\mathrm{X}(v_1, v_2)$ を得ることができる．ここで虚数単位 $\mathrm{i} = \sqrt{-1}$ を用いて，$\mathrm{X}(v_1, v_2)$ を次のように複素数として扱うことを考える．

$$\mathrm{X}(v_1, v_2) = \Phi(v_1, v_2) + \mathrm{i}\, \Psi(v_1, v_2)$$

この二次元相関スペクトル $\mathrm{X}(v_1, v_2)$ の実部 $\Phi(v_1, v_2)$ と虚部 $\Psi(v_1, v_2)$ はそれぞれ，**同時相関スペクトル**と**異時相関スペクトル**と呼ばれる．同時相関スペクトル $\Phi(v_1, v_2)$ からは v_1 と v_2 における信号強度変化の類似性，あるいは同期性を読み取ることができ，異時相関スペクトル $\Psi(v_1, v_2)$ からはそれらの非類似性，あるいは非同期性を読み取ることができる．

次に，同時相関スペクトル $\Phi(v_1, v_2)$ と異時相関スペクトル $\Psi(v_1, v_2)$ の導出や性質について詳細に説明するが，実践的なデータ解析から理解したい場合は，3.4 節〜3.6 節を飛ばして 3.7 節以降から先に読み始めてもよい．

3.4 ■ 正弦波に対する応答

外部摂動 $\tilde{\varepsilon}(t)$ として一定の周波数 ω をもつ正弦波

$$\tilde{\varepsilon}(t) = \hat{\varepsilon}\sin(\omega t)$$

の刺激を試料に与えたときを考えよう．$\hat{\varepsilon}$ は外部摂動の振幅である．このような正弦波の入力に対するスペクトルの応答 $\tilde{y}(v,t)$ が，同相となる成分 $A'(v)\sin(\omega t)$ と $\pi/2 (= 90°)$ の先行位相をもつ成分 $A''(v)\sin(\omega t + \pi/2) = A''(v)\cos(\omega t)$ によって単振動するとする．

$$\tilde{y}(v,t) = A'(v)\sin(\omega t) + A''(v)\cos(\omega t) \tag{3.4.1}$$

ここで $A'(v)$ と $A''(v)$ はそれぞれ，同相成分と 90° 先行位相成分の振幅である．このとき，同相成分 $g(t) = A'(v)\sin(\omega t)$ は奇関数，90° 先行位相成分 $h(t) = A''(v)\cos(\omega t)$ は偶関数であり，

$$\int_{-\pi}^{\pi} g(t) \cdot h(t)\mathrm{d}t = 0$$

が成り立つので，これらは互いに直交する関数であることがわかる．このような考え方は，動的粘弾性測定における弾性項と粘性項のように，多くの周波数応答の解析で用いられている．

122

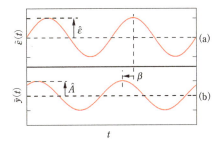

図 3.4.1 (a)正弦波 $\tilde{\varepsilon}(t)$ の入力に対する(b)応答 $\tilde{y}(t)$ の出力の例
ここでは $\beta = 45°$ のときをプロットした.

この単振動する応答を振幅 $\hat{A}(\nu)$ と先行位相 $\beta(\nu)$ を用いて表すと次のようになる.

$$\tilde{y}(\nu,t) = \hat{A}(\nu)\sin(\omega t + \beta(\nu)) \tag{3.4.2}$$

ここで式(3.4.1)と式(3.4.2)において単振動を特徴付ける変数は,それぞれ次の関係がある.

$$\hat{A}(\nu) = \sqrt{A'(\nu)^2 + A''(\nu)^2}$$

$$\beta(\nu) = \tan^{-1}\frac{A''(\nu)}{A'(\nu)}$$

$$A'(\nu) = \hat{A}(\nu)\cos\beta(\nu)$$

$$A''(\nu) = \hat{A}(\nu)\sin\beta(\nu)$$

このような正弦波の入力に対する応答の出力の例として,**図 3.4.1** に $\beta = 45°$ のときをプロットした.

ここで,正弦波に対する応答がそれぞれのスペクトル変数で異なる,すなわち,振幅と位相がそれぞれスペクトル変数の関数であるときの二次元相関スペクトルを求めると,同時相関スペクトルは

$$\begin{aligned}\Phi(\nu_1,\nu_2) &= \frac{1}{2}\hat{A}(\nu_1)\hat{A}(\nu_2)\cos(\beta(\nu_1) - \beta(\nu_2))\\ &= \frac{1}{2}(A'(\nu_1)A'(\nu_2) + A''(\nu_1)A''(\nu_2))\end{aligned}$$

となり,異時相関スペクトルは

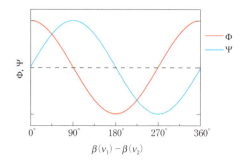

図 3.4.2 v_1 と v_2 における信号変化の位相差 $\beta(v_1) - \beta(v_2)$ に対する同時相関 Φ と異時相関 Ψ の値

$$\Psi(v_1, v_2) = \frac{1}{2}\hat{A}(v_1)\hat{A}(v_2)\sin(\beta(v_1) - \beta(v_2))$$
$$= \frac{1}{2}(A''(v_1)A'(v_2) - A'(v_1)A''(v_2))$$

となる．ここで v_1 と v_2 における出力信号変化の位相差 $\beta(v_1) - \beta(v_2)$ に対して同時相関 $\Phi(v_1, v_2)$ と異時相関 $\Psi(v_1, v_2)$ がどのようになるかを**図 3.4.2** にプロットしてみよう．これを見ると，v_1 と v_2 における信号変化の位相差が 0 のとき ($\beta(v_1) - \beta(v_2) = 0$)，すなわち v_1 と v_2 における信号変化が完全に同期しているとき，同時相関は最大となり，異時相関は 0 となっている．異時相関が最大となるのは位相差が 90°のときであり，このときの同時相関は 0 となっている．別の言い方をすると，異時相関は v_1 と v_2 における信号変化について，実際の位相差に 90°を加えたときの相関であることが**図 3.4.2** から読み取れる．

3.5 ■ 一般化二次元相関分光法

二次元相関分光法は最初，3.4 節で説明した正弦波に対する応答のデータ解析から行われた．外部摂動として試料に正弦波の刺激を与える実験としては，ファンクションジェネレータの出力を歪みや電場に変換して与えることが考えられる．しかし，正弦波を与える実験は限られており，**図 3.2.1** に示したような，非周期的な応答を示す実験データの解析にはそのままでは使えない．そこで考え出されたのが**一般化二次元相関分光法** (generalized two-dimensional correlation spectroscopy) である[5, 6]．

3.5 一般化二次元相関分光法

一般化二次元相関分光法では，二次元相関スペクトルを次のようにして求める．

$$\Phi(\nu_1, \nu_2) + i\,\Psi(\nu_1, \nu_2) = \frac{1}{\pi(T_{\max} - T_{\min})} \int_0^\infty \tilde{Y}_1(\omega) \cdot \tilde{Y}_2^*(\omega)\,d\omega \qquad (3.5.1)$$

ここで $\tilde{Y}_1(\omega)$ は $\tilde{y}(\nu_1, t)$ をフーリエ変換して時間領域 t（時間でなくてもよい）の信号を周波数領域 ω の信号としたものである．

$$\tilde{Y}_1(\omega) = \int_{-\infty}^\infty \tilde{y}(\nu_1, t)\,e^{-i\omega t}\,dt$$

$$= \tilde{Y}_1^{Re}(\omega) + i\,\tilde{Y}_1^{Im}(\omega)$$

このときの $\tilde{Y}_1^{Re}(\omega)$ と $\tilde{Y}_1^{Im}(\omega)$ はフーリエ変換の実部と虚部である．$\tilde{Y}_2(\omega)$ の複素共役 $\tilde{Y}_2^*(\omega)$ も同様に

$$\tilde{Y}_2^*(\omega) = \int_{-\infty}^\infty \tilde{y}(\nu_2, t)e^{+i\omega t}\,dt$$

$$= \tilde{Y}_2^{Re}(\omega) - i\,\tilde{Y}_2^{Im}(\omega)$$

と表される．

次に，式 (3.5.1) を実際に計算する方法を説明する．以降では分光分析によって得られる ν 分散と，フーリエ変換によって得られる ω 分散のどちらも「スペクトル」と表記するので，注意して読んでほしい．

まず，$T_{\min} \leq t \leq T_{\max}$ の範囲で，スペクトル変数 ν_1 と ν_2 における動的スペクトル $\tilde{y}(\nu_1, t)$ と $\tilde{y}(\nu_2, t)$ の相互相関関数

$$C(\tau) = \frac{1}{T_{\max} - T_{\min}} \int_{T_{\min}}^{T_{\max}} \tilde{y}(\nu_1, t) \cdot \tilde{y}(\nu_2, t + \tau)\,dt \qquad (3.5.2)$$

を考えよう．ここで τ は相関時間である．前章で説明した Wiener–Khinchin の定理により，この相互相関関数 $C(\tau)$ のフーリエ変換を相互スペクトル $S(\omega)$ と呼ぶ．

$$S(\omega) = \int_{-\infty}^\infty C(\tau)\,e^{-i\omega\tau}\,d\tau = \frac{1}{T_{\max} - T_{\min}} \tilde{Y}_1^*(\omega) \cdot \tilde{Y}_2(\omega)$$

$$= \phi_\omega(\nu_1, \nu_2) - i\,\psi_\omega(\nu_1, \nu_2)$$

この相互スペクトル $S(\omega)$ の実部 $\phi_\omega(\nu_1, \nu_2)$ と虚部の反数 $\psi_\omega(\nu_1, \nu_2)$ はそれぞれ，動的スペクトルをフーリエ変換して得られる実部と虚部と，次の関係がある．

$$\phi_\omega(\nu_1, \nu_2) = \frac{1}{T_{\max} - T_{\min}} \left(\tilde{Y}_1^{Re}(\omega) \cdot \tilde{Y}_2^{Re}(\omega) + \tilde{Y}_1^{Im}(\omega) \cdot \tilde{Y}_2^{Im}(\omega) \right)$$

$$\psi_\omega(\nu_1, \nu_2) = \frac{1}{T_{\max} - T_{\min}} \left(\tilde{Y}_1^{Im}(\omega) \cdot \tilde{Y}_2^{Re}(\omega) - \tilde{Y}_1^{Re}(\omega) \cdot \tilde{Y}_2^{Im}(\omega) \right)$$

125

第3章　二次元相関分光法

これらを全周波数領域で積分することで二次元相関スペクトルが得られる.

$$\Phi(\nu_1,\,\nu_2) = \frac{1}{\pi}\int_0^\infty \phi_\omega(\nu_1,\,\nu_2)\mathrm{d}\omega$$

$$\Psi(\nu_1,\,\nu_2) = \frac{1}{\pi}\int_0^\infty \psi_\omega(\nu_1,\,\nu_2)\mathrm{d}\omega$$

ここまでをまとめると，式(3.5.1)で表される一般化二次元相関分光法は，非周期的な信号強度変化 $\tilde{y}(\nu,\,t)$ をフーリエ変換し，周期関数の和に分解して周波数成分ごとに相関解析を行った後に，得られた実部と虚部のそれぞれを全周波数成分で積分することによって二次元相関スペクトルを得ている．初期の一般化二次元相関分光法による解析では，フーリエ変換の計算をコンピュータで行う際に高速フーリエ変換(fast Fourier transform, FFT)のアルゴリズムが用いられた．現在ではさらに高速に計算が可能な，FFT を用いない一般化二次元相関分光法の計算方法が提案され，用いられている[7]．次節ではその方法を説明する.

3.6 ■ ヒルベルト変換を用いた一般化二次元相関分光法の計算

式(3.5.2)に示した動的スペクトルの相互相関関数について，もう少し詳しく見ていこう.

$$C(\tau) = \frac{1}{T_{\max}-T_{\min}}\int_{T_{\min}}^{T_{\max}} \tilde{y}(\nu_1,\,t)\cdot\tilde{y}(\nu_2,\,t+\tau)\,\mathrm{d}t$$

この式で，$\tilde{y}(\nu_2,\,t+\tau)$ を $\tilde{Y}_2(\omega)$ のフーリエ逆変換の形で書き換えてみる.

$$C(\tau) = \frac{1}{T_{\max}-T_{\min}}\int_{T_{\min}}^{T_{\max}} \tilde{y}(\nu_1,\,t)\left(\frac{1}{2\pi}\int_{-\infty}^\infty \tilde{Y}_2(\omega)\mathrm{e}^{\mathrm{i}\omega(t+\tau)}\,\mathrm{d}\omega\right)\mathrm{d}t$$

$$= \frac{1}{2\pi(T_{\max}-T_{\min})}\int_{T_{\min}}^{T_{\max}} \tilde{y}(\nu_1,\,t)\int_{-\infty}^\infty \tilde{Y}_2(\omega)\mathrm{e}^{\mathrm{i}\omega t}\,\mathrm{e}^{\mathrm{i}\omega\tau}\,\mathrm{d}\omega\,\mathrm{d}t$$

ここで積分の順序を入れ替えてみよう.

$$C(\tau) = \frac{1}{2\pi(T_{\max}-T_{\min})}\int_{-\infty}^\infty \left(\int_{T_{\min}}^{T_{\max}} \tilde{y}(\nu_1,\,t)\mathrm{e}^{\mathrm{i}\omega t}\,\mathrm{d}t\right)\tilde{Y}_2(\omega)\mathrm{e}^{\mathrm{i}\omega\tau}\,\mathrm{d}\omega$$

上式で t 積分は，範囲を $(T_{\min},\,T_{\max})$ としているが，これを $(-\infty,\,\infty)$ に拡張すると，$\tilde{Y}_1(\omega)$ の複素共役になる.

$$C(\tau) = \frac{1}{2\pi(T_{\max}-T_{\min})}\int_{-\infty}^\infty \tilde{Y}_1^*(\omega)\cdot\tilde{Y}_2(\omega)\mathrm{e}^{\mathrm{i}\omega\tau}\,\mathrm{d}\omega$$

3.6 ヒルベルト変換を用いた一般化二次元相関分光法の計算

この式は，相互相関関数と動的スペクトルのフーリエ変換の関係を表している（**Wiener–Khinchin の定理**）．ここで $\tau = 0$ とすると

$$C(0) = \frac{1}{2\pi(T_{\max} - T_{\min})} \int_{-\infty}^{\infty} \tilde{Y}_1^*(\omega) \cdot \tilde{Y}_2(\omega)\, \mathrm{d}\omega$$

となる．このとき，相互スペクトルの虚部は奇関数であるから，上記の積分で ω に対して対称となる範囲が実部となる．

$$C(0) = \frac{1}{\pi(T_{\max} - T_{\min})} \mathrm{Re}\left(\int_0^{\infty} \tilde{Y}_1(\omega) \cdot \tilde{Y}_2^*(\omega)\, \mathrm{d}\omega \right)$$

このことから，同時相関スペクトルは次のように $C(0)$ からも導かれることがわかる．

$$\Phi(\nu_1, \nu_2) = \frac{1}{T_{\max} - T_{\min}} \int_{T_{\min}}^{T_{\max}} \tilde{y}(\nu_1, t) \cdot \tilde{y}(\nu_2, t)\, \mathrm{d}t \tag{3.6.1}$$

次に，関数 $g(t)$ の**ヒルベルト変換** $h(t)$ を考えよう．ヒルベルト変換は関数 $1/\pi t$ との畳み込みであり，次のように計算される．

$$h(t) = g(t) * \frac{1}{\pi t} = \frac{1}{\pi}\, \mathrm{pv} \int_{-\infty}^{\infty} \frac{g(t')}{t' - t}\, \mathrm{d}t'$$

ここで積分記号に pv を付けたのは，畳み込みを行う際に収束するように，コーシー主値(Cauchy principal value)を用いた積分を行っていることを表している．このヒルベルト変換 $h(t)$ のフーリエ変換 $H(\omega)$ は，関数 $g(t)$ のフーリエ変換と関数 $1/\pi t$ のフーリエ変換の積となる．

$$H(\omega) = \int_{-\infty}^{\infty} h(t)\mathrm{e}^{-\mathrm{i}\omega t}\, \mathrm{d}t = \frac{1}{\pi} \int_{-\infty}^{\infty} \frac{1}{t}\mathrm{e}^{-\mathrm{i}\omega t}\, \mathrm{d}t \cdot \int_{-\infty}^{\infty} g(t)\mathrm{e}^{-\mathrm{i}\omega t}\, \mathrm{d}t$$

このため，$g(t)$ のフーリエ変換 $G(\omega)$ と $h(t)$ のフーリエ変換 $H(\omega)$ は次の関係が成り立つ．

$$H(\omega) = \mathrm{i}\, \mathrm{sgn}(\omega) \cdot G(\omega) = \begin{cases} -G^{\mathrm{Im}}(\omega) + \mathrm{i}G^{\mathrm{Re}}(\omega) & \omega > 0 \text{ のとき} \\ 0 & \omega = 0 \text{ のとき} \\ G^{\mathrm{Im}}(\omega) - \mathrm{i}G^{\mathrm{Re}}(\omega) & \omega < 0 \text{ のとき} \end{cases}$$

ここで $G^{\mathrm{Re}}(\omega)$ と $G^{\mathrm{Im}}(\omega)$ はそれぞれ，$g(t)$ のフーリエ変換の実部と虚部，$\mathrm{sgn}(\omega)$ は ω の符号関数で，ω の符号によって $-1, 0, 1$ のいずれかを返す関数である．

この関係を満たすことを考えると，ヒルベルト変換は周波数領域において，$\omega > 0$ のときに各フーリエ成分を $90°$ 遅らせ($-90°$ の位相シフトを与え)，$\omega < 0$ のときに各フーリエ成分を $-90°$ 遅らせ($+90°$ の位相シフトを与え)ることになる．

第3章　二次元相関分光法

このことから，関数 $g(t)$ とそのヒルベルト変換 $h(t)$ は互いに直交し，次の関係がある．

$$\int_{-\infty}^{\infty} g(t) \cdot h(t) \mathrm{d}t = 0$$

ここで，動的スペクトル $\tilde{y}(\nu_2, t)$ のヒルベルト変換 $\tilde{z}(\nu_2, t)$ を考えよう．

$$\tilde{z}(\nu_2, t) = \frac{1}{\pi} \mathrm{pv} \int_{-\infty}^{\infty} \frac{\tilde{y}(\nu_2, t')}{t' - t} \mathrm{d}t'$$

この直交スペクトル $\tilde{z}(\nu_2, t)$ の各フーリエ成分の時間領域における位相は，元のスペクトル $\tilde{y}(\nu_2, t)$ に対してすべて $90°$ 遅れていることになる．これを用いて，スペクトル変数が ν_1 と ν_2 における信号変化の $T_{\min} \leq t \leq T_{\max}$ における直交相関関数を考えよう．

$$D(\tau) = \frac{1}{T_{\max} - T_{\min}} \int_{T_{\min}}^{T_{\max}} \tilde{y}(\nu_1, t) \cdot \tilde{z}(\nu_2, t + \tau) \mathrm{d}t$$

ここで τ は相関時間である．これに Wiener–Khinchin の定理を適応すると，直交相関関数は動的スペクトルと直交スペクトルのフーリエ変換を使って書き換えることができる．

$$D(\tau) = \frac{1}{2\pi(T_{\max} - T_{\min})} \int_{-\infty}^{\infty} \tilde{Y}_1^*(\omega) \cdot \tilde{Z}_2(\omega) \, \mathrm{e}^{\mathrm{i}\omega\tau} \, \mathrm{d}\omega$$

ここで $\tilde{Z}_2(\omega)$ は $\tilde{z}(\nu_2, t)$ のフーリエ変換である．$\tau = 0$ とし，$\tilde{Z}_2(\omega) = \mathrm{i} \, \mathrm{sgn}(\omega) \cdot \tilde{Y}_2(\omega)$ の関係を用いると，上式は次のように整理できる．

$$D(0) = \frac{\mathrm{i}}{2\pi(T_{\max} - T_{\min})} \int_{-\infty}^{\infty} \mathrm{sgn}(\omega) \, \tilde{Y}_1^*(\omega) \cdot \tilde{Y}_2(\omega) \, \mathrm{d}\omega = \frac{1}{\pi} \int_0^{\infty} \psi_\omega \, \mathrm{d}\omega = \Psi(\nu_1, \nu_2)$$

このことから，異時相関スペクトル $\Psi(\nu_1, \nu_2)$ は，動的スペクトル $\tilde{y}(\nu_1, t)$ とそれをヒルベルト変換して得られる直交スペクトル $\tilde{z}(\nu_2, t)$ を用いて，次のように計算してもよいことがわかる．

$$\Psi(\nu_1, \nu_2) = \frac{1}{T_{\max} - T_{\min}} \int_{T_{\min}}^{T_{\max}} \tilde{y}(\nu_1, t) \cdot \tilde{z}(\nu_2, t) \, \mathrm{d}t \tag{3.6.2}$$

　ここでもう一度，式(3.6.1)と式(3.6.2)を式(3.5.1)と比較してみよう．式(3.5.1)の計算にはフーリエ変換が含まれているが，式(3.6.1)と式(3.6.2)にはそれが含まれていない．

128

3.7 ■ 一般化二次元相関法の離散的な計算

次に，式(3.6.1)と式(3.6.2)の計算を離散的に行うことを考えよう．$T_{\min} \leq t \leq T_{\max}$ の範囲を等間隔に離散化して m 点を得たとすると，離散化された摂動は

$$t_j = T_{\min} + (T_{\max} - T_{\min})\frac{j-1}{m-1} \quad (j = 1, 2, \cdots, m)$$

と表される．これによって m 本のスペクトル $y(v, t_j)$ が得られたときに，その平均スペクトルは

$$\bar{y}(v) = \frac{1}{m}\sum_{j=1}^{m} y(v, t_j)$$

で計算され，これを参照スペクトルとしたときの動的スペクトルは

$$\tilde{y}(v, t_j) = y(v, t_j) - \bar{y}(v)$$

で計算される．これを用いて式(3.6.1)と式(3.6.2)を離散的に書き換えると次のようになる．

$$\Phi(v_1, v_2) = \frac{1}{m-1}\sum_{j=1}^{m} \tilde{y}_j(v_1) \cdot \tilde{y}_j(v_2) \tag{3.7.1}$$

$$\Psi(v_1, v_2) = \frac{1}{m-1}\sum_{j=1}^{m} \tilde{y}_j(v_1) \cdot \tilde{z}_j(v_2) \tag{3.7.2}$$

ここで直交スペクトル $\tilde{z}_j(v_2)$ も離散的に計算する必要があり，次の**ヒルベルト−野田変換行列** N_{jk} を用いた方法が提案されている[7]．

$$\tilde{z}_j(v_2) = \sum_{k=1}^{m} N_{jk} \cdot \tilde{y}_k(v_2)$$

$$N_{jk} = \begin{cases} 0 & j = k \text{ のとき} \\ \dfrac{1}{\pi(k-j)} & \text{その他} \end{cases}$$

このヒルベルト−野田変換行列を用いて，**図 3.2.1**(c)に示した動的スペクトルの直交スペクトルを計算することで，**図 3.2.2** と同様にメチルエチルケトン（M：1416 cm^{-1}），重水素化トルエン（T：1387 cm^{-1}），ポリスチレン（P：1493 cm^{-1}）に帰属される信号強度変化 $\tilde{y}(v, t)$ がどのように直交化されるかを確認してみよう（**図 3.7.1**）．このときの動的スペクトルの信号強度変化（**図 3.7.1**(a)）は非周期的ではあるが，直交スペクトルの信号強度変化（**図 3.7.1**(b)）はそれに対して位相が遅

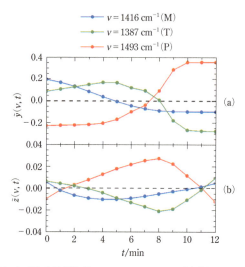

図 3.7.1 図 3.2.1 に示した時間依存 ATR–IR スペクトルの(a)動的スペクトルと(b)その直交スペクトルにおける，メチルエチルケトン(M：1416 cm^{-1})，重水素化トルエン(T：1387 cm^{-1})，ポリスチレン(P：1493 cm^{-1})に帰属される信号の強度の変化．

れたトレンドがあり，計算してみると

$$\sum_t \tilde{y}(\nu, t) \cdot \tilde{z}(\nu, t) = 0$$

となっているのがわかる．

また，**図 3.1.2** に示した構造のデータセットを行列 **Y** とし，その動的スペクトルを行列 $\tilde{\mathbf{Y}}$，N_{jk} を行列 **N** とすると，式(3.7.1)と式(3.7.2)は次のように行列の積によって表記することもできる．

$$\Phi(\nu_1, \nu_2) = \frac{1}{m-1} \tilde{\mathbf{Y}}^{\mathrm{T}} \tilde{\mathbf{Y}} \tag{3.7.3}$$

$$\Psi(\nu_1, \nu_2) = \frac{1}{m-1} \tilde{\mathbf{Y}}^{\mathrm{T}} \mathbf{N} \tilde{\mathbf{Y}} \tag{3.7.4}$$

ここで行列 **M** の右上に T を付けた **M**^{T} は行列 **M** の転置行列を表している．式(3.7.3)と式(3.7.4)は，MATLAB や Python のような，行列の演算が簡潔に記述できるプログラミング言語を用いることで，容易に計算できる[8]．**図 3.7.2** に，**図 3.2.1**(a)の時間依存 ATR–IR スペクトルから計算した，同時相関スペクトルと異時相関スペクトルを示す．この計算は，式(3.7.3)と式(3.7.4)を用いて Python で

3.7 一般化二次元相関法の離散的な計算

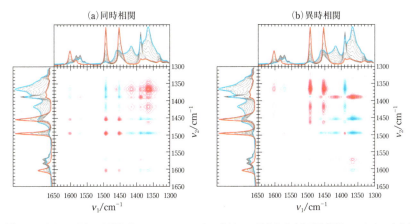

図 3.7.2 図 3.2.1(a)の時間依存 ATR-IR スペクトルを用いて計算した(a)同時相関スペクトルと(b)異時相関スペクトル

赤色と青色の等高線は,それぞれ正の相関と負の相関を表している.また,等高線図の左と上には計算に用いた測定スペクトルを表示しており,青色と赤色のチャートは,それぞれ時間に対して最初と最後のスペクトルを表している.

行った.この図で赤色と青色の等高線は,それぞれ正の相関と負の相関を表している.また,この等高線図の左と上には計算に用いた測定スペクトルを表示しており,青色と赤色のチャートは,それぞれ時間に対して最初と最後のスペクトルを表している.このときの計算部分の Python ソースコードを以下に記す.

一般化二次元相関分光法の計算を行う Python ソースコード

```
import numpy

y = numpy.matrix(spec)  # 測定スペクトル spec を行列に変換
Y = y - y.mean()  # 動的スペクトル

N = numpy.zeros([len(Y), len(Y)])  # ヒルベルト−野田変換行列
for i, j in numpy.ndindex(N.shape):
  if i != j: N[i, j] = 1 / numpy.pi / (j - i)

sync = Y.T * Y / (len(Y) - 1)  # 同時相関スペクトル
asyn = Y.T * N * Y / (len(Y) - 1)  # 異時相関スペクトル
```

第 3 章　二次元相関分光法

　なお，式(3.7.3)と式(3.7.4)は，**図 3.1.2** に示した構造のデータセットで計算をするときのものであることを強調しておく．分光装置から出力されるスペクトルデータは，波長や波数のようなスペクトル変数が列方向に，測定されたスペクトルのサンプル情報となる摂動変数が行方向に並べられていることが多く，その場合は**図 3.1.2** に示したデータ構造となるように転置をする必要がある．

　このような一般化二次元相関分光法の計算を行うソフトウェアとして 2DShige[9]や 2Dpy[10]があり，それぞれ無料でダウンロードが可能である．また，分光装置の測定プログラムに付属，あるいはオプションとなっている場合もある．

　そのようなソフトウェアの多くは，摂動変数 t が等間隔に離散化されていることを前提として，式(3.7.3)と式(3.7.4)を直接計算していることが多い．もし温度や濃度といった摂動変数が等間隔ではないスペクトルデータセットを用いて式(3.7.3)と式(3.7.4)を直接計算すると，相関ピークに多少の歪みが生じてしまうことがある．それを避けたいときは，摂動変数 t が等間隔となるようにデータの補完を行えばよい[11]．

3.8 ■ 二次元相関スペクトルの読み方

　図 3.2.2(a)で 1416 cm^{-1} のメチルエチルケトンに帰属される信号の強度は，ATR-IR プリズム上で蒸発することにより，時間に対して減少している．それに対して 1493 cm^{-1} のポリスチレンに帰属される信号の強度は，溶媒の蒸発によりATR-IR プリズム上で濃縮され，時間に対して増加している．このとき，メチルエチルケトンの信号の減少が先に起こり，ポリスチレンの信号の増加が後に起こっているように読み取ることができる．このことは，この 3 成分系でポリスチレンが濃縮して最終的に成膜される過程で，溶液としてポリスチレンが濃縮する過程に対し，メチルエチルケトンの蒸発が先行して始まることを示している．では，1387 cm^{-1} の重水素化トルエンに帰属される信号の変化は 1493 cm^{-1} のポリスチレンに帰属される信号の変化に対して，先に起こっているか，後に起こっているか，判断できるであろうか？　**図 3.2.2**(a)からそれを直接判断するのは難しそうである．このようなときに二次元相関分光法が活躍する．

　ここでは**図 3.8.1**(a)に示すシミュレーションスペクトルを用いて二次元相関スペクトルの読み方を説明する．このスペクトルはスペクトル変数が $\nu=20, 40, 60, 80$ である位置に 4 つのピークがあり，それぞれ摂動変数 t に対して $\nu=20$ と $\nu=40$ の強度は増加，$\nu=60$ と $\nu=80$ の強度は減少している．

132

3.8 二次元相関スペクトルの読み方

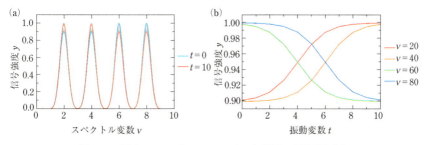

図 3.8.1 (a)シミュレーションスペクトルと(b)その信号強度変化

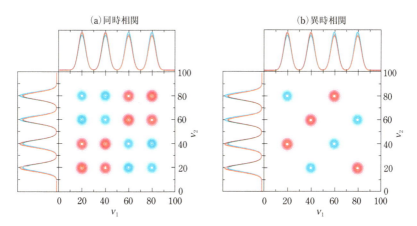

図 3.8.2 図3.8.1のシミュレーションスペクトルから計算した(a)同時相関スペクトルと(b)異時相関スペクトル

　このときの信号強度 y の変化を摂動変数 t に対してプロットすると**図 3.8.1**(b)のようになる．$v=20$ における増加は $v=40$ における増加よりも先に起こり，$v=60$ における減少は $v=80$ における減少よりも先に起こるように設定した．また，$v=20$ における増加と $v=60$ における減少は完全に同期し，同様に $v=40$ における増加と $v=80$ における減少も完全に同期するように設定した．

　図 3.8.2 は，**図 3.8.1** に示したシミュレーションスペクトルを用いて，一般化二次元相関分光法により計算した同時相関スペクトルと異時相関スペクトルである．ここでも赤色の等高線は正の相関を，青色の等高線は負の相関を表している．

　まずは**図 3.8.2**(a)の同時相関スペクトルを見てみよう．式(3.7.1)において参照スペクトルに平均スペクトルを用いたときは，同時相関スペクトルの計算が m 個の

第3章　二次元相関分光法

標本 x_j の**不偏分散**

$$\frac{1}{m-1}\sum_{j=1}^{m}(x_j-\bar{x})^2$$

を2変数に拡張した分散共分散行列の計算と完全に一致していることに気付く．ここで $\bar{x}$ は標本の平均である．同時相関スペクトルにおいて $\nu_1=\nu_2$ となる対角線上の値は

$$\Phi_{\mathrm{A}}(\nu)=\frac{1}{m-1}\sum_{j=1}^{m}\tilde{y}_j^{\,2}(\nu)$$

で計算され，**自己相関スペクトル**と呼び，これは各スペクトル変数 ν における信号強度 $y_j(\nu)$ の不偏分散に他ならない．このために同時相関スペクトルの対角線上は必ず $\Phi_{\mathrm{A}}(\nu)\geq 0$ となり，測定スペクトルにおいて外部摂動により変化している信号を見いだすことができる．この値は測定スペクトルの信号強度 y の大小にかかわらないため，測定スペクトル上で明確なピークとなっていなくても，外部摂動に対する変化が十分に大きければ，明確な相関ピークが出現する．

　同時相関スペクトルで $\nu_1\neq\nu_2$ となる非対角線の領域には，ν_1 における信号変化と ν_2 における信号変化の類似性，あるいは同期性が示される．$\nu_1=20$ における変化と $\nu_2=40$ における変化はどちらも摂動に対して増加しており，このときの同時相関を $\Phi(20,40)$ と記すと，$\Phi(20,40)>0$ となっている．$\nu_1=60$ における変化と $\nu_2=80$ における変化はどちらも摂動に対して減少しており，$\Phi(60,80)>0$ である．このように ν_1 における変化と ν_2 における変化が同方向であるとき，同時相関は正となる．逆に $\nu_1=20$ では増加し，$\nu_2=60$ では減少しており，このときは $\Phi(20,60)<0$ となっている．このように ν_1 における変化と ν_2 における変化が異方向であるとき，同時相関は負となる．ν_1 における変化と ν_2 における変化が同方向（異方向）であれば ν_2 における変化と ν_1 における変化も同方向（異方向）になるので，同時相関スペクトルは $\nu_1=\nu_2$ となる対角線（自己相関スペクトル）に対して線対称となる．

　続いて**図 3.8.2**(b)の異時相関スペクトルを見てみよう．異時相関スペクトルには ν_1 における信号変化と ν_2 における信号変化の非類似性，あるいは非同期性が示される．例えば $\nu_1=20$ における変化と $\nu_2=60$ における変化は完全に同期するように設定したために $\Psi(20,60)=0$ となっている．$\nu_1=20$ における変化は $\nu_2=40$ における変化よりも先に起こるように設定したが，このときの異時相関は $\Psi(20,40)>0$ となっている．逆に $\nu_1=40$ における変化は $\nu_2=20$ における変化よりも後に起こるため，$\Psi(40,20)<0$ となっているのがわかる．$\nu_1=\nu_2$ となる対角線上では ν_1 における変化と ν_2 における変化が完全に同期するため，異時相関スペクトルにおける

3.8 二次元相関スペクトルの読み方

表 3.8.1 野田のルール

同時相関の符号	異時相関の符号	スペクトル変化
$\Phi(\nu_1, \nu_2) > 0$	$\Psi(\nu_1, \nu_2) \sim 0$	ν_1 と ν_2 の変化は同方向で同時に起こる
$\Phi(\nu_1, \nu_2) > 0$	$\Psi(\nu_1, \nu_2) > 0$	ν_1 と ν_2 の変化は同方向で ν_1 は ν_2 より先に起こる
$\Phi(\nu_1, \nu_2) > 0$	$\Psi(\nu_1, \nu_2) < 0$	ν_1 と ν_2 の変化は同方向で ν_1 は ν_2 より後に起こる
$\Phi(\nu_1, \nu_2) < 0$	$\Psi(\nu_1, \nu_2) \sim 0$	ν_1 と ν_2 の変化は異方向で同時に起こる
$\Phi(\nu_1, \nu_2) < 0$	$\Psi(\nu_1, \nu_2) > 0$	ν_1 と ν_2 の変化は異方向で ν_1 は ν_2 より後に起こる
$\Phi(\nu_1, \nu_2) < 0$	$\Psi(\nu_1, \nu_2) < 0$	ν_1 と ν_2 の変化は異方向で ν_1 は ν_2 より先に起こる

対角線上には相関ピークが表れない．また，$\Psi(20, 40) > 0$ のときに $\Psi(40, 20) < 0$ となっており，異時相関スペクトルでは $\nu_1 = \nu_2$ となる対角線に対して相関ピークの符号が反転した反転対象になっていることがわかる．

ここで注意してほしいのは，$\nu_1 = 20$ での増加は $\nu_2 = 40$ での増加よりも先に起こっており，$\Psi(20, 40) > 0$ であるが，$\nu_1 = 20$ での増加は $\nu_2 = 80$ での減少よりも先に起こっているにもかかわらず，$\Psi(20, 80) < 0$ となっていることである．このように，ν_1 における変化と ν_2 における変化の後先は，異時相関の符号だけで決めることができず，同時相関の符号も確認する必要がある．このルールを**表 3.8.1** のようにまとめたものを**野田のルール**という．

また，野田のルールは次のようにも理解できる．二次元相関スペクトル $X(\nu_1, \nu_2)$ $= \Phi(\nu_1, \nu_2) + i\,\Psi(\nu_1, \nu_2)$ を**図 3.7.3** のように複素平面で表したときに，$\Phi > 0, \Psi > 0$ である第1象限と $\Phi < 0, \Psi < 0$ である第3象限では ν_1 における変化が ν_2 における変化より先に起こり，$\Phi < 0, \Psi > 0$ である第2象限と $\Phi > 0, \Psi < 0$ である第4象限では ν_1 における変化が ν_2 における変化より後に起こると読み取ることができる．あるいは，同時相関と異時相関の積が正のときは ν_1 における変化が ν_2 における変化より先に起こり，負のときは ν_1 における変化が ν_2 における変化より後に起こると覚えてもよい．

ここで**図 3.7.2** に示した二次元相関スペクトルの解釈をしてみよう．$1416\ \mathrm{cm^{-1}}$ のメチルエチルケトンに帰属される信号(M)と $1387\ \mathrm{cm^{-1}}$ の重水素化トルエンに帰属される信号(T)はどちらも時間に対して減少しており，$\Phi(M, T) > 0$，$\Psi(M, T) > 0$ である．このときのスペクトル変化は**表 3.7.1** に示した野田のルールにより M の変化が T の変化より先と解釈でき，**図 3.2.2** でそのことを確認できる．$1416\ \mathrm{cm^{-1}}$ のメチルエチルケトンに帰属される信号(M)は減少しているのに対し，$1493\ \mathrm{cm^{-1}}$ のポリスチレンに帰属される信号(P)は増加しており，$\Phi(M, P) < 0$，$\Psi(M, P) < 0$

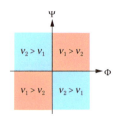

図 3.8.3 二次元相関スペクトルを複素平面で表したときの野田のルールの解釈

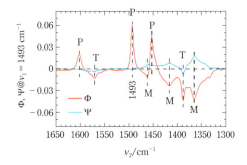

図 3.8.4 図 3.7.2 に示した二次元相関スペクトルの $\nu_1 = 1493\ \mathrm{cm}^{-1}$ におけるスライススペクトル

である．このときのスペクトル変化は M の変化が P の変化より先と解釈できる．1387 cm^{-1} の重水素化トルエンに帰属される信号(T)の減少と 1493 cm^{-1} のポリスチレンに帰属される信号(P)の増加は，**図 3.2.2** からどちらが先に起こっているか，明確に読み取ることができそうにない．ここで**図 3.6.2** を確認すると，$\Phi(\mathrm{T,P}) < 0$，$\Psi(\mathrm{T,P}) > 0$ であり，T の変化は P の変化より後に起こると解釈できる．以上をまとめると，M，T，P の変化は M＞P＞T の順に起こっていると判断される．

以上のことを確認するために，**図 3.7.2** に示した二次元相関スペクトルをポリスチレンに帰属される $\nu_1 = 1493\ \mathrm{cm}^{-1}$ の位置でスライスして，ν_2 に対する同時相関強度と異時相関強度の値をプロットしたスライススペクトルを**図 3.8.4** に示した．この図から，$\nu_1 = 1493\ \mathrm{cm}^{-1}$ におけるポリスチレンの信号強度変化に対して各波数における信号強度変化がどうなっているかを読み取ることができ，メチルエチルケトンに帰属される信号はすべて $\Phi(\mathrm{P,M}) < 0$，$\Psi(\mathrm{P,M}) > 0$ となっており，重水素化トルエンに帰属される信号はすべて $\Phi(\mathrm{P,T}) < 0$，$\Psi(\mathrm{P,T}) < 0$ となっていることが確認できる．

3.9 ■ ピーク位置のシフトと隣接ピーク

実際にスペクトルを測定していると，図 3.8.1 に示したようなピーク強度の変化だけでなく，ピーク位置やピーク幅の変化もしばしば見られることがある．そのようなスペクトルの変化に対して，二次元相関スペクトルにどのようなパターンが生じるかを前もって知っておくことは有用であり，これまでにシミュレーションスペクトルを用いた研究が行われてきた[12]．ここでは，データの解釈に欠かせない二次元相関パターンに絞って解説する．

図 3.9.1 はピーク位置が $\nu=50$ から $\nu=45$ にシフトするように設定したシミュレーションスペクトルである．後述の隣接するピーク強度変化と比較するためにピーク強度も 10%減少させた．このシミュレーションスペクトルを用いて計算した二次元相関スペクトルを図 3.9.2 に示す．図 3.9.1 を見ると，ピークシフトによって $\nu=40$ 付近は増加し，$\nu=50$ 付近は減少している．この変化に対応するように，図 3.9.2(a)の同時相関スペクトルには $\nu=41$ と $\nu=53$ の位置に相関ピークが現れている．また図 3.9.2(b)の異時相関スペクトルを見ると，**バタフライパターン**と呼ばれる，蝶が羽を広げたような特徴的な二次元パターンが現れていることがわかる．

続いて，隣接する 2 つのピークの強度がそれぞれ異方向に変化するシミュレーションスペクトルを図 3.9.3 に準備した．この変化は，図 3.9.1 に示したピークシフトと波形変化が似ており，実際の測定スペクトルでも判別が難しいことがある．このときの二次元相関スペクトルを図 3.9.4 に示す．図 3.9.4(a)に示した同時相関

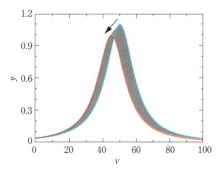

図 3.9.1　ピーク位置が矢印の方向にシフトするシミュレーションスペクトル

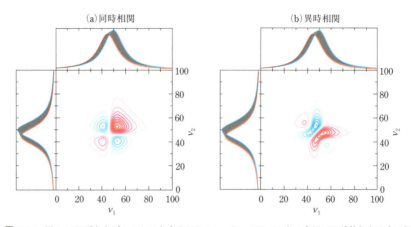

図 3.9.2 図 3.9.1 に示したピークシフトするシミュレーションスペクトルを用いて計算した二次元相関スペクトル
(a) 同時相関スペクトル，(b) 異時相関スペクトル．

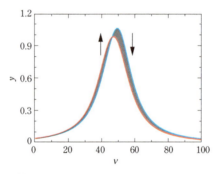

図 3.9.3 隣接する 2 つのピークの強度がそれぞれ矢印の方向に変化するシミュレーションスペクトル

スペクトルには強度が変化する 2 つのピークに対応する相関ピークが見られ，等吸収点付近で $\Phi(\nu_1, \nu_2) \sim 0$ となっているのがわかるが，この同時相関スペクトルにみられる二次元パターンはピークシフトにおける同時相関スペクトル(**図 3.9.2**(a))と区別が付きにくい．

それに対して**図 3.9.4**(b)に示した異時相関スペクトルには明確な相関ピークが現れていない．これらのことから，異時相関スペクトルに**図 3.9.2**(b)に示したようなバタフライパターンが現れたときは，隣接するピークの強度の変化ではなく，ピークシフトが起こっていると判断することができる．ただし，赤外スペクトルの

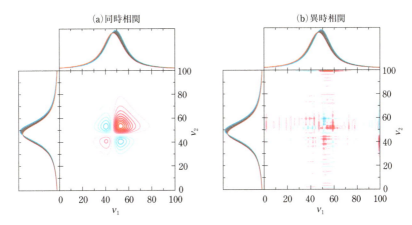

図 3.9.4 図 3.9.3 に示した隣接する 2 つのピークの強度がそれぞれ異方向に変化するシミュレーションスペクトルを用いて計算した二次元相関スペクトル
(a)同時相関スペクトル,(b)異時相関スペクトル.

ような分子スペクトルの二次元相関分光法による解析では,このようなバタフライパターンが実際に現れることはほとんどなく,測定スペクトルの変化がピークシフトのように見えても,それは重なった複数のピークの相対強度変化であることがほとんどである.

なお,異時相関スペクトルには,**図 3.9.4**(b)に見られるような不規則な二次元パターンが現れることがしばしばある.そのときは,**図 3.8.4** に示したように,適切なマーカーバンドで二次元相関スペクトルのスライススペクトルをプロットしてみるか,あるいは同時相関スペクトルと異時相関スペクトルにおける相関値をそれぞれ読み取ってみるとよい.**図 3.9.4** で同時相関スペクトルの最大値は 2.45×10^{-3} であり,異時相関スペクトルの最大値は 3.12×10^{-12} であった.このことから,**図 3.9.4**(b)に見られる異時相関スペクトルの強度は同時相関スペクトルの強度と比較して極端に小さく,ノイズレベルであると判断できる.本来なら**図 3.9.4**(b)は相関値のスケールを**図 3.9.4**(a)と同程度にして等高線が現れないように表示するのが適切であろう.

実際の測定スペクトルの解析で異時相関スペクトルにこのような不規則な二次元パターンが現れたときは,測定スペクトルを平滑化するか,あるいは主成分分析を適切な成分数で打ち切って,得られたスコアを逆変換することで残差項を取り除き,元データのノイズを除去するとよい[13].ただしこのときに,本来データに含まれている微小なスペクトル変化を消し去ってしまわないように注意する必要がある.

第3章　二次元相関分光法

　繰り返しになるが，図3.9.4(b)に示されたような不規則な二次元パターンが異時相関スペクトルに現れたときは，相関強度を確認し，着目するスペクトル変数間に有意な非同期性があるかどうかを判断する必要がある．このとき，ν_1における信号変化とν_2における信号変化の複素平面における**位相角**を次式で確認するとよい．

$$\Theta(\nu_1, \nu_2) = \tan^{-1} \frac{\Psi(\nu_1, \nu_2)}{\Phi(\nu_1, \nu_2)} \tag{3.9.1}$$

例えば，図3.9.4で比較的強い異時相関ピークが現れた$\nu_1 = 59$と$\nu_2 = 51$の相関強度はそれぞれ$\Phi(59, 51) = 1.48 \times 10^{-3}$と$\Psi(59, 51) = 2.51 \times 10^{-12}$であり，このときの位相角は$\Theta(59, 51) = 1.70 \times 10^{-9}$ radと限りなく0 radに近く，$\nu_1 = 59$の信号変化と$\nu_2 = 51$の信号変化に非同期性はほとんどないと判断できる．

3.10 ■ 位相角表示

　前節で，ν_1における信号変化とν_2における信号変化の複素平面における位相角$\Theta(\nu_1, \nu_2)$を計算したが，これをすべてのν_1とν_2で計算して二次元面にプロットすることもできる．図3.10.1は，図3.7.2に示した同時相関スペクトル$\Phi(\nu_1, \nu_2)$と異時相関スペクトル$\Psi(\nu_1, \nu_2)$から計算した位相角$\Theta(\nu_1, \nu_2)$の二次元マップである．ここでも赤色と青色の等高線は，それぞれ正の位相角と負の位相角を表している．図3.8.3と式(3.9.1)から，位相角が正のときはν_1はν_2より先に起こり，負のときはν_1はν_2より後に起こると読み取ることができる．

　ここで，逆正接関数$\Theta = \tan^{-1}(\Psi/\Phi)$は$-\pi/2 < \Theta < \pi/2$の範囲をとり，$\Phi \sim 0$で$\Psi/\Phi$が$-\infty$か$\infty$に発散するので，位相角を二次元マッピングするときは適切なフィルタを用いて等高線を描くと見やすくなる．図3.10.1は閾値δを$y(\nu, t)$の標準偏差とし，

$$\Theta(\nu_1, \nu_2) = \begin{cases} \tan^{-1} \dfrac{\Psi(\nu_1, \nu_2)}{\Phi(\nu_1, \nu_2)} & \sqrt{\Phi(\nu_1, \nu_1)} > \delta \quad \text{かつ} \quad \sqrt{\Phi(\nu_2, \nu_2)} > \delta \\ \text{非表示} & \text{その他} \end{cases}$$

によって発散するところを非表示とするフィルタを用いて表示した．

　図3.10.1を見ると，メチルエチルケトン（M：1416 cm^{-1}），重水素化トルエン（T：1387 cm^{-1}），ポリスチレン（P：1493 cm^{-1}）に帰属される信号間の位相角はそれぞれ$\Theta(M, T) > 0$，$\Theta(M, P) > 0$，$\Theta(T, P) < 0$となっており，3.8節で述べたM＞P＞Tの順番をこの方法でも確認できる．

140

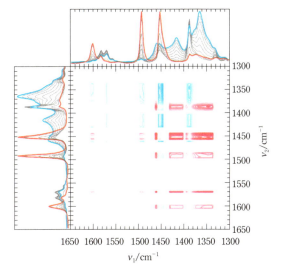

図 3.10.1　図 3.7.2 に示した二次元相関スペクトルの位相角表示

3.11 ■ ヘテロスペクトル相関

ここまで，1つのデータセット $y(\nu, t)$ を用いて二次元相関分光法による解析を行うことを考えてきた．本節では，同じ外部摂動の条件で測定した2つの異なるデータセットである $y(\nu, t)$ と $z(\nu, t)$ の**ヘテロスペクトル相関**を考えてみよう．例えば**図 3.11.1** は，**図 3.2.1** に示した低波数領域（1520〜1300 cm^{-1}）の時間依存 ATR-IR スペクトル $y(\nu, t)$ とは別に，同じ摂動条件で測定した高波数領域（3150〜2800 cm^{-1}）の時間依存 ATR-IR スペクトル $z(\nu, t)$ を準備して計算した二次元相関スペクトルである．

このような2つの異なるデータセットのヘテロスペクトル相関は次のように計算すればよい．

$$\Phi(\nu_1, \nu_2) = \frac{1}{m-1} \sum_{j=1}^{m} \tilde{y}_j(\nu_1) \cdot \tilde{z}_j(\nu_2)$$

$$\Psi(\nu_1, \nu_2) = \frac{1}{m-1} \sum_{j=1}^{m} \tilde{y}_j(\nu_1) \cdot N_{jk} \cdot \tilde{z}_j(\nu_2)$$

このようにして得られた二次元相関スペクトル（**図 3.11.1**）を用いて，高波数領域のいくつかの信号の帰属をしてみよう．例えば同時相関スペクトルにおいて，

第 3 章　二次元相関分光法

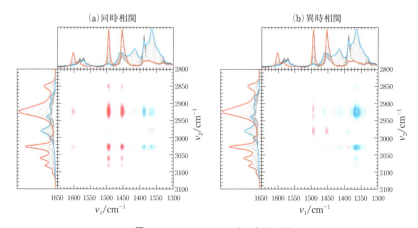

図 3.11.1　ヘテロスペクトル相関の例
(a)同時相関スペクトル，(b)異時相関スペクトル．

2981 cm^{-1} の信号は 1493 cm^{-1} のポリスチレンの信号と負の相関があり，1416 cm^{-1} のメチルエチルケトン，及び 1387 cm^{-1} の重水素化トルエンの信号とそれぞれ正の相関があることから，この信号はポリスチレン由来ではなく，メチルエチルケトンか重水素化トルエンの信号であることが予想される．次に異時相関スペクトルをみると，この 2981 cm^{-1} の信号は重水素化トルエンの信号と負の相関が見られるが，メチルエチルケトンの信号とは相関ピークが見られないため，2981 cm^{-1} の信号変化は 1416 cm^{-1} のメチルエチルケトンの信号変化と同期している，すなわち 2981 cm^{-1} はメチルエチルケトン由来の信号であると帰属できる．同様に 3083 cm^{-1} の信号や 3062 cm^{-1} の信号は，1493 cm^{-1} のポリスチレンに由来する信号と正の同時相関をもち，異時相関強度がほぼ零であることから，どちらもポリスチレン由来であると帰属される．

　ここで注意が必要なのは，$y(v, t)$ と $z(v, t)$ が必ず同じ摂動条件で測定されたものを使う必要があるということである．もし $y(v, t)$ と $z(v, t)$ の測定時に摂動条件がずれてしまった場合は，データセットを摂動方向に補完すればよい．

　図 3.11.2 は，エポキシ樹脂の硬化反応を，近赤外スペクトルと中赤外スペクトルとしてそれぞれ別の装置で時間依存測定し，ヘテロスペクトル相関解析を行った結果である[14]．これにより，7100〜6450 cm^{-1} の領域の近赤外スペクトルと 3700〜3100 cm^{-1} の領域の中赤外スペクトルの相関を読み取ることができる．このようなヘテロスペクトル相関の解析は，X 線回折によって結晶構造変化を観察したデー

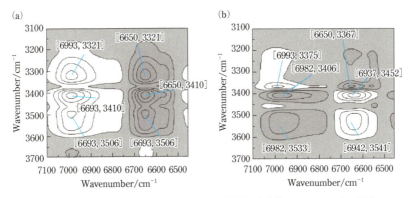

図 3.11.2 エポキシ樹脂の硬化反応における近赤外―中赤外ヘテロスペクトル相関
(a) 同時相関スペクトル,(b) 異時相関スペクトル.
[H. Yamasaki, S. Morita, *Spectrochim. Acta. A*, **197**, 114–120 (2018) をもとに作図]

タと,ラマン分光によって分子構造変化を観察したデータを用いることで,結晶構造と分子構造の詳細な関係を知る手がかりが得られるように,単一のデータセットからだけでは読み取れない,それぞれのデータセットがもつ相補的な情報を与えてくれる[15].

3.12 ■ MW2D 法

ここまで,摂動変数方向に数本〜数十本程度のスペクトルが得られているときに二次元相関分光法によるデータ解析を行うことを考えてきた.本節では時間依存測定やハイフネーテッド測定によって得られるような,数百本〜数千本といった大量のスペクトルデータが得られたときのことを考える.例えば**図 3.12.1** に,140℃から 280℃まで 1℃ごとに測定した 141 本のポリビニルアルコール(PVA)の温度依存赤外スペクトルを示す[16].ここに示した 1200 〜 1000 cm^{-1} の領域には C-O 伸縮振動のピークが 2 本見られており,1141 cm^{-1} は結晶相由来のピーク,1095 cm^{-1} は非晶相由来のピークであることがわかっている.

このような大量のスペクトルデータが得られたときに,もちろんそのまま二次元相関分光法による解析を行ってもよいが,ここでは moving-window のテクニックを応用した解析法を紹介する.まず,**図 3.12.2** に示したような N 本のスペクトルからなるデータセット $y(v, t)$ において,j 番目のスペクトル $y(v, t_j)$ に着目し,$j-m$ 番目から $j+m$ 番目までの $2m+1$ 本のスペクトルをまとめた部分行列(window)

第 3 章 二次元相関分光法

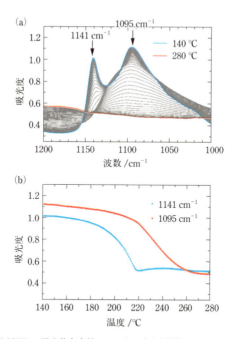

図 3.12.1　(a) PVA の温度依存赤外スペクトルと (b) 特徴的な信号強度の温度変化

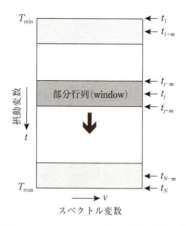

図 3.12.2　moving-window 二次元相関分光法の考え方

$$y_j\left(v, t_J\right) = \begin{bmatrix} y(v, t_{j-m}) \\ y(v, t_{j-m+1}) \\ \vdots \\ y(v, t_j) \\ \vdots \\ y(v, t_{j+m}) \end{bmatrix}$$

をつくる．ここで j と J は，それぞれ元の行列におけるスペクトルのインデックスと部分行列におけるスペクトルのインデックスである．

この部分行列を $j=1+m$ から $j=N-m$ まで摂動変数方向に 1 ステップずつ動かしながら相関解析を行うことを考えよう．例えば，部分行列において同時相関スペクトルを計算し，その対角線上に現れる自己相関スペクトルを取り出すことを考える．

$$\Omega_{\mathrm{A},j}\left(v, t_j\right) = \frac{1}{2m} \sum_{J=j-m}^{j+m} \tilde{y}_j^{\,2}\left(v, t_J\right)$$

ここで $\tilde{y}_j(v, t_J)$ は部分行列 $y_j(v, t_J)$ から計算される動的スペクトルであり，部分行列からその平均スペクトルを差し引くことで得ることができる．この部分行列における自己相関スペクトル $\Omega_{\mathrm{A},j}(v, t_j)$ を $j=1+m$ から $j=N-m$ の範囲ですべての j に対して計算し，摂動変数方向に並べる計算方法は **moving-window two-dimensional（MW2D）correlation spectroscopy** と呼ばれている[17]．この MW2D 法によって**図 3.12.1** に示したスペクトルデータを窓幅 $2m+1=11$ で計算した結果を**図 3.12.3** に示す．

この図を見てわかるとおり，MW2D 法は相関値がスペクトル変数と摂動変数（ここでは波数と温度）でつくられる二次元面にプロットされるのが特徴である．これにより，2 つのスペクトル変数でつくられる二次元面に相関値がプロットされる従来の二次元相関分光法では得られなかった，摂動方向の情報を直接読み取ることができる．例えば**図 3.12.3** を見ると，結晶相由来の $1141\ \mathrm{cm}^{-1}$ には $209^\circ\mathrm{C}$ に，非晶相由来の $1095\ \mathrm{cm}^{-1}$ には $233^\circ\mathrm{C}$ に，それぞれ相関ピークが現れており，それぞれ PVA の融解温度と熱分解温度に対応していることがわかった．

このように，MW2D 法はスペクトルデータに内在する特徴的な摂動変数（ここでは融解温度と熱分解温度）を教えてくれるので，MW2D 法による解析に続いて，MW2D 法で見つけた特徴的な摂動変数付近のデータを抽出してさらに解析を進めるとよい．例えばここでの解析のように転移温度がわかったら，転移前の数本，転移温度付近の数本，転移後の数本のスペクトルでそれぞれ新たなデータセットを抽

第3章　二次元相関分光法

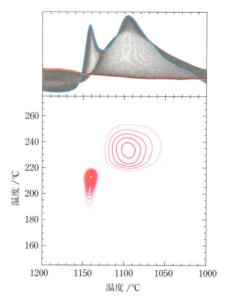

図 3.12.3　図 3.12.1 に示した PVA の温度依存赤外スペクトルを MW2D 法によって解析した結果

出して，一般化二次元相関分光法による解析を行うことが考えられる．

なお，MW2D 法は部分行列において自己相関スペクトル（不偏分散スペクトル）を計算しているので，二次元面にプロットされる相関値は必ず正の値となる．このときの相関値は，信号強度 y の摂動 t 方向微分の 2 乗に比例することがわかっている[18]．

$$\Omega_{A,j}(v, t_j) \sim \left(\frac{\partial y(v,t)}{\partial t}\right)_v^2$$

3.13 ■ PCMW2D 法

前節で紹介した MW2D 法は，相関値がスペクトル変数と摂動変数でつくられる二次元面にプロットされるメリットはあるものの，同時相関と異時相関を扱うことができない．moving-window の考え方を用いて同時相関と異時相関を計算するには，部分行列（window）において，**図 3.8.4** に示したようなスライススペクトルを抽出することも考えられるが，このときには二次元面でスライスするスペクトル変数 v_1 をあらかじめ決めておく必要がある．

そこで考え出されたのが **perturbation-correlation moving-window two-dimensional（PCMW2D）correlation spectroscopy** である[16]．PCMW2D 法では，図 3.12.2 に示した部分行列において，スペクトル $y(v,t)$ と摂動 t との相関を計算する．

$$\Pi_{\Phi,J}(v,t)=\frac{1}{2m}\sum_{J=j-m}^{j+m}\tilde{y}(v,t_J)\cdot\tilde{t}_J$$

$$\Pi_{\Psi,J}(v,t)=\frac{1}{2m}\sum_{J=j-m}^{j+m}\tilde{y}(v,t_J)\cdot\sum_{K=j-m}^{j+m}N_{JK}\cdot\tilde{t}_K$$

ここで，$\tilde{y}$，$\tilde{t}$，N_{JK} はそれぞれ，部分行列における動的スペクトル，動的摂動，ヒルベルト–野田変換行列である．例えば図 3.12.1 に示した PVA の温度依存赤外スペクトルでは，温度を一定間隔で上昇させながらスペクトルを測定したので，摂動 t は直線関数であり，同時 PCMW2D 相関スペクトル $\Pi_\Phi(v,t)$ は部分行列において，測定スペクトルの信号強度変化と直線関数との相関を計算していることになる．また，直線関数である摂動のヒルベルト変換は上凸関数になるので，異時PCMW2D 相関スペクトル $\Pi_\Psi(v,t)$ は部分行列において，測定スペクトルの信号強度変化と上凸関数との相関を計算する．このために PCMW2D 法による解析結果は，直線関数となるような摂動を与えたときに，同時相関スペクトルは信号強度 y の摂動 t 方向の一次微分に比例し，異時相関スペクトルは信号強度の摂動方向の二次微分の異符号に比例することがわかっている．

$$\Pi_\Phi(v,t)\sim\left(\frac{\partial y(v,t)}{\partial t}\right)_v$$

$$\Pi_\Psi(v,t)\sim-\left(\frac{\partial^2 y(v,t)}{\partial t^2}\right)_v$$

これらをまとめると**表 3.13.1** が得られ，この表に従って PCMW2D 相関スペクトルを解釈することができる．

それでは実際に PCMW2D 相関スペクトルを見てみよう．**図 3.13.1** は図 3.12.1 に示した PVA の温度依存赤外スペクトルから計算した PCMW2D 相関スペクトルである．

PCMW2D 法による解析結果は，MW2D 法による解析結果と異なり，同時相関スペクトルと異時相関スペクトルの両方が得られ，また，どちらも正負の相関値が二次元面にプロットされる．例えば図 3.13.1 で，結晶由来の 1141 cm^{-1} の信号は，PVA の融点である 209℃ より低温で $\Phi<0$，$\Psi>0$ となっており上凸で減少，209℃ 付近で $\Phi<0$，$\Psi\sim0$ となっており直線的に減少，209℃ より高温で $\Phi<0$，

第3章 二次元相関分光法

表 3.13.1 摂動が直線関数であるときの PCMW2D 相関スペクトルの読み方

同時相関の符号	異時相関の符号	摂動方向のスペクトル変化	
$\Pi_\Phi(\nu,t) > 0$	$\Pi_\Psi(\nu,t) > 0$	上に凸で増加	↗
$\Pi_\Phi(\nu,t) > 0$	$\Pi_\Psi(\nu,t) \sim 0$	直線的に増加	↗
$\Pi_\Phi(\nu,t) > 0$	$\Pi_\Psi(\nu,t) < 0$	下に凸で増加	↗
$\Pi_\Phi(\nu,t) = 0$	$\Pi_\Psi(\nu,t) > 0$	上に凸	⌒
$\Pi_\Phi(\nu,t) = 0$	$\Pi_\Psi(\nu,t) \sim 0$	一定	→
$\Pi_\Phi(\nu,t) = 0$	$\Pi_\Psi(\nu,t) < 0$	下に凸	⌣
$\Pi_\Phi(\nu,t) < 0$	$\Pi_\Psi(\nu,t) > 0$	上に凸で減少	↘
$\Pi_\Phi(\nu,t) < 0$	$\Pi_\Psi(\nu,t) \sim 0$	直線的に減少	↘
$\Pi_\Phi(\nu,t) < 0$	$\Pi_\Psi(\nu,t) < 0$	下に凸で減少	↘

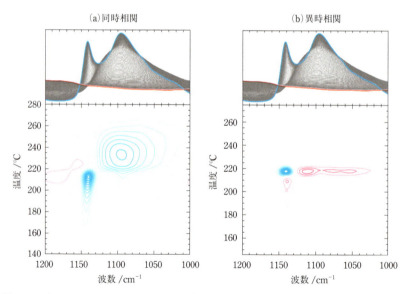

図 3.13.1 図 3.12.1 に示した PVA の温度依存赤外スペクトルを PCMW2D 法によって解析した結果 (a)同時 PCMW2D 相関スペクトル,(b)異時 PCMW2D 相関スペクトル.

$\Psi<0$ となっており下凸で減少していることが読み取れる.

3.14 ■ 2T2D 法

前節まで,大量のスペクトルデータが得られたときの二次元相関分光法の応用を考えた.本節では逆に,数少ないスペクトルデータで二次元相関分光法による解析を行うことを考える.一般化二次元相関分光法の計算を行うには,最低でも3本のスペクトルが必要であるが,これを2本のスペクトルで行う方法として,**two-trace two-dimensional (2T2D) correlation spectroscopy** が考え出された[19].これは,リファレンススペクトル $r(\nu)$ とサンプルスペクトル $s(\nu)$ の2本のスペクトルから次のようにして同時相関スペクトル $\Phi(\nu_1, \nu_2)$ と異時相関スペクトル $\Psi(\nu_1, \nu_2)$ を求める.

$$\Phi(\nu_1, \nu_2) = \frac{1}{2}(s(\nu_1) \cdot s(\nu_2) + r(\nu_1) \cdot r(\nu_2)) \tag{3.14.1}$$

$$\Psi(\nu_1, \nu_2) = \frac{1}{2}(s(\nu_1) \cdot r(\nu_2) - r(\nu_1) \cdot s(\nu_2)) \tag{3.14.2}$$

ここでは図 **3.14.1** に示すように,図 **3.2.1** の時間依存スペクトルで3分のスペクトルを $r(\nu)$,8分のスペクトルを $s(\nu)$ として選び出し,2T2D 法による解析を行ってみよう.図 **3.14.2** は図 **3.14.1** に示したリファレンススペクトル $r(\nu)$ とサンプルスペクトル $s(\nu)$ の2本のスペクトルから 2T2D 法によって計算した同時相関スペクトルと異時相関スペクトルである.

図 **3.14.2**(a) を見ると,2T2D 法によって得られた同時相関スペクトルは,ここでは全領域で正の相関となっている.これは式(3.14.1)において,今回は $r(\nu)$ も

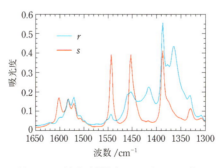

図 3.14.1 図 3.2.1 に示した時間依存スペクトルで3分のスペクトルを $r(\nu)$,8分のスペクトルを $s(\nu)$ として選び出した.

第3章　二次元相関分光法

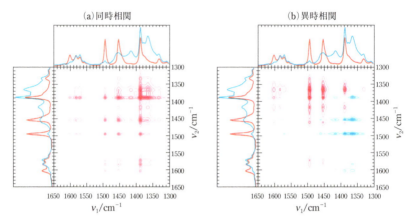

図 3.14.2 図 3.14.1 に示した 2 本のスペクトルから 2T2D 法で計算した二次元相関スペクトル．(a)同時相関スペクトル，(b)異時相関スペクトル．

$s(\nu)$ もすべて正の信号強度となっている吸光度スペクトルを用いたためである．$r(\nu)$ と $s(\nu)$ に正負の信号が現れる VCD スペクトルや ROA スペクトルを用いたときにはこの限りではない．

続いて図 3.14.2(b)に示した異時相関スペクトルを見てみよう．メチルエチルケトン（M：1416 cm^{-1}）に帰属される信号と重水素化トルエン（T：1387 cm^{-1}）に帰属される信号の異時相関は $\Psi(M,T)<0$ となっている．これは式(3.14.2)で，メチルエチルケトンの信号強度が $r(M) \to s(M)$ と変化するときに $s(M)$ の信号強度が大きく減少しているのに対して，重水素化トルエンの信号強度が $r(T) \to s(T)$ と変化するときに $s(T)$ の信号強度がそれほど大きく減少していないことに対応している．

このように 2T2D 法は，わずか 2 本のスペクトルから各信号強度の非同期性の情報を得ることができるため，例えば顕微分光によって得られた測定点が異なる 2 本のスペクトルの解析に応用が可能である．

以上，本章では，スペクトルデータセットの解析手法である二次元相関分光法について解説した．二次元相関分光法は，スペクトル波形の関数フィッティングのように解析パラメータを前もって決めておく必要がなく，同じスペクトルデータセットであれば，誰が行っても同じ解析結果を得ることができる．例えばタンパク質溶液の赤外スペクトルにおけるアミドバンドには二次構造に由来する複数のピークが重なって現れるが，二次元相関分光法による解析では，そのピーク本数を前もって知っておく必要がないというのが大きな利点となり，さまざまなタンパク質の研究

に応用されてきた[20]．また，大量のスペクトルデータを使って解析する MW2D 法や 2 本のスペクトルデータだけで解析する 2T2D 法の応用も盛んに行われ，さらに二次元相関分光法に基づく新しいデータ解析手法の提案も行われている．これを機会に，手元にあるスペクトルデータを使って二次元相関分光法による解析を行ってみてはいかがであろうか？

参考文献

1) I. Noda and Y. Ozaki, *Two-Dimensional Correlation Spectroscopy –Applications in Vibrational and Optical Spectroscopy*, John Wiley & Sons, New Jersey（2004）

2) 田隅三生，赤外分光測定法 – 基礎と最新手法，エス・ティ・ジャパン（2012）

3) 西岡利勝，高分子赤外・ラマン分光法，講談社（2015）

4) I. Noda, *J. Am. Chem. Soc.*, **111**, 8116–8118（1989）

5) I. Noda, *Appl. Spectrosc.*, **47**, 1329–1336（1993）

6) I. Noda, A. Dowrey, C. Marcott, G. Story, and Y. Ozaki, *Appl. Spectrosc.*, **54**, 236A–248A（2000）

7) I. Noda, *Appl. Spectrosc.*, **54**, 994–999（2000）

8) 森田成昭，Python で始める機器分析データの解析とケモメトリックス，オーム社（2022）

9) （https://sites.google.com/view/shigemorita/home/2dshige）

10) （https://github.com/shigemorita/2Dpy）

11) I. Noda, *Appl. Spectrosc.*, **57**, 1049–1051（2003）

12) M. A. Czarnecki, *Appl. Spectrosc.*, **52**, 1583–1590（1998）

13) Y. M. Jung, H. S. Shin, S. B. Kim, and I. Noda, *Appl. Spectrosc.*, **56**, 1562–1567（2002）

14) H. Yamasaki and S. Morita, *Spectrochim. Acta. A*, **197**, 114–120（2018）

15) D. Marlina, Y. Park, H. Hoshina, Y. Ozaki, Y. M. Jung, and H. Sato, *Anal. Sci.*, **36**, 731–735（2020）

16) S. Morita, H. Shinzawa, I. Noda, and Y. Ozaki, *Appl. Spectrosc.*, **60**, 398–406（2006）

17) M. Thomas and H. H. Richardson, *Appl. Spectrosc.*, **24**, 137–146（2000）

18) S. Morita, H. Shinzawa, R. Tsenkova, I. Noda, and Y. Ozaki, *J. Mol. Struct.*, **799**, 111–120（2006）

19) I. Noda, *J. Mol. Struct.*, **1160**, 471–478（2018）

20) Y. Wu, L. Zhang, Y. M. Jung, and Y. Ozaki, *Spectrochim. Acta. A*, **189**, 291–299（2018）

第4章 多次元分光法

　本章では，複数の光パルスを用いた先端的な分光手法である多次元分光法について解説する．**多次元分光法**は測定対象とする現象と用いる光パルスの波長によっていくつかに分類されるが，以下では歴史的な発展の順序に従い，まず原子の核スピン間の相互作用を調べる二次元NMRを取り上げ，多次元分光法の基本と理論的な取り扱いを解説する．次に比較的最近登場した手法として，分子の振動準位間の相関を調べる二次元赤外分光法，および分子系の電子状態間の相関を調べる二次元電子分光法を紹介する．これらの新しい分光法の原理は，長い歴史をもつ二次元NMRの理論体系と共通するところが多く，一見大きく異なる測定技術に見えるが，その裏にある共通点に注目することで，より深い理解に到達できると考えられる．

4.1 ■ 二次元NMR分光法

　パルスFT-NMR法（pulse Fourier transform nuclear magnetic resonance, パルスフーリエ変換核磁気共鳴法）[i] の多次元測定は，核スピン系の電磁波に対する非線形応答を調べるための汎用的な測定概念として1975年に発表されて以来[1),2)]，理論面でも応用面でも目覚ましい発展を見せてきた．これはひとえに，いわゆる「高分解能NMR」ではコヒーレンスの持続時間が $10^{-3} \sim 10^{0}$ 秒程度のオーダーと他の分光法に比べて長く，その時間を利用して複雑な多重電磁波パルス列（パルスシーケンス）で測定対象であるスピンの状態を精密に制御できるからである．現在のNMRの理論の記述は，そのような複雑なパルスシーケンスによるスピン状態の回転操作を記述しやすいように特化されており，NMR以外の分光法の理論の記述とはかなり毛色が異なる．このため，分野外から来るNMR初学者にとって標準的なNMRの教科書はとっつきにくく，必要な情報にたどり着くまでに非常に時間がかかる．そこで本節では，初学者に向けてNMRにおける相関測定の基本構造を理解するの

---

[i] NMRには磁場掃引しながら電磁波を照射して共鳴線を測定するCW-NMRと，パルス状の電磁波を照射してその時間応答からフーリエ変換でスペクトルを得るパルスFT-NMRの2種類がある．本書で扱う二次元相関測定はパルスFT-NMR法を使って測定されるので，特に本文では言及することなくパルスFT-NMRの話であることを前提として進める．

第 4 章　多次元分光法

に必要最小限なエッセンスだけをまとめ，話題があまり広がりすぎないようになるべく簡潔に原理の解説をした．それと同時に記述は一般的な NMR の理論の記述を踏襲し，詳細に説明しきれなかった箇所は標準的な教科書や参考文献などでより厳密に学べるようにした．

　この節はおおむね前半と後半に分かれており，前半では半古典論と模式図を最大限に使い NMR の二次元相関測定を直観的に理解できるように説明することを試みた．後半ではやや厳密さを追求し，量子論を使って定量的に解析できる手法を提示した．もちろんきちんと理解するためには量子論的な取り扱いは避けては通れないが，一方で議論がやや専門的になるのも避けられないので，NMR の二次元相関測定の概要だけ掴みたいという読者は 4.1.7 項まで読んで先に進んでもよいかもしれない．

　また本節では，NMR における相関測定の仕組みを説明する際に実際の測定法を例に挙げているが，あくまでも測定の構造の説明をするために取り上げているのであり，アプリケーションの説明を目的としているものではないため，説明は必要最低限に抑えている．NMR の測定で取得できる情報の詳細や実験手法や，装置の実際については専門書を参考にされたい．

4.1.1 ■ スピン

　NMR 分光法は磁場中に置かれた原子核の電磁波共鳴スペクトルを測定する手法であるが，その共鳴現象の源は核のもつスピンの磁性であるため，NMR はミクロな磁化を測定する分析法であるともいえる．その際，目的の情報が得られるように核スピンの状態を電磁波で精密に制御する必要があるため，NMR は分光法というよりはスピン操作の観点で説明されることのほうが多い．

　スピンは量子力学上の粒子のもつ性質であり，あえて古典論的に表現すれば電荷をもつ粒子が自転していて，角運動量とそれにともなう磁気モーメントを有している状態であると考えられる．スピンの角運動量はスピン量子数 I で表され，スピン I の粒子は磁気量子数 $m = -I, -I+1, \cdots, I$ の $2I+1$ の状態をもつ．核を構成する陽子や中性子はスピン 1/2 であり，それらの組み合わせで作られる核は半整数もしくは整数のスピン量子数をもちうる．スピンが 0 の同位体もあるが，そのような同位体では NMR は観測できない．

　溶液の NMR で主に測定対象とされる ^{1}H, ^{13}C, ^{15}N, ^{19}F, ^{29}Si, ^{31}P などの核種はスピン 1/2 である（**表 4.1.1**）．これらの核種は静磁場中に置かれると磁気量子数 $m = \pm 1/2$ に対応する平行（α）・反平行（β）の異なる 2 つのエネルギー状態をとる

4.1 二次元 NMR 分光法

表 4.1.1 溶液 NMR で測定される主な核スピン

核種	S	γ (rad·T^{-1}·s^{-1})	天然同位体比(%)	9.4 T でのラーモア周波数($\times 10^6$ Hz)[ii]
^{1}H	1/2	2.6752×10^8	99.98	400.13
^{13}C	1/2	6.728×10^7	1.11	100.61
^{15}N	1/2	-2.712×10^7	0.36	40.56
^{19}F	1/2	2.5181×10^8	100	376.50
^{31}P	1/2	1.0841×10^8	100	161.98
^{29}Si	1/2	-5.319×10^7	4.68	79.50

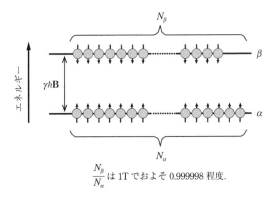

$\dfrac{N_\beta}{N_\alpha}$ は 1T でおよそ 0.999998 程度.

図 4.1.1 スピン 1/2 のゼーマンエネルギーによる分裂

(図 4.1.1). この状態はスピンの磁気モーメントが外部磁場に配向してエネルギー的に安定な平行状態と不安定な反平行状態に分かれた状態であるとイメージしてもよいかもしれない. この α および β のエネルギー E は外部磁場 $\mathbf{B}_0$ の大きさに比例し,

$$E = -\gamma \hbar m \mathbf{B}_0 \tag{4.1.1}$$

[ii] 2024 年執筆時点現在, 商用の高磁場高分解能 NMR 装置は 9.4〜28 T の磁場の範囲で普及している. この表ではそのうち最も汎用的に使われている 9.4 T での核種ごとのラーモア周波数(共鳴周波数)を参考として示した. 使用される磁場の強度は最もよく測定する ^{1}H の周波数がきりのよい値になるように決められており, 例えば 9.4 T という磁場強度は, ^{1}H の周波数がおよそ 400 MHz になるように選ばれている. またこのため, NMR の業界には磁場強度を ^{1}H の周波数で表現して 9.4 T の NMR 装置を「400 MHz NMR」などと呼ぶ慣習がある.

第4章 多次元分光法

で与えられる．ここで $\gamma(\text{rad}\cdot\text{T}^{-1}\cdot\text{s}^{-1})$ は核種固有の磁気回転比，$\hbar = h/2\pi$（h はプランク定数），m はスピンの磁気量子数，$\mathbf{B}_0(\text{T})$ は磁場の強さである．このエネルギー準位の分裂を**ゼーマン分裂**といい，その分裂の大きさ ΔE はスピン $I = 1/2$ の場合，

$$\Delta E = \gamma\hbar\left(\frac{1}{2}\right)\mathbf{B}_0 - \gamma\hbar\left(-\frac{1}{2}\right)\mathbf{B}_0 = \gamma\hbar\mathbf{B}_0 = \hbar\omega_0$$

となる．この周波数 ω_0 を**ラーモア周波数**と呼び，NMR の共鳴周波数に対応する．共鳴周波数 ω_0 は外部磁場に依存するが，スピンが感じる実際の外部磁場はスピンの周りの電子環境の影響（電子遮蔽）を受けて与えられた静磁場からずれるため，同じ核種でも共鳴周波数にばらつき（シフト）がある．この周波数シフトを**化学シフト**と呼び，スペクトルから化学種や結合様式なども特定できる重要な情報となる．

　NMR で観測するのは，この静磁場に配向したスピンの磁気モーメントの総和である．しかし，平行状態と反平行状態の磁気モーメントは打ち消しあううえに，ゼーマン分裂が作るエネルギー差は非常に小さいため，室温でのそれぞれのエネルギー準位の占有数の差も小さく，試料中のすべてのスピンの磁気モーメントを足し合わせてもわずかな磁化にしかならない．そのため NMR を測定するためには非常に大きなスピン集団を用意しなければならず，観測対象となるのは個々のスピンではなくその集団がつくる巨視的な磁化である．このようなスピンのマクロな集団の平均として観測される巨視的磁化の動きは限定的ではあるものの，古典論で記述することができ，現象論的に説明できる．そこでまず，より直観的に理解しやすい古典論での NMR の記述から説明を始めたい．

4.1.2 ■ NMR の巨視的現象論

　NMR 測定，特に複雑な相関測定の説明をするには量子論を避けては通れないが，そこに入る前に，最終的に得たいデータのイメージが湧くように現象論としての NMR に簡単に触れたいと思う．NMR を古典論で説明するためには，スピンのもつ磁気モーメントの総和である巨視的な磁化ベクトルの運動として考える．外部磁場に沿って生じた磁化ベクトル（**縦磁化**）は平衡状態では静磁場方向で静止しているが，何らかの手段で磁化ベクトルを横に傾ける（**横磁化**）と，磁化ベクトルは磁場の周りを回転し始める．これは個々のスピンが磁気モーメントと静磁場の相互作用により生じたトルクで歳差運動をしていて，横磁化が生じると個々のスピンの回転の位相がそろい（**コヒーレンス**），その足し合わせである巨視的な磁化ベクトルも回るからである．このときのスピンの歳差運動は重力を受けて歳差運動をするコマの運

156

4.1 二次元 NMR 分光法

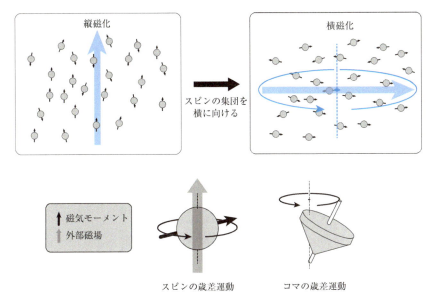

図 4.1.2 磁場中におかれたスピンの歳差運動と磁化ベクトルとの回転運動

磁場中に置かれたスピンは，自身がもつ磁気モーメントと磁場との相互作用により発生するトルクで歳差運動している．このスピンの歳差運動は，回転するコマが重力にひかれて回転運動をするのと同じ動きである．磁場中に置かれた試料中のスピンの集団も歳差運動をしているが，熱平衡状態（縦磁化）では個々のスピンの位相がそろっていないため巨視的には静止している．しかしスピンの集団を横に向けて横磁化を作り出すと，スピンの位相に偏り（コヒーレンス）が生まれ，巨視的な磁化ベクトルも回転する．

動と同じであるため，コマの振る舞いを想像すれば，どういう力が働き，どのような動きをするのかイメージがしやすいであろう（**図 4.1.2**）．この個々のスピンの歳差運動の周波数は共鳴周波数に相当し，したがって磁化ベクトルも共鳴周波数で回転する．

歳差運動を始めた磁化ベクトルは元の熱平衡状態に戻ろうとするため，回転しながら徐々に静磁場方向に戻っていく．この平衡状態に向かっていく状態変化を**緩和**と呼び，時定数 T_1 で規定される磁化の静磁場方向への緩和を**縦緩和**，時定数 T_2 で規定される横方向の緩和を**横緩和**と呼ぶ．個々のスピンの状態の視点で見れば縦緩和は α, β が元の熱平衡状態の分布に戻る過程であり，横緩和はスピン集団の回転運動の**デコヒーレンス**（回転するスピン集団内の位相の乱れ）であり，2 つの緩和機構は独立に起こる．

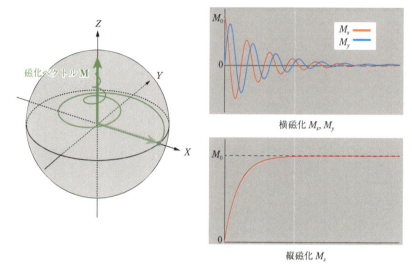

図 4.1.3 非平衡状態にある磁化ベクトルの動き

この歳差運動と緩和が組み合わさった磁化ベクトル $\mathbf{M} = (M_x(t), M_y(t), M_z(t))$ の XYZ の直交座標系における運動は，次の3つの式で記述できる．

$$M_x(t) = M_0 \cos(2\pi\omega t)\exp\left(-t/T_2\right) \quad (4.1.2)$$

$$M_y(t) = M_0 \sin(2\pi\omega t)\exp\left(-t/T_2\right) \quad (4.1.3)$$

$$M_z(t) = M_0\left\{1-\exp\left(-t/T_1\right)\right\} \quad (4.1.4)$$

ここで Z 軸は静磁場の向きである．これらの式は，ブロッホ方程式[3]と呼ばれる静磁場下における巨視的磁化の運動を現象論的に記述する微分方程式から導かれる（**図 4.1.3**）．

この磁化の回転運動の周波数を測れば共鳴周波数がわかり，そこから化学シフトなどの有用な情報を抽出することができる．回転する磁化の周波数を測る方法はいくつかあるが，試料の周りにコイルを巻き誘導起電力を測定する方法が簡単で一般的に使用されている（**図 4.1.4**）．

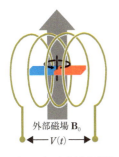
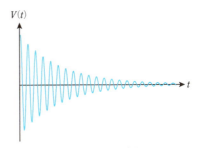

コイルの中で回転する磁化 　　　　検出された NMR 信号

図 4.1.4　誘導起電力による NMR 信号の検出

コイルの中に描かれている磁石はサンプルの模式図である．サンプルは外部磁場 B_0 中に置かれ，検出コイルはサンプルの周りに外部磁場と直交するように巻かれる．横方向に倒れた磁化は静磁場との相互作用によりコイル中でラーモア周波数で回転し，コイルの両端に電圧 $V(t)$ を生みだす．それを検出したものが NMR 信号 (FID) となる．

4.1.3 ■ 磁化の回転と横磁化の生成

　横磁化を生み出し共鳴周波数を調べるためには，何らかの手段で縦磁化を横向きに倒さなければならない．そこでまず単純に思いつくのは，磁場で磁化ベクトルを回転させるということである．磁気モーメントをもつ磁化ベクトルは，横磁化が静磁場との相互作用で回転し始めるのと同様に，任意の磁場の周りを右ネジ方向に回る．これを利用して，静磁場 (B_0) 方向と直交した方向にもう一つの磁場 (B_1) を短時間作用させて磁化ベクトルを横向きに回転させることができる．例えば X 方向の B_1 磁場を試料に作用させると，$+Z$ 方向を向いていた磁化ベクトル (縦磁化) は $-Y$ 方向に向かって反時計周りに ZY 平面上を回転し，横向きに倒れる (**図 4.1.5** (A))．しかもこのような操作は，検出用に試料の周りに巻いているコイルに電流に流して磁場を作れば容易に実現できそうである．だが実際はこれだけだと B_0 が B_1 と共存するため，磁化ベクトルは十分に傾かない．これは静磁場 B_0 が小さなコイルが作れる磁場 B_1 に比べて非常に大きく，B_0 と B_1 の合成磁場は元の B_0 磁場とほとんど向きが変わらず縦方向を向いたままだからである (**図 4.1.5**(B))．

　この大きな B_0 磁場存在下で磁化ベクトルを操作し，横磁化を作るためには，共鳴周波数と一致した周波数の交流電流をコイル中に流し B_1 の回転磁場[iii] を作れば

[iii] 正確にはコイルに交流電流を流しても振動磁場は生じるが回転磁場は生じない．しかし，振動磁場は反対向きに回転する 2 つの回転磁場の足し合わせなので，2 つのうち共鳴周波数と同じ符号の回転成分が作用することになる．

(A) $\mathbf{B}_1$ 磁場による磁化ベクトルの回転

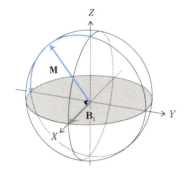

(B) $\mathbf{B}_0$ 磁場存在下での磁化ベクトルの回転

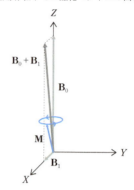

(C) $\mathbf{B}_1$ 回転磁場による磁化ベクトルの回転

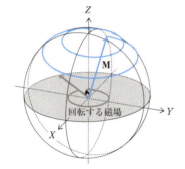

(D) 回転座標系 (X', Y', Z) における磁化ベクトルの回転

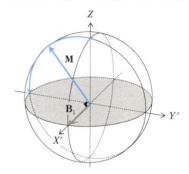

図 4.1.5　$\mathbf{B}_1$ 回転磁場による横磁化の生成

よい．これは共鳴周波数で回転する $\mathbf{B}_1$ 回転磁場は同じく共鳴周波数で回転する磁化ベクトルの動きを追随するため，$\mathbf{B}_1$ の向きが常に Z 軸と磁化ベクトルが張る平面と垂直な関係にあり，$\mathbf{B}_1$ の周りを磁化ベクトルが回り続けるからである（図 4.1.5 (C)）．この回転磁場の周波数と共鳴周波数の一致によるスピンの状態変化が NMR の**共鳴条件**に相当する．

ところでこの状況を共鳴周波数で回転する視点で系の外から見れば，あたかも $\mathbf{B}_0$ の存在を無視して，静止した $\mathbf{B}_1$ の周りを磁化が回っているように見える（図 4.1.5 (D)）．この共鳴周波数で回転する観測系は**回転観測系**と呼ばれ，相互作用による時間依存性を消し，解析を簡単にする NMR の理論において重要なテクニックである．このことは後ほどより詳細に量子力学の文脈でも説明する．

またこれ以降さらに詳しく見ていくが，縦磁化を横向きに倒したとき同様，

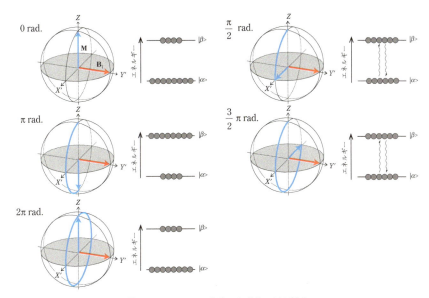

図 4.1.6 RF パルスを使った磁化の回転操作

Z 磁化を基点とした $(\theta)_y$ パルスによる回転．青い矢印が磁化ベクトルで赤い矢印が $\mathbf{B}_1$ の向きである．$\mathbf{B}_1$ 磁場をかけ続けると磁化ベクトル $\mathbf{M}$ は右ねじ方向に回転し続ける．各ブロッホ球[iv]の隣に描かれているエネルギー準位図はその磁化ベクトルの状態における占有数を表している．また，状態間を結ぶ波線矢印は横磁化（コヒーレンス）の存在を示している．

NMRでは磁化ベクトルの精密な回転制御が測定の基本となる．つまり回転磁場を作用させる時間幅を制御することによって，磁化ベクトルの向きを制御するのである．このような回転磁場は一般的には MHz 帯の周波数であるため RF(radio frequency，ラジオ波)磁場と呼ばれており，また RF 磁場の作用は緩和や相互作用などの時間オーダーと比べて十分に短くパルス状に作用するため，スピン操作に使われる RF 磁場を RF パルスなどと呼ぶ．パルスによるスピン操作は今後繰り返し登場するため，以降本書ではその回転角と位相に応じて $\left(\pi/2\right)_x$ パルスや $(\pi)_y$ パルスなどのように，$(\theta)_\phi$ パルス(θ：回転角，$\phi = \pm x, \pm y, \pm z$)と簡略して表記する(**図 4.1.6**)．

4.1.4 ■ FID(free induction decay, 自由誘導減衰)と NMR スペクトル

4.1.3項で説明した「RF パルスを作用させる→横磁化を観測する」という操作が，最も単純な測定であるシングルパルス測定である(**図 4.1.7**)．このシングルパ

[iv] ブロッホ球は本来は，2つの純粋状態の重ね合わせを単位球上のベクトルとして表現する道具である．NMRではそこから拡張し，スピンがつくる磁化ベクトルを単位球上で表すのにも使用する．

第4章 多次元分光法

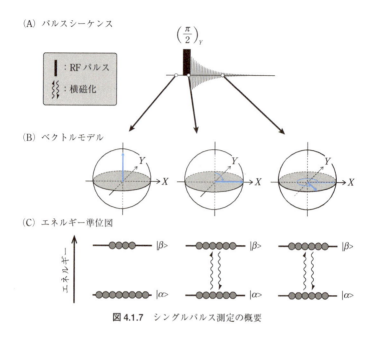

図 4.1.7 シングルパルス測定の概要

ルス測定において横磁化は式(4.1.2)，(4.1.3)の運動方程式に従って共鳴周波数で回転しながら，緩和により指数関数で減衰していく．このとき磁化の回転運動は回転観測系では止まって見え，横磁化の強度を観測することによって得られる信号は単純な指数関数の減衰となる．しかし，実際の測定では共鳴周波数とRF磁場の周波数が完全に一致しているとは限らないため一般的には回転観測系でも磁化ベクトルの回転は完全に止まっていない．そのようなRF磁場の回転周波数 ω_{rf} と異なる共鳴周波数 ω_0 をもつスピン由来の磁化は，回転観測系ではオフセット周波数 $\Omega_0 = \omega_{rf} - \omega_0$ で回転して観測される．したがってこの測定で観測されるNMR信号は，そのようなオフセット周波数 Ω_0 で回転しながら指数関数で減衰する信号になり

$$s(t) = A\exp(-\lambda t)\exp(i\Omega_0 t) \qquad (4.1.5)$$

の形で表され，**FID**(free induction decay, **自由誘導減衰**)と呼ばれる．ただしここで $\lambda = 1/T_2$ とおいた．また信号が複素数になっているのは，X軸方向とY軸方向の強度を組み合わせて回転の向きを表現しているためである．このFIDから周波数情報を抽出してスペクトルを作るためにはフーリエ変換を行う．フーリエ変換は，

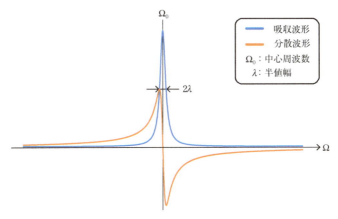

図 4.1.8　NMR の Lorentzian 波形ピーク

$$S(\Omega) = \int_0^\infty s(t)\exp(-i\Omega t)\,dt \tag{4.1.6}$$

で定義される変数変換であり，FID を $s(t)$ として代入すれば，

$$S(\Omega) = A\int_0^\infty \exp(-\lambda t)\exp(i\Omega_0 t)\cdot\exp(-i\Omega t)\,dt \tag{4.1.7}$$

となる．この積分を評価すると

$$S(\Omega) = A\left(\frac{\lambda}{\lambda^2+(\Omega_0-\Omega)^2} + \frac{\Omega_0-\Omega}{\lambda^2+(\Omega_0-\Omega)^2}i\right) \tag{4.1.8}$$

のように周波数 Ω の関数となる．$S(\Omega)$ の実部を周波数 Ω についてプロットすると中心周波数 Ω_0，半値幅 λ のローレンチアン(Lorentzian)と呼ばれる形状のピークの吸収波形が得られる(図 4.1.8)．一方虚部をプロットすると，強度が正負におよぶ裾の広い分散波形が得られる．通常はより分解能が得られて，かつ信号同士が打ち消しあわない吸収波形をプロットしてスペクトルの解析を行う[v]．

4.1.5 ■ カップリングした 2 スピン系

2つのスピンが磁気的に相互作用をしている場合，スピンが**カップリング**しているという．NMR のスピン–スピンカップリングには直接的な磁気相互作用である

---

[v] NMR 信号の波形については，Protein NMR Spectroscopy: Principles and Practice, 2nd Edition (Academic Press)[4]の 3 章および 4 章が詳しい．

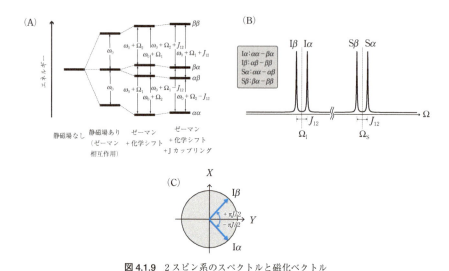

図 4.1.9 2スピン系のスペクトルと磁化ベクトル

双極子カップリングと，電子軌道を介した間接的な相互作用の結果生じる J カップリング（スカラーカップリング）がある[vi]．双極子相互作用と J カップリングの一番の大きな違いは，前者は空間を通して作用できるのに対し，後者は化学結合している相手としか相互作用できないということである．また溶液中では，分子の回転により双極子の相互作用は平均化されるため観測できないのに対し，J カップリングは回転に不感（スカラー）な項があるので平均化されずに残る．そのため J カップリングを使った解析は主に溶液中の有機化合物の構造解析に威力を発揮する．

弱く J カップリング[vii]した 2 スピンの系のエネルギー準位図を**図 4.1.9**(A)に示す．2 つの等価なスピンからなる 2 スピン系は，まずゼーマン相互作用で 3 つの準位に分かれる．このとき $\alpha\beta$ と $\beta\alpha$ の準位は縮退しているが，化学シフトによって 2 つのスピンが区別される場合，縮退が解けて 4 つの準位に分かれる．さらに 2 つのスピン間に J カップリングが存在する場合，同じ向きのスピン対はエネルギーが上がり，逆向きのスピン対はエネルギーが下がり，4 つの準位を結ぶ 4 つの遷移は

[vi] 核スピンに影響を及ぼす相互作用の種類および起源については，Spin Dynamics (Wiley)[5]の 9 章がわかりやすいので，より詳しい説明はそちらを参照されたい．

[vii] この場合の「弱く」というのは $J \ll |\Omega_I - \Omega_S|/2\pi$ を満たす，つまり J カップリングによるエネルギー差が十分に小さく摂動として扱え，系が 2 スピンの直積基底（$\alpha\alpha, \alpha\beta, \beta\alpha, \beta\beta$）で表せるという意味である．

それぞれ別のエネルギー差を示す．この準位図より，カップリングした2スピン系では，2つのスピンのオフセット周波数 Ω_I と Ω_S を中心として，それぞれ $\Omega_I \pm \pi J$ および $\Omega_S \pm \pi J$ の4つの周波数のピークがスペクトル上に生じることがわかる（**図 4.1.9**(B)）．これをそれぞれのオフセット周波数を0とするような回転観測系上のベクトルの動きで表すと，周波数 πJ で逆向きに回転する2成分として表せる（**図 4.1.9**(C)）．

4.1.6 ■ 二次元相関測定

二次元測定はその名のとおり時間軸が2つある測定であるが，2つの時間軸で磁化の動きをリアルタイムでデータとして取り込んでいるわけではない．2つある軸のうちの一つは直接 FID を取り込んだ時間軸であるが，もう一方は時間パラメータ依存的な変調がかかった複数の FID を並べて作った間接的な時間軸である．FID にかかる変調は測定中の時間パラメータによって制御され，その時間パラメータを測定ごとに逐次的に加算させていくことによって，異なる位相もしくは強度変調を FID に施す．時間パラメータの数を増やすことにより三次元，四次元などのより高次元の相関スペクトルも作ることが可能であり，実際に実用化されてもいる．

ここでより具体的に NMR の二次元相関測定を説明するために，仮想的な測定を例として取り上げる（**図 4.1.10**(A)）．この測定は単一のパルスで横磁化を作り出し，t_1 の遅延時間ののち t_2 時間 FID を取り込むという単純な測定である．結果として得られる二次元スペクトルは一次元目と二次元目ともに同じ周波数をもつので，一次元スペクトル以上の情報量はもたないが測定のコンセプトの説明には使える．実際の二次元相関測定では，複数のパルスを使ってスピン間の磁化移動を行い相関を測定するが，それがどのようにして実現できるのかの詳細は次項にまわし，まずはどのような信号を取得することを目的としているのかを説明するために，測定の手続きとデータの形状のみをここで示す．

この仮想パルスシーケンスでは，まずシングルパルス測定と同様に $\pi/2$ パルスで横磁化が作りだされ，その横磁化が t_1 時間の間 XY 平面上を回転する．そして t_1 時間待ったのち FID の観測を開始する．このとき当然ながら観測される FID の初期位相と緩和時間による減衰は時間 t_1 に依存する．この t_1 をパラメータとして測定ごとに一定量加算しながら測定を複数回繰り返せば，位相が加算されていった一連の FID を取得できる．より具体的に書けば，時間パラメータに応じた $\exp\left(-(i\Omega - \lambda)(t_0 + n\Delta t)\right)$ という位相が n 番目の測定で取得した FID に加算される．ただしここで t_0 は時間パラメータの初期値で，Δt は測定ごとの増分，n は何番目

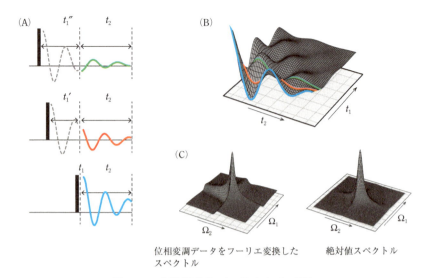

位相変調データをフーリエ変換した　　　　絶対値スペクトル
スペクトル

図 4.1.10 位相変調を使った二次元データの取得
(A)待ち時間 t_1 を逐次的に伸ばしていくことにより，t_2 時間で取得した FID に t_1 依存的に強度および位相の変調を付与する．(B)取得した一連の FID を t_1 の大きさの順で並べ，二次元状のデータを構成する．(C)両軸を順番にフーリエ変換したのち絶対値を取り，スペクトルとする．

の測定であるかを示す．そしてこの測定で取得した一連の FID を測定順に並べると，最終的に

$$s(t_1, t_2) = \exp(-i\Omega + \lambda)t_1 \cdot \exp(-i\Omega + \lambda)t_2 \tag{4.1.9}$$

という FID が位相変調を受けた二次元状のデータになる（**図 4.1.10**(B)）．ここで見やすくするために $t_0 + n\Delta t$ を t_1 という連続な時間パラメータに置き換え，FID の取り込み時間を t_2 とした．このとき t_1 軸のように測定のパラメータとして取得した軸を**間接観測軸**と呼び，t_2 軸のように実際に FID を取り込んだ時間軸は**直接観測軸**と呼ぶ．

取得した $s(t_1, t_2)$ に t_1, t_2 についてそれぞれ独立にフーリエ変換を施すと，

$$S(\Omega_1, \Omega_2) = \int_{t_2=0}^{\infty} \int_{t_1=0}^{\infty} \exp((-i\Omega + \lambda)(t_1 + t_2)) \exp(-i\Omega_1 t_1) \exp(-i\Omega_2 t_2) \, dt_1 dt_2 \tag{4.1.10}$$

と周波数軸に変数変換でき，**図 4.1.10**(C)のような二次元スペクトルが得られる．

4.1 二次元 NMR 分光法

しかし，このようにして得られた二次元スペクトルは t_1 軸と t_2 軸がともに指数関数形状の位相変調データであるため，フーリエ変換後の実部は純吸収型波形にならず[viii]，ピークの裾が正負に捻じれてしまう．このような裾が捻じれたピークは解析しづらいため，通常は絶対値を取った値をプロットして解析する．

この測定は二次元測定の構造を示すためだけの非実用的な測定ではあるが，他の二次元測定も基本的に同じような構造をもつ．すなわち，ある周波数と時間パラメータ t_1 に依存する変調を FID に施し，それを並べて二次元データを構成する．しかしこのままではなんら情報量も増えない測定にしかならないので，t_1 と t_2 の間に磁化移動という操作を挟み，スピン間で磁化を移すことによって t_1 と t_2 において異なるスピンの共鳴周波数で回転運動させる．このことにより 2 つの周波数の交点にピークが現れ，そのピークの位置により相互作用しているスピン同士が特定される．

4.1.7 ■ 磁化移動の半古典的記述

前項では二次元測定のデータの取得方法と構造を説明したが，**図 4.1.10**(A) の測定では一次元スペクトル以上には情報が増えていないためなんら実用性がない．二次元測定を役立たせるためには，複数のスピンが相互作用した系でスピン同士の相関を測定しなければならず，その相関を生み出すには**磁化移動**という操作が必要となる．磁化移動はあるスピンの横磁化から相互作用している別のスピンの横磁化へ強度や位相を移す操作のことであり，相関測定の根幹をなす．この操作の正確な記述は量子論の導入を待たなければならないが，ベクトルモデルとエネルギー準位図を駆使して限定的ではあるが半古典的に仕組みを説明できる．

ここでは**異種核 COSY** という測定を元にしたモデル測定（**図 4.1.11**(A)）を使い，2 スピン系における J カップリングを介した磁化移動の例を示す．またここで扱う測定対象となるスピン系は，4.1.5 項で説明した弱いカップリングのある 2 つのスピン I と S からなる 2 スピンの系である．さらに話を単純にするために，スピンの共鳴周波数が十分に離れていてそれぞれのスピンを独立に操作および観測できるとする．これは例えば，2 つのスピンが異なる核種であった場合などである．

静磁場下に置かれたスピン系の平衡状態では，それぞれの準位にボルツマン分布に従ってスピンが収まり縦磁化を作っているが，ここではわかりやすくするためにI スピン側の遷移は 3δ，S スピン側の遷移は δ の占有数の差があるとした（**図 4.1.11**

[viii] 純吸収波形，つまり両軸とも吸収型になるピークを得るためには強度変調のデータを取得する必要がある．

167

第4章 多次元分光法

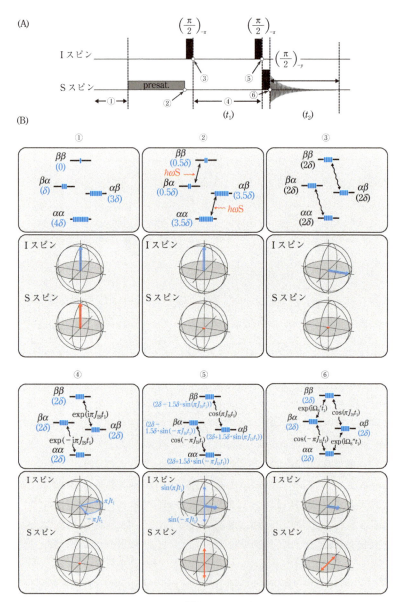

図 4.1.11 異種核 COSY の磁化移動
(A)異種核 COSY のパルスシーケンス．(B)上段：パルスシーケンス中の各時間(①～⑥)における I および S スピンのエネルギー状態図．下段：各時間におけるスピンの状態をベクトルモデルで表した図．

（B-①）．そこにまず事前飽和（presaturation）[ix] という手法を使い，Sスピンの遷移を飽和させて上下のエネルギー準位の占有率を等しくする（**図 4.1.11**（B-②））．これは磁化移動とは本質的に関係のない操作なのだが，この操作をすることによって解釈しやすい結果を与えるのでここでは採用した．事前飽和後，Iスピンに最初の $\left(\frac{\pi}{2}\right)_{-x}$ パルスを作用させ横磁化を作る（**図 4.1.11**（B-③））．XY 平面上にのったIスピンの横磁化は静磁場との相互作用で回転し始めるが，そのときSスピンとJカップリングしているため，周波数が $\Omega_\mathrm{I}' = \Omega_\mathrm{I} + \pi J$ と $\Omega_\mathrm{I}'' = \Omega_\mathrm{I} - \pi J$ の異なる2つの磁化 $\mathrm{I}\alpha$ と $\mathrm{I}\beta$ に分かれる（**図 4.1.11**（B-④））．ここで $\Omega_\mathrm{I} = 0$ と置くと，つまりオフセット周波数が0の場合を考えると，$\mathrm{I}\alpha$ と $\mathrm{I}\beta$ がそれぞれ Y 軸を境に $\pm\pi J$ で回転するだけになり状況が単純になるので，ひとまずそのような状況を考える．次に t_1 を待ったのち2つ目の $\left(\frac{\pi}{2}\right)_{-y}$ パルスをIスピンに作用させると，この時点では $\mathrm{I}\alpha$ と $\mathrm{I}\beta$ はそれぞれ $\pm\pi J t_1$ 回転しているため，$\mathrm{I}\alpha$ の $\sin(-\pi J t_1)$ 成分が $-Z$ 方向を向き $\mathrm{I}\beta$ の $\sin(\pi J t_1)$ 成分が Z 方向を向く．この操作により，Iスピン側だけではなくSスピン側の遷移における占有数の差もJカップリングに依存した変調を受ける（**図 4.1.11**（B-⑤））．そして最後にSスピン側に3つ目の $\left(\frac{\pi}{2}\right)_{-y}$ パルスを作用させると，変調を受けたSスピンの横磁化が作り出される（**図 4.1.11**（B-⑥））．ここで一般的に $\Omega_\mathrm{I} = 0$ ではないので，再びIスピンの $\pm\pi J$ を $\Omega_\mathrm{I}' = \Omega_\mathrm{I} + \pi J$ と $\Omega_\mathrm{I}'' = \Omega_\mathrm{I} - \pi J$ に戻すと，Sスピンの横磁化は $\Omega_\mathrm{S}' = \Omega_\mathrm{S} + \pi J$ と $\Omega_\mathrm{S}'' = \Omega_\mathrm{S} - \pi J$ で回るため，最終的に観測される FID は，

$$M_{\mathrm{S}\alpha} = 1.5\delta \cdot (\sin\Omega_\mathrm{I}'t_1 - \sin\Omega_\mathrm{I}''t_1) \cdot \exp(i\Omega_\mathrm{S}'t_2)$$

$$M_{\mathrm{S}\beta} = 1.5\delta \cdot (-\sin\Omega_\mathrm{I}'t_1 + \sin\Omega_\mathrm{I}''t_1) \cdot \exp(i\Omega_\mathrm{S}''t_2)$$

となり，Iスピンの Ω_I と J に依存した強度変調がSスピンの横磁化に磁化移動で移されたことがわかる．実際の測定では t_1 はあくまでも測定のパラメータなので，t_1 を逐次的に増加させながら複数の FID を測定しなければならないが，このようにして測定された FID を t_1 の順に並べると最終的な二次元のデータが取得できる

[ix]　特定の遷移に対応する周波数の弱い RF 磁場を作用させ遷移を飽和させる操作．この操作により，照射された遷移の上下の準位の占有数が等しくなる．つまりあらかじめ熱平衡で生じたSスピンの縦磁化は消え，Iスピンからの磁化移動により生じたSスピンの磁化だけが観測されるようになる．

第4章 多次元分光法

(A) t_2軸をフーリエ変換後のサイン変調信号

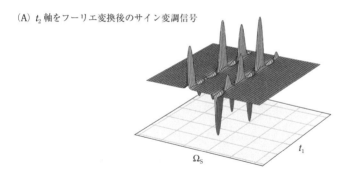

(B) 両軸をフーリエ変換後のサイン変調信号

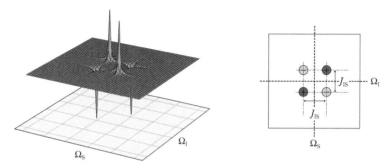

図 4.1.12 異種核 COSY の二次元信号

(図 4.1.12(A))．この時間領域信号をフーリエ変換を用いてスペクトルにすると，(Ω_I', Ω_S')，(Ω_I'', Ω_S')，(Ω_I', Ω_S'')，(Ω_I'', Ω_S'') の 4 つのピークが観測される（図 4.1.12(B))[x]．このとき得られたデータは強度変調になるので，式(4.1.9)の位相変調信号とは違い，フーリエ変化後のスペクトルの実部は純吸収形状になっている．

このような簡略化された測定であれば辛うじて半古典的記述でも説明できるが，磁化移動には複雑なスピンの操作がともない，かつエネルギー準位図で表しきれない横磁化の動きが重要となり，記述できる現象には限界がある．この磁化の動きを完全に表現するためには量子論的な記述が必要になり，次項からこれを説明する．

---

[x] 正確にいうと $\sin \Omega t = 1/2 \ |\exp(i\Omega t) - \exp(-i\Omega t)|$ なので，I スピンのサイン強度変調信号をフーリエ変換すると Ω_1 軸上の $-\Omega_I'$ と $-\Omega_I''$ の位置に"ミラーピーク"が出現する．これを回避するためには TPPI (time proportional phase incrementation) や States 法などの周波数の符号を区別するための手法を適用しなければならない．このうち States 法の概要については Appendix で触れる．

4.1.8 ■ ブラケット表記

　ここまでは，古典力学と一部量子論的な描像で表現できる範囲で NMR の仕組み
を説明してきた．しかし当然古典論で議論できる範囲は限られており，本書の目的
である相関測定の仕組みを完全には説明できない．そこでここからは量子論を用い
て NMR 測定の仕組みを説明し，本題である相関測定の説明につなげたい．

　NMR の測定対象であるスピンは，量子数によって取りうる固有状態の数は変わ
るが，一般的な状態(波動関数)はその固有状態の線形和として表現できる．そこで
便利になるのが状態のベクトル表現であり，さらにベクトル表現を抽象化したディ
ラックの**ブラケット表記**である．ブラケット表記では，例えばスピン 1/2 の核の α
と β の 2 つの状態を $|\alpha\rangle$ と $|\beta\rangle$ と表記する．この $|\psi\rangle$ をケットベクトルと呼び，対
になる複素共役ベクトルを $\langle\psi|$ と表記し，ブラベクトルと呼ぶ．さらにブラベクト
ルとケットベクトルの内積を $\langle\psi_1|\psi_2\rangle$ と表記する．これは，ψ_1 や ψ_2 を複素関数と
みなしたときの $\int \psi_1^*(\omega)\psi_2(\omega)\mathrm{d}\omega$ という積分操作に相当する．

　ブラケット表記における演算子 A の状態 $|\psi\rangle$ に対する作用は $A|\psi\rangle$ と表記する．
また任意の基底で状態ベクトルの要素を定めると演算子 A は行列で表せ，演算子
の状態ベクトルへの作用は行列とベクトルの積として計算できる．さらに
$\int \psi^*(\omega)A\psi(\omega)\mathrm{d}\omega$ に相当する期待値の計算は $\langle\psi|A|\psi\rangle$ と表され，$A|\psi\rangle$ と $\langle\psi|$ の
内積だと解釈し計算できる．

　スピンの角運動量および磁気モーメントを表す X, Y, Z 方向のスピン演算子 I_x,
I_y, I_z は，スピン 1/2 の場合はそれぞれ，

$$\mathbf{I}_x = \frac{\hbar}{2}\begin{pmatrix} 0 & 1 \\ 1 & 0 \end{pmatrix} \tag{4.1.11}$$

$$\mathbf{I}_y = \frac{\hbar}{2}\begin{pmatrix} 0 & -i \\ i & 0 \end{pmatrix} \tag{4.1.12}$$

$$\mathbf{I}_z = \frac{\hbar}{2}\begin{pmatrix} 1 & 0 \\ 0 & -1 \end{pmatrix} \tag{4.1.13}$$

として 2×2 行列で表現される．ただし通常簡単のために $\hbar=1$ と規格化する．この
行列表現は Z 方向をゼーマン分裂の方向として定め，そのエネルギー固有状態 $|\alpha\rangle$
と $|\beta\rangle$ を基底として取ったときの表現である．また基底としてとった I_z の固有状態
(固有ベクトル)は

第 4 章　多次元分光法

$$|\alpha\rangle = \begin{pmatrix} 1 \\ 0 \end{pmatrix} \tag{4.1.14}$$

$$|\beta\rangle = \begin{pmatrix} 0 \\ 1 \end{pmatrix} \tag{4.1.15}$$

と列ベクトルの形で表現でき，固有方程式はハミルトニアンを $\mathbf{H}_0 = \omega_0 \mathbf{I}_z$ として，

$$\mathbf{H}_0 |\alpha\rangle = +\frac{1}{2}\omega_0 |\alpha\rangle$$

$$\mathbf{H}_0 |\beta\rangle = -\frac{1}{2}\omega_0 |\beta\rangle$$

となる．この基底を使い，任意の状態ケットベクトル $|\psi\rangle$ は複素係数 c_α および c_β を使って，

$$|\psi\rangle = c_\alpha |\alpha\rangle + c_\beta |\beta\rangle = \begin{pmatrix} c_\alpha \\ c_\beta \end{pmatrix} \tag{4.1.16}$$

$$\left(|c_\alpha|^2 + |c_\beta|^2 = 1 \right)$$

と書くことができ，同じ状態のブラベクトルは c_α と c_β の複素共役な数 c_α^* と c_β^* を使って，

$$\langle\psi| = c_\alpha^* \langle\alpha| + c_\beta^* \langle\beta| = \left(c_\alpha^*, c_\beta^* \right) \tag{4.1.17}$$

と行ベクトルの形で書ける．

　この状態ベクトル（波動関数）の時間発展は，よく知られているように**シュレディンガー方程式**

$$\frac{\mathrm{d}}{\mathrm{d}t}|\psi(t)\rangle = -\mathrm{i}\mathbf{H}|\psi(t)\rangle \tag{4.1.18}$$

に従う．この方程式は，

$$|\psi(t)\rangle = \exp(-\mathrm{i}\mathbf{H}t)|\psi(0)\rangle \tag{4.1.19}$$

と形式的に解くことができ，時間発展後の状態ベクトル $|\psi(t)\rangle$ の形が求まる．ただしここで演算子の指数関数は，テイラー展開

$$\exp(\mathbf{A}) = 1 + \mathbf{A} + \frac{1}{2!}\mathbf{A}^2 \cdots \tag{4.1.20}$$

で定義されている演算である．

172

4.1 二次元 NMR 分光法

式 (4.1.19) を使えば状態ベクトルのダイナミクスは求まるが，次項で説明するように NMR ではスピンの集団の振る舞いを観測するため，状態ベクトルの時間発展を直接議論することは基本的にはない．その代わりにマクロな系の振る舞いを記述できる密度行列を使い，その時間発展を議論する．

4.1.9 ■ 密度行列

密度行列はブラケット表記を用いて $\rho = |\psi\rangle\langle\psi|$ で定義され，多数のスピンが作る混合状態のダイナミクスを記述できる．ρ は状態ベクトルの要素を使って具体的に書き下すと

$$
\begin{aligned}
\rho &= |\psi\rangle\langle\psi| \\
&= \begin{pmatrix} c_\alpha \\ c_\beta \end{pmatrix} \begin{pmatrix} c_\alpha^*, & c_\beta^* \end{pmatrix} \\
&= \begin{pmatrix} |c_\alpha|^2 & c_\alpha c_\beta^* \\ c_\alpha^* c_\beta & |c_\beta|^2 \end{pmatrix}
\end{aligned}
\tag{4.1.21}
$$

と書ける．この密度行列から元の状態ベクトルがもっていた情報を取り出せ，任意のオブザーバブル $\mathbf{A}$ の期待値は $\mathbf{A}\rho$ のトレース $Tr\{\mathbf{A}\rho\}$ として計算できる．これは具体的に行列の要素を計算してみるとわかるとおり $\langle\psi|\mathbf{A}|\psi\rangle$ と同じ結果を与える．また密度行列の時間発展は，シュレディンガー方程式から直接導かれる**リウヴィル=フォン・ノイマン方程式**，

$$
\frac{\mathrm{d}\rho(t)}{\mathrm{d}t} = -\mathrm{i}\big[\mathbf{H}, \rho(t)\big]
\tag{4.1.22}
$$

を解くことにより求められる．ただし交換式 $[\mathbf{A}, \mathbf{B}]$ は，

$$
[\mathbf{A}, \mathbf{B}] = \mathbf{AB} - \mathbf{BA}
\tag{4.1.23}
$$

という演算である．一方で時間発展後の密度行列 $\rho(t)$ は，シュレディンガー方程式を形式的に解いて求めた状態ベクトルの時間発展の式から，

$$
\begin{aligned}
\rho(t) &= |\psi(t)\rangle\langle\psi(t)| \\
&= \exp(-\mathrm{i}\mathbf{H}t)|\psi(0)\rangle\langle\psi(0)|\exp(\mathrm{i}\mathbf{H}t) \\
&= \exp(-\mathrm{i}\mathbf{H}t)\rho_0\exp(\mathrm{i}\mathbf{H}t)
\end{aligned}
\tag{4.1.24}
$$

とも書ける．式 (4.1.24) は式 (4.1.22) に具体的に当てはめてみればわかるように，リウヴィル=フォン・ノイマン方程式の解でもあり，密度行列の時間発展を知るには

173

第4章　多次元分光法

この式を評価すればよい.

　そこで具体例として，まず任意の密度行列の静磁場下での時間発展を調べてみる. 静磁場が作るゼーマン相互作用のハミルトニアン $\mathbf{H}_0 = \omega_0\mathbf{I}_z$ の下で $|\psi\rangle$ で表される状態にあるスピンは，式(4.1.19)により

$$
\begin{aligned}
|\psi(t)\rangle &= \exp(-\mathrm{i}\omega_0\mathbf{I}_z t)|\psi(0)\rangle \\
&= \frac{1}{2}\begin{pmatrix} \exp(-\mathrm{i}\omega_0 t) & 0 \\ 0 & \exp(\mathrm{i}\omega_0 t) \end{pmatrix}\begin{pmatrix} c_\alpha \\ c_\beta \end{pmatrix} = \frac{1}{2}\begin{pmatrix} c_\alpha\exp(-\mathrm{i}\omega_0 t) \\ c_\beta\exp(\mathrm{i}\omega_0 t) \end{pmatrix}
\end{aligned} \tag{4.1.25}
$$

と時間発展し，この時間発展後の状態ベクトルを使い密度行列 $\rho(t)$ を求めると，

$$
\rho(t) = \begin{pmatrix} |c_\alpha|^2 & c_\alpha c_\beta{}^*\exp(-\mathrm{i}\omega_0 t) \\ c_\alpha{}^* c_\beta\exp(\mathrm{i}\omega_0 t) & |c_\beta|^2 \end{pmatrix} \tag{4.1.26}
$$

となる. このように密度行列および作用させる演算子を行列表示し時間発展を調べることができるが，複雑な測定や大きなスピン系を扱う場合には行列の計算が煩雑になる. 例えばスピンを励起する場合に使われる回転磁場のハミルトニアン $\mathbf{H}_{\mathrm{rf}} = \omega_1\mathbf{I}_x$（$X$ 軸方向の磁場）などは，この基底における行列表示は非対角項を含むので，行列の対角化をしなければ指数関数の形は求まらない.

　そこで，NMR におけるスピン系の時間発展を評価するときは計算の大部分を演算子の形で行い，最終的な物理量を求めるところでのみ演算子をある基底であらわに行列で表し，要素の計算を行う. この演算子の形での計算には，一般的な演算子について成り立つベーカー・キャンベル・ハウスドルフの公式，

$$
\exp(\mathbf{A})\mathbf{B}\exp(-\mathbf{A}) = \mathbf{B} + [\mathbf{A},\mathbf{B}] + \frac{1}{2}[\mathbf{A},[\mathbf{A},\mathbf{B}]] + \cdots \tag{4.1.27}
$$

からさらに演算子の交換関係 $[\mathbf{A},\mathbf{B}] = \mathrm{i}\mathbf{C}$ かつ $[\mathbf{C},\mathbf{A}] = \mathrm{i}\mathbf{B}$ かつ $[\mathbf{B},\mathbf{C}] = \mathrm{i}\mathbf{A}$ を使って導かれる，

$$
\exp(-\mathrm{i}\varnothing\mathbf{A})\mathbf{B}\exp(\mathrm{i}\varnothing\mathbf{A}) = \cos\varnothing\mathbf{B} + \sin\varnothing\mathbf{C} \tag{4.1.28}
$$

という式を使えばよい. 任意の ρ を完全直交基底である $\mathbf{I}_x, \mathbf{I}_y, \mathbf{I}_z, \mathbf{E}$ で展開し，式(4.1.28)とスピン演算子 $\mathbf{I}_x, \mathbf{I}_y, \mathbf{I}_z$ の交換関係，

$$
[\mathbf{I}_x, \mathbf{I}_y] = \mathrm{i}\mathbf{I}_z \tag{4.1.29}
$$

$$
[\mathbf{I}_z, \mathbf{I}_x] = \mathrm{i}\mathbf{I}_y \tag{4.1.30}
$$

$$\left[\mathbf{I}_y, \mathbf{I}_z\right] = i\mathbf{I}_x \tag{4.1.31}$$

および交換式の交代性を使い，式(4.1.28)にあてはめれば，煩わしい行列計算をせずに密度行列の時間発展を計算できる.

また式(4.1.28)より，密度行列の時間発展を表す $\exp(-i\varnothing\mathbf{A})\cdots\exp(i\varnothing\mathbf{A})$ という式(4.1.24)の演算は，A，B，C の3軸があるとしたときの A 軸周りの角度 $\varnothing$ の回転であるという幾何的な解釈ができることがわかる. 例えばそれぞれの演算子を $\mathbf{A}=\mathbf{I}_y$，$\mathbf{B}=\mathbf{I}_z$，$\mathbf{C}=\mathbf{I}_x$ と取ると，

$$\exp(-i\varnothing\mathbf{I}_y)\mathbf{I}_z\exp(i\varnothing\mathbf{I}_y) = \cos\varnothing\mathbf{I}_z + \sin\varnothing\mathbf{I}_x \tag{4.1.32}$$

となるが，これは Z 軸にあった磁化 ($\mathbf{I}_z$) が Y 軸方向の $\mathbf{B}_1$ 磁場 ($\mathbf{I}_y$) により Y 軸周りに $\varnothing$ 回転した状況を表している. これによって，4.1.3項で説明した巨視的磁化をベクトルとして扱うことの妥当性が確かめられた.

この演算が NMR のダイナミクスを記述する上での基本式となり，頻繁に登場するため，$\exp(-i\varnothing\mathbf{A})\cdots\exp(i\varnothing\mathbf{A})$ を簡略して $\xrightarrow{\varnothing\mathbf{A}}$ と記述することにする. さらにこのあと使うことになるそれぞれの軸周りの回転の式をここで挙げておく. まずオフセット周波数もしくは化学シフトによる Z 軸周りの回転は，

$$\mathbf{I}_x \xrightarrow{\varnothing\mathbf{I}_z} \cos\varnothing\mathbf{I}_x + \sin\varnothing\mathbf{I}_y \tag{4.1.33}$$

$$\mathbf{I}_y \xrightarrow{\varnothing\mathbf{I}_z} \cos\varnothing\mathbf{I}_y - \sin\varnothing\mathbf{I}_x \tag{4.1.34}$$

$$\mathbf{I}_z \xrightarrow{\varnothing\mathbf{I}_z} \mathbf{I}_z \tag{4.1.35}$$

の3つの式で表される. そして RF パルスによる回転操作は，

$$\mathbf{I}_x \xrightarrow{\varnothing\mathbf{I}_x} \mathbf{I}_x \tag{4.1.36}$$

$$\mathbf{I}_y \xrightarrow{\varnothing\mathbf{I}_x} \cos\varnothing\mathbf{I}_y + \sin\varnothing\mathbf{I}_z \tag{4.1.37}$$

$$\mathbf{I}_z \xrightarrow{\varnothing\mathbf{I}_x} \cos\varnothing\mathbf{I}_z - \sin\varnothing\mathbf{I}_y \tag{4.1.38}$$

$$\mathbf{I}_x \xrightarrow{\varnothing\mathbf{I}_y} \cos\varnothing\mathbf{I}_x - \sin\varnothing\mathbf{I}_z \tag{4.1.39}$$

$$\mathbf{I}_y \xrightarrow{\varnothing\mathbf{I}_y} \mathbf{I}_y \tag{4.1.40}$$

$$\mathbf{I}_z \xrightarrow{\varnothing\mathbf{I}_y} \cos\varnothing\mathbf{I}_z + \sin\varnothing\mathbf{I}_x \tag{4.1.41}$$

第4章　多次元分光法

の6つの式で表される．上述のように，これらの式は磁化ベクトルの $\mathbf{B}_1$ 磁場周りの回転と対応付けを考えればきわめて直観的に理解できると思われる．

4.1.10 ■ 占有数と横磁化

ここまでかなり抽象的な議論が続いたので，ここで密度行列が物理的に何を表しているか少し見ていきたい．このためにまず状態ベクトルの要素を書き換えるところから始める．状態ベクトルの要素は，一般性を失うことなく実数係数 $|c|$ と位相 ϕ に分けて次のように書くことができる．

$$
\begin{aligned}
c_\alpha|\alpha\rangle+c_\beta|\beta\rangle &=\begin{pmatrix} c_\alpha \\ c_\beta \end{pmatrix} \\
&=\begin{pmatrix} |c_\alpha|\exp(\mathrm{i}\phi_\alpha) \\ |c_\beta|\exp(\mathrm{i}\phi_\beta) \end{pmatrix}
\end{aligned}
\tag{4.1.42}
$$

この式(4.1.42)を密度行列 $\boldsymbol{\rho}$ の定義式に代入すると，

$$
\boldsymbol{\rho}=\begin{pmatrix} |c_\alpha|^2 & |c_\alpha||c_\beta|\exp\{\mathrm{i}(\phi_\alpha-\phi_\beta)\} \\ |c_\alpha||c_\beta|\exp\{-\mathrm{i}(\phi_\alpha-\phi_\beta)\} & |c_\beta|^2 \end{pmatrix}
\tag{4.1.43}
$$

と表される．ここで式(4.1.43)の各行列要素を見ていくと，まず対角項の $\rho_{(11)}$ と $\rho_{(22)}$ の値は状態ベクトルにおける $|\alpha\rangle$ と $|\beta\rangle$ の係数の2乗になっており，すぐにそれぞれの状態の存在確率を示していることがわかる．次に $\rho_{(12)}$ と $\rho_{(21)}$ の非対角項のほうに目を向けると，これらは対角項ほど直観的に物理的解釈ができないかもしれない．しかし，ここでいったん磁化の横方向成分の演算子 $\mathbf{I}_x$ および $\mathbf{I}_y$ の期待値を考えると解釈がつきやすい．それぞれを計算してみると，

$$
\langle\psi|\mathbf{I}_x|\psi\rangle=\frac{1}{2}|c_\alpha||c_\beta|\cos\left(\phi_\alpha-\phi_\beta\right)
\tag{4.1.44}
$$

$$
\langle\psi|\mathbf{I}_y|\psi\rangle=\frac{1}{2}|c_\alpha||c_\beta|\sin\left(\phi_\alpha-\phi_\beta\right)
\tag{4.1.45}
$$

となり，これらを組み合わせて複素数で表せば，

$$
\frac{1}{2}|c_\alpha||c_\beta|\left\{\cos\left(\phi_\alpha-\phi_\beta\right)-\mathrm{i}\sin\left(\phi_\alpha-\phi_\beta\right)\right\}=\frac{1}{2}|c_\alpha||c_\beta|\exp\left\{-\mathrm{i}\left(\phi_\alpha-\phi_\beta\right)\right\}
\tag{4.1.46}
$$

と書ける．これは $\rho_{(21)}$ と係数を除いて同じ形になり，すなわち $\rho_{(21)}$ はスピンがもつ磁化の横方向成分の向きの期待値を表している．一方で $\rho_{(12)}$ は $\rho_{(21)}$ と対になって逆向きに回転する成分であるが，$\rho_{(12)}$ のほうは NMR 信号としては観測されない．

次に，多数のスピンが含まれる観測対象全体がどのように表現されるかを考え

4.1 二次元 NMR 分光法

る．式(4.1.43)の $\boldsymbol{\rho}$ は単一のスピンの状態ベクトルから作ったが，実際の測定では多数のスピンが含まれている試料が観測対象であり，多数のスピンの混合状態になっている．その試料中のスピン系全体の混合状態を表す密度行列は，一つ一つのスピンの状態ベクトルから作られた密度行列の集団平均を取ることで得られる．

さらにこれを踏まえて，熱平衡状態で密度行列がどのような形をとるか考える．スピン系が熱平衡状態にあるとき，集団平均を取って作られた密度行列の対角項はボルツマン分布に従い，各エネルギー準位の占有数を示すと考えられる．一方で，横磁化の方向を示す非対角項は熱平衡状態においては特になんらの偏りも示さないため，平均を取ると0になる．以上のことと適切な近似を用いれば，熱平衡状態での密度行列 $\boldsymbol{\rho}_0$ は

$$\boldsymbol{\rho}_0 = \mathbf{I}_z \tag{4.1.47}$$

$$= \frac{1}{2}\begin{pmatrix} 1 & 0 \\ 0 & -1 \end{pmatrix} \tag{4.1.48}$$

という形になることが示せる[xi]．逆に非平衡状態においてこの密度行列に非対角項が存在するということは，試料中に含まれているスピンの位相がそろって，総和としての巨視的な横磁化が生じているということである．この状態を，$|\alpha\rangle$ と $|\beta\rangle$ の間に**コヒーレンス**がある，と表現する．1スピン系においてはコヒーレンスは横磁化と同じであるが，多スピン系になると多量子遷移に対応付けられるより高次のコヒーレンスも存在する．このような多量子コヒーレンスの振る舞いについては後述する．

4.1.11 ■ 多スピン演算子の行列表示とプロダクトオペレーター

相関スペクトルは2スピン以上のスピン同士の相互作用を観測するため，当然今まで議論してきた1スピン系の理論を多スピンに拡張しなければならない．スピン系を拡張するには，ベクトル同士の直積を考えればよい．例えば2つのスピン ψ_I と ψ_S があり，それぞれを

$$\boldsymbol{\psi}_I = \begin{pmatrix} c_{I\alpha} \\ c_{I\beta} \end{pmatrix} \tag{4.1.49}$$

$$\boldsymbol{\psi}_S = \begin{pmatrix} c_{S\alpha} \\ c_{S\beta} \end{pmatrix} \tag{4.1.50}$$

[xi] 導出については Principles of Nuclear Magnetic Resonance in One and Two dimensions(Oxford Science Publications)[6)]の2章および4章を参照．

177

第 4 章　多次元分光法

で表せるとすると，それらを組み合わせた 2 スピン系の状態ベクトルは，

$$
\boldsymbol{\psi}_\mathrm{I} \otimes \boldsymbol{\psi}_\mathrm{S} = \begin{pmatrix} c_{\mathrm{I}\alpha} \\ c_{\mathrm{I}\beta} \end{pmatrix} \otimes \begin{pmatrix} c_{\mathrm{S}\alpha} \\ c_{\mathrm{S}\beta} \end{pmatrix}
$$

$$
= \begin{pmatrix} c_{\mathrm{I}\alpha} \cdot \begin{pmatrix} c_{\mathrm{S}\alpha} \\ c_{\mathrm{S}\beta} \end{pmatrix} \\ c_{\mathrm{I}\beta} \cdot \begin{pmatrix} c_{\mathrm{S}\alpha} \\ c_{\mathrm{S}\beta} \end{pmatrix} \end{pmatrix} \tag{4.1.51}
$$

$$
= \begin{pmatrix} c_{\mathrm{I}\alpha} c_{\mathrm{S}\alpha} \\ c_{\mathrm{I}\alpha} c_{\mathrm{S}\beta} \\ c_{\mathrm{I}\beta} c_{\mathrm{S}\alpha} \\ c_{\mathrm{I}\beta} c_{\mathrm{S}\beta} \end{pmatrix}
$$

となる．これは 2 スピンの波動関数 ψ_IS が，

$$
\psi_\mathrm{IS} = c_{\mathrm{I}\alpha} c_{\mathrm{S}\alpha} |\alpha\alpha\rangle + c_{\mathrm{I}\alpha} c_{\mathrm{S}\beta} |\alpha\beta\rangle + c_{\mathrm{I}\beta} c_{\mathrm{S}\alpha} |\beta\alpha\rangle + c_{\mathrm{I}\beta} c_{\mathrm{S}\beta} |\beta\beta\rangle \tag{4.1.52}
$$

と書けるということと同じである．同様に演算子も直積で 2 スピンに拡張できる．例えば 1 つ目のスピンの Z 方向スピン演算子を $\mathbf{I}_z$，2 つ目のスピン演算子を $\mathbf{S}_z$ とすれば，2 スピン演算子 $2\mathbf{I}_z\mathbf{S}_z$ は

$$
2\mathbf{I}_z \otimes \mathbf{S}_z = 2\frac{1}{4} \begin{pmatrix} 1 & 0 \\ 0 & -1 \end{pmatrix} \otimes \begin{pmatrix} 1 & 0 \\ 0 & -1 \end{pmatrix}
$$

$$
= \frac{1}{2} \begin{pmatrix} 1 \cdot \begin{pmatrix} 1 & 0 \\ 0 & -1 \end{pmatrix} & 0 \cdot \begin{pmatrix} 1 & 0 \\ 0 & -1 \end{pmatrix} \\ 0 \cdot \begin{pmatrix} 1 & 0 \\ 0 & -1 \end{pmatrix} & -1 \cdot \begin{pmatrix} 1 & 0 \\ 0 & -1 \end{pmatrix} \end{pmatrix} \tag{4.1.53}
$$

$$
= \frac{1}{2} \begin{pmatrix} 1 & 0 & 0 & 0 \\ 0 & -1 & 0 & 0 \\ 0 & 0 & -1 & 0 \\ 0 & 0 & 0 & 1 \end{pmatrix} = 2\mathbf{I}_z\mathbf{S}_z
$$

となる[xii].

[xii] 1 スピンの演算子とは違い，多スピン演算子が示す密度行列がどのような状態を表しているかは説明するのが難しいのだが，いうなればカップリングしたスピン同士の状態に相関がある状態である．例えば $2\mathbf{I}_z\mathbf{S}_z$ は，スピンが α と β どちらの状態を取りやすいかが相手のスピンの状態により変わり，カップリングしているスピン同士が同じ方向を向きがちになる状態である．この状態は，相手のスピンの状態にかかわらず独立して α, β 状態に分布している $\mathbf{I}_z + \mathbf{S}_z$ とはまったく別物である．

178

4.1 二次元 NMR 分光法

このような1スピンの4つの演算子 $\mathbf{I}_x, \mathbf{I}_y, \mathbf{I}_z, \mathbf{E}$ の直積で作られる 16 の演算子は2スピンの**プロダクトオペレーター**（**直積演算子**）と呼ばれ，完全直交基底をつくる[xiii]．この基底で任意の密度行列を展開することによって，時間発展も複雑な行列計算をすることなく容易に計算できるようになる．これは，式(4.1.32)で示した密度行列の時間発展の式は演算子の交換関係と交換式の一般的な性質のみで導かれるため，プロダクトオペレーターも同じ式に当てはめることができるからである．2スピン系のプロダクトオペレーターの交換関係とすべての時間発展の式は紙幅の都合上示すことはしないが，続く項で説明する2スピン系の NMR 実験の理論解析で使う次の式は示しておく．

$$\mathbf{I}_z \xrightarrow{\ \varnothing 2\mathbf{I}_z\mathbf{S}_z\ } \mathbf{I}_z \tag{4.1.54}$$

$$2\mathbf{I}_z\mathbf{S}_z \xrightarrow{\ \varnothing 2\mathbf{I}_z\mathbf{S}_z\ } 2\mathbf{I}_z\mathbf{S}_z \tag{4.1.55}$$

$$\mathbf{I}_x \xrightarrow{\ \varnothing 2\mathbf{I}_z\mathbf{S}_z\ } \cos\varnothing\mathbf{I}_x + \sin\varnothing 2\mathbf{I}_y\mathbf{S}_z \tag{4.1.56}$$

$$\mathbf{I}_y \xrightarrow{\ \varnothing 2\mathbf{I}_z\mathbf{S}_z\ } \cos\varnothing\mathbf{I}_y - \sin\varnothing 2\mathbf{I}_x\mathbf{S}_z \tag{4.1.57}$$

$$2\mathbf{I}_x\mathbf{S}_z \xrightarrow{\ \varnothing 2\mathbf{I}_z\mathbf{S}_z\ } \cos\varnothing 2\mathbf{I}_x\mathbf{S}_z + \sin\varnothing\mathbf{I}_y \tag{4.1.58}$$

$$2\mathbf{I}_y\mathbf{S}_z \xrightarrow{\ \varnothing 2\mathbf{I}_z\mathbf{S}_z\ } \cos\varnothing 2\mathbf{I}_y\mathbf{S}_z - \sin\varnothing\mathbf{I}_x \tag{4.1.59}$$

各式における交換関係の成立は煩雑だが，具体的に行列要素を計算すれば比較的容易に確認できる．残念ながら2スピン系の演算は，1スピンの演算のようにブロッホ球上のベクトルの動きとの対応付けで解釈しやすいような形でなく直観的に感じられないかもしれないが，法則性は同じであり，覚えようと思えばすぐさまに覚えられる．ここでは本書で使用する必要最小限の操作しか載せないが，完全なリストに関してはどの標準的な NMR の理論の教科書にも載っているので，それらを参考にされたい．

4.1.12 ■ 回転観測系

これまではハミルトニアンが時間依存的ではない前提で話を進めてきたが，ハミ

[xiii] プロダクトオペレーターを使った NMR 測定の解析は，Protein NMR Spectroscopy Principles and Practices 2nd Edition（Academic Press）[4] の他に Understanding NMR Spectroscopy 2nd Edition（Wiley）[7] や Spin Dynamics（Wiley）が詳しい．NMR における演算子の扱い全般については，Principles of Nuclear Magnetic Resonance in One and Two dimensions（Oxford Science Publications）[6] を参照されたい．

ルトニアン自体に時間依存的な項がある場合，時間発展の解析的な計算は容易でなくなる．しかし，一般的に NMR で登場するハミルトニアンは時間依存的である．例えば磁化を Z 軸から XY 平面に倒すために RF パルスを用いたが，そのハミルトニアン $\mathbf{H}_{\mathrm{rf}}$ は $\omega_1 = -\gamma\mathbf{B}_1$ として実際に記述してみると

$$\mathbf{H}_{\mathrm{rf}} = \omega_1\left(\cos\left(\omega_{\mathrm{rf}}t+\varnothing\right)\mathbf{I}_x + \sin\left(\omega_{\mathrm{rf}}t+\varnothing\right)\mathbf{I}_y\right) \tag{4.1.60}$$

として表され，ゼーマン相互作用のハミルトニアン $\mathbf{H}_0$ と合わせると，

$$\begin{aligned}\mathbf{H} &= \mathbf{H}_0 + \mathbf{H}_{\mathrm{rf}}\\&= \omega_0\mathbf{I}_z + \omega_1\left(\cos\left(\omega_{\mathrm{rf}}t+\varnothing\right)\mathbf{I}_x + \sin\left(\omega_{\mathrm{rf}}t+\varnothing\right)\mathbf{I}_y\right)\end{aligned} \tag{4.1.61}$$

となり，ハミルトニアンが時間 t に依存して計算が煩雑になることがわかる．そこでハミルトニアン $\mathbf{H}$ に回転磁場 $\mathbf{H}_{\mathrm{rf}}$ の回転に合わせた変換を施し，その時間依存性を取り除くテクニックを使う．具体的には ω_{ref} で回転する観測系において，

$$\mathbf{U} = \exp\left(\mathrm{i}\omega_{\mathrm{ref}}\mathbf{I}_z t\right) \tag{4.1.62}$$

として，

$$\tilde{\mathbf{H}} = \mathbf{U}\mathbf{H}\mathbf{U}^{-1} - \omega_{\mathrm{ref}}\mathbf{I}_z \tag{4.1.63}$$

という変換で求められる回転観測系のハミルトニアン $\tilde{\mathbf{H}}$ を実験室系のハミルトニアン $\mathbf{H}$ の代わりに使う．ここで $\omega_{\mathrm{ref}} = \omega_{\mathrm{rf}}$ として $\mathbf{H}$ と $\mathbf{U}$ の具体的な形を代入して計算すれば，

$$\tilde{\mathbf{H}} = \left(\omega_0 - \omega_{\mathrm{rf}}\right)\mathbf{I}_z + \omega_1\left(\cos\varnothing\mathbf{I}_x + \sin\varnothing\mathbf{I}_y\right) \tag{4.1.64}$$

となり，この観測系においては時間依存性が消失する．さらに $\omega_0 = \omega_{\mathrm{rf}}$ の場合は，つまり共鳴周波数と $\mathbf{B}_1$ 回転磁場の周波数が一致している場合は，ハミルトニアン $\tilde{\mathbf{H}}$ による回転は単純な XY 平面上にあるベクトル $\cos\varnothing\mathbf{I}_x + \sin\varnothing\mathbf{I}_y$ 周りの回転になり，幾何的にも解釈しやすくなる．これは，4.1.3 項でマクロ磁化に対して回転磁場を作用させたときに静磁場 $\mathbf{B}_0$ の影響が見かけ上消えたことと同じ議論である．また ω_0 と ω_{rf} が一致していなかった場合はハミルトニアンに $\mathbf{I}_z$ の項が残るが，これがオフセット周波数である．スペクトル上に複数の信号がある場合，すべてのピークに ω_{rf} を一致させることはできないため，実際にはオフセット周波数が残ることがほとんどである．しかし $\omega_0 - \omega_{\mathrm{rf}} \ll \omega_1$ の場合，$\mathbf{I}_z$ の項の時間発展に対する影響がほとんどないとみなし，RF パルス中のハミルトニアンではオフセットの項を

しばしば無視する[xiv].

4.1.13 ■ 1スピンのダイナミクス

前項まででNMRのダイナミクスを量子力学的に記述する道具がようやくそろったので，ここからはNMR測定の解析をしていく．まずベクトルモデルでも説明した単一のRFパルスで横磁化を使って，FIDを観測するシングルパルス実験（図 4.1.13(A)）のダイナミクスを再度密度行列を使って説明することによってその対比を見ていく．

まずRFパルスが作用していないときにスピンに働く内在的なハミルトニアン $\mathbf{H}_{fp}$ を考えると，カップリングのない孤立した単一スピン1/2系では化学シフトのハミルトニアンのみが存在するので，

$$\mathbf{H}_{fp} = \Omega_0 \mathbf{I}_z \tag{4.1.65}$$

と書くことができる．パルスがかかっておらず自由歳差運動（free precession）している間では，密度演算子はこの $\mathbf{H}_{fp}$ に従い運動する．またRFパルスのハミルトニアンは位相を $\varnothing = \pi/2$ としたとき，つまり Y 軸方向の $\mathbf{B}_1$ 磁場としたとき

$$\mathbf{H}_{rf} = \omega_1 \mathbf{I}_y \tag{4.1.66}$$

となる．もちろん厳密にはRFパルスが作用している間のハミルトニアンは $\mathbf{H}_{rf}$ と $\mathbf{H}_{fp}$ の和になるが，$|H_{rf}| \gg |H_{fp}|$ として $\mathbf{H}_{fp}$ の効果は無視する．

平衡磁化の密度行列 $\boldsymbol{\rho}_0 = \mathbf{I}_z$ としてまずRFパルスを時間 τ 作用させると，

$$\boldsymbol{\rho}_0 \xrightarrow{\omega_1 \mathbf{I}_y \tau} \boldsymbol{\rho}_1 = \cos \omega_1 \tau \mathbf{I}_z + \sin \omega_1 \tau \mathbf{I}_x \tag{4.1.67}$$

となり横磁化が生じる．このとき特に $\omega_1 \tau = \pi/2$ となるように τ をとると，パルス後の密度行列 $\boldsymbol{\rho}_1$ は $\mathbf{I}_x$（X 軸上の磁化ベクトル）になり，すなわちRFパルスが $\left(\pi/2\right)_y$ パルスだということになる．ここで $\boldsymbol{\rho}_1$ を行列であらわに書くと，

$$\boldsymbol{\rho}_0 = \frac{1}{2}\begin{pmatrix} 1 & 0 \\ 0 & -1 \end{pmatrix} \xrightarrow{(\pi/2)_y} \boldsymbol{\rho}_1 = \frac{1}{2}\begin{pmatrix} 0 & 1 \\ 1 & 0 \end{pmatrix} \tag{4.1.68}$$

となり，状態間の占有数に差がなくなり（対角項が同じ値になる），コヒーレンスが生じている（非対角項に値がある）ことがわかる．

[xiv] この前提は実験的に完全に成立しないことも多いが，議論を簡単にするために以降この前提にのっとって議論をすすめていく．またこれ以降の議論では，特に言及しない限り実験室系のハミルトニアンの代わりに回転観測系のハミルトニアンを用いる．

181

第4章 多次元分光法

(A) シングルパルス（1スピン）

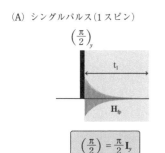

(B) COSY

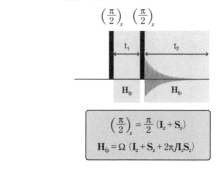

(C) INADEQUATE

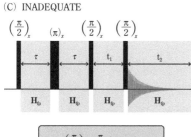

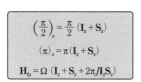

(D) NOESY

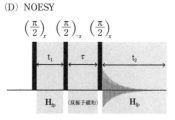

図 4.1.13 溶液 NMR のパルスシーケンス

本書で説明する溶液 NMR のパルスシーケンス．このうちシングルパルスと COSY は本文で，INADEQAUTE と NOESY は Appendix で説明する．各パルスシーケンスの下には各部で作用するハミルトニアンを記載した．

最後に，取り込み時間 t 中に $\mathbf{H}_{\mathrm{fp}} = \Omega_0 \mathbf{I}_z$ が作用し，

$$\boldsymbol{\rho}_1 \xrightarrow{\Omega_0 \mathbf{I}_z t} \boldsymbol{\rho}_2 = \cos\Omega_0 t \mathbf{I}_x + \sin\Omega_0 t \mathbf{I}_y = \frac{1}{2}\begin{pmatrix} 0 & \exp(i\Omega_0 t) \\ \exp(-i\Omega_0 t) & 0 \end{pmatrix} \quad (4.1.69)$$

と時間発展する．ここで密度行列の形式だけでは緩和は統一的に取り扱えないので，t 時間中にコヒーレンスに緩和が行われるとしてさらに $\exp(-\lambda t)$ を係数に付け加えて，

4.1 二次元 NMR 分光法

$$\rho_2' = \frac{1}{2}\begin{pmatrix} 0 & \exp(-\lambda t)\exp(\mathrm{i}\Omega_0 t) \\ \exp(-\lambda t)\exp(-\mathrm{i}\Omega_0 t) & 0 \end{pmatrix} \quad (4.1.70)$$

となる.

FID の形を求めるための適切なオブザーバブルを考えると,横磁化の向きを知りたいことを考慮して位相がわかるように横磁化の成分 $\mathbf{I}_x$ と $\mathbf{I}_y$ を組み合わせ,

$$\begin{aligned} \mathbf{I}_+ &= \frac{1}{\sqrt{2}}(\mathbf{I}_x + \mathrm{i}\mathbf{I}_y) \\ &= \frac{1}{\sqrt{2}}\begin{pmatrix} 0 & 1 \\ 0 & 0 \end{pmatrix} \end{aligned} \quad (4.1.71)$$

と構築できる[xv]. この $\mathbf{I}_+$ をオブザーバブルとして使い,具体的に NMR 信号の期待値 $S(t)$ を計算すると,

$$\begin{aligned} S(t) &= Tr\{\rho_2'\mathbf{I}_+\} \\ &= Tr\left\{-\frac{1}{2\sqrt{2}}\begin{pmatrix} 0 & \exp(-\lambda t)\exp(\mathrm{i}\Omega_0 t) \\ \exp(-\lambda t)\exp(-\mathrm{i}\Omega_0 t) & 0 \end{pmatrix}\begin{pmatrix} 0 & 1 \\ 0 & 0 \end{pmatrix}\right\} \\ &= -\frac{1}{2\sqrt{2}}\exp(-\lambda t)\exp(-\mathrm{i}\Omega_0 t) \end{aligned} \quad (4.1.72)$$

と求められる. これはオフセット周波数 Ω_0 で回転し λ で減衰する信号であり,ここでの議論にとって本質的ではない係数を除けば,式 (4.1.5) と同じ形の FID が求められたことがわかる.

4.1.14 ■ カップリングがある 2 スピン系のダイナミクス

次に,J カップリングした 2 スピン系のダイナミクスの量子論での記述を説明する. J カップリングのハミルトニアンは 2 スピン演算子を使い,

$$\mathbf{H}_\mathrm{J} = 2\pi J_\mathrm{IS}\mathbf{I}_z\mathbf{S}_z \quad (4.1.73)$$

と記述でき,化学シフトのハミルトニアンと合わせると,RF パルスのかかっていない状態での自由歳差運動時のハミルトニアン $\mathbf{H}_\mathrm{fp}$ は,

$$\mathbf{H}_\mathrm{fp} = \Omega_\mathrm{I}\mathbf{I}_z + \Omega_\mathrm{S}\mathbf{S}_z + 2\pi J_\mathrm{IS}\mathbf{I}_z\mathbf{S}_z \quad (4.1.74)$$

[xv] $\mathbf{I}_x$ と $\mathbf{I}_y$ の期待値,つまり X と Y 方向の磁化成分をそれぞれ別々に計算してあとで組み合わせて複素信号を作っても結果は変わらないので,$\mathbf{I}_+$ を作っているのはあくまでもテクニックだと考えてもよい.

183

第4章　多次元分光法

になる．ここで Ω_{I} と Ω_{S} はそれぞれ1スピン目と2スピン目の化学シフトで，J_{IS}（Hz）はカップリング定数である．ハミルトニアン $\mathbf{H}_{\mathrm{fp}}$ の要素をあらわに書き出すと，

$$
\mathbf{H}_{\mathrm{fp}} = \begin{pmatrix} \frac{1}{2}\Omega_{\mathrm{I}}+\frac{1}{2}\Omega_{\mathrm{S}}+\frac{1}{2}\pi J_{\mathrm{IS}} & 0 & 0 & 0 \\ 0 & \frac{1}{2}\Omega_{\mathrm{I}}-\frac{1}{2}\Omega_{\mathrm{S}}-\frac{1}{2}\pi J_{\mathrm{IS}} & 0 & 0 \\ 0 & 0 & -\frac{1}{2}\Omega_{\mathrm{I}}+\frac{1}{2}\Omega_{\mathrm{S}}-\frac{1}{2}\pi J_{\mathrm{IS}} & 0 \\ 0 & 0 & 0 & -\frac{1}{2}\Omega_{\mathrm{I}}-\frac{1}{2}\Omega_{\mathrm{S}}+\frac{1}{2}\pi J_{\mathrm{IS}} \end{pmatrix}
$$

(4.1.75)

となる．

次に，この $\mathbf{H}_{\mathrm{fp}}$ でどのように任意の密度関数 $\boldsymbol{\rho}$ が時間発展するのかを調べてみる．この行列表示では $\mathbf{H}_{\mathrm{fp}}$ は対角なので時間発展の演算子 $\mathbf{U}$ は容易に計算できて，

$$
\begin{aligned}
\mathbf{U} &= \exp(-\mathrm{i}\mathbf{H}_{\mathrm{fp}}t) \\
&= \begin{pmatrix} \exp\!\left(-\mathrm{i}\!\left(\frac{1}{2}\Omega_{\mathrm{I}}+\frac{1}{2}\Omega_{\mathrm{S}}+\frac{1}{2}\pi J_{\mathrm{IS}}\right)\!t\right) & 0 & 0 & 0 \\ 0 & \exp\!\left(-\mathrm{i}\!\left(\frac{1}{2}\Omega_{\mathrm{I}}-\frac{1}{2}\Omega_{\mathrm{S}}-\frac{1}{2}\pi J_{\mathrm{IS}}\right)\!t\right) & 0 & 0 \\ 0 & 0 & \exp\!\left(-\mathrm{i}\!\left(-\frac{1}{2}\Omega_{\mathrm{I}}+\frac{1}{2}\Omega_{\mathrm{S}}-\frac{1}{2}\pi J_{\mathrm{IS}}\right)\!t\right) & 0 \\ 0 & 0 & 0 & \exp\!\left(-\mathrm{i}\!\left(-\frac{1}{2}\Omega_{\mathrm{I}}-\frac{1}{2}\Omega_{\mathrm{S}}+\frac{1}{2}\pi J_{\mathrm{IS}}\right)\!t\right) \end{pmatrix}
\end{aligned}
$$

(4.1.76)

となる．これと密度行列の時間発展の式，

$$
\boldsymbol{\rho}(t) = \mathbf{U}\boldsymbol{\rho}(0)\mathbf{U}^{-1}
\tag{4.1.77}
$$

から，各要素は，

$$
\boldsymbol{\rho}(t)_{(mn)} = \boldsymbol{\rho}(0)_{(mn)} \exp\left\{-\mathrm{i}\left(\mathbf{H}_{\mathrm{fp}(mm)}-\mathbf{H}_{\mathrm{fp}(nn)}\right)t\right\}
\tag{4.1.78}
$$

の式に従って運動することがわかる．ここで $\boldsymbol{\rho}(0)_{(mn)}$ は $\boldsymbol{\rho}(0)$ の m 行 n 列，$\mathbf{H}_{\mathrm{fp}(mn)}$ は $\mathbf{H}_{\mathrm{fp}}$ の m 行 n 列成分である．任意の密度演算子について具体的に非対角項の要素を計算すると，Ω_{I} と Ω_{S} の周波数の差で回る成分，Ω_{I} または Ω_{S} で回る成

184

(A) 2スピン系のエネルギー準位図　　(B) 2スピン系の密度行列

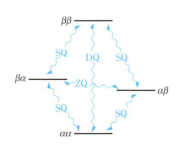
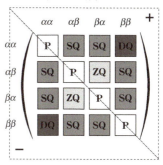

P：占有数　　　　　　　DQ：2量子コヒーレンス
SQ：1量子コヒーレンス　ZQ：0量子コヒーレンス

図 4.1.14　2スピン系のコヒーレンス

分，Ω_I と Ω_S の周波数の和で回る成分に分類されることがわかる．これらはそれぞれ0量子コヒーレンス，1量子コヒーレンス，2量子コヒーレンスと呼ばれ，0，1，2量子遷移に対応付けられる（**図 4.1.14**(A)）．またコヒーレンスの回転の向きによって正負があり，それらを区別して**コヒーレンスの次数**（coherence order または coherence level）という用語を使い，それぞれ次数が 0，±1，±2 のコヒーレンスと呼ぶ（**図 4.1.14**(B)）．このうち次数が－1のコヒーレンスが横磁化に相当する．

次に，このスピン系を前項の単一孤立スピンのときと同様シングルパルス測定で測定するとどうなるかを見ていく．まず，2つのスピン I とスピン S が独立に熱平衡状態で縦磁化をつくるので，密度行列 ρ_0 は，

$$\rho_0 = \mathbf{I}_z + \mathbf{S}_z \tag{4.1.79}$$

と各スピンのZ方向磁化の和の形で書ける．これに $\left(\frac{\pi}{2}\right)_x$ パルスを作用させると，

$$\rho_0 \xrightarrow{\left(\frac{\pi}{2}\right)_x} \rho_1 = -\mathbf{I}_y - \mathbf{S}_y = \frac{1}{2}\begin{pmatrix} 0 & -i & -i & 0 \\ i & 0 & 0 & -i \\ i & 0 & 0 & -i \\ 0 & i & i & 0 \end{pmatrix} \tag{4.1.80}$$

と1量子コヒーレンスが生じる．このとき $\left(\frac{\pi}{2}\right)_x$ のパルスのハミルトニアンは明示的に書くと $\omega_1(\mathbf{I}_x + \mathbf{S}_x)$ であり，IとSスピン両方に作用することに注意されたい．

第4章 多次元分光法

続いて ρ_1 は取り込み時間中に式(4.1.78)に従って

$$\rho_1 \xrightarrow{\ H_0 t\ } \rho_2 = \frac{1}{2}i \begin{pmatrix} 0 & -\exp(i(\Omega_S+\pi J_{IS})t) & -\exp(i(\Omega_I+\pi J_{IS})t) & 0 \\ \exp(-i(\Omega_S+\pi J_{IS})t) & 0 & 0 & -\exp(i(\Omega_I-\pi J_{IS})t) \\ \exp(-i(\Omega_I+\pi J_{IS})t) & 0 & 0 & -\exp(i(\Omega_S-\pi J_{IS})t) \\ 0 & \exp(-i(\Omega_I-\pi J_{IS})t) & \exp(-i(\Omega_S-\pi J_{IS})t) & 0 \end{pmatrix}$$

$$(4.1.81)$$

と時間発展する．ここで横緩和を考慮し係数として $\exp(-\lambda t)$ を係数に付け加え，さらに $I_+ + S_+$ の2スピン演算子をオブザーバブルとして使い横磁化の期待値を計算する（次数 -1 のコヒーレンスを取ってくる）と，最終的に観測される NMR 信号が

$$S(t) = -\frac{1}{2\sqrt{2}}\exp(-\lambda t)\big\{\exp\big(i(\Omega_S+\pi J_{IS})t\big)+\exp\big(i(\Omega_I+\pi J_{IS})t\big)$$
$$+\exp\big(i(\Omega_I-\pi J_{IS})t\big)+\exp\big(i(\Omega_S-\pi J_{IS})t\big)\big\}$$

$$(4.1.82)$$

として得られる[xvi]．これをフーリエ変換すると，**図4.1.9**(B) と同じ $\Omega_I \pm \pi J_{IS}$ および $\Omega_S \pm \pi J_{IS}$ に合計4本のピークがあるカップリングした2スピン系のスペクトルが得られる．

4.1.15 ■ 二次元測定の実装

4.1.6項では単純化された仮想的な測定をもとに二次元相関 NMR の測定とデータの構造を説明し，さらに4.1.7項では半古典論を駆使して二次元 NMR の原理を限定的に説明したが，ここまでの説明はあくまでも定性的な理解のための説明であり，正確ではなかった．しかし前項までで NMR を理解するための最低限の量子力学の道具立てがそろったので，ここからは具体的な例を使って二次元相関 NMR の量子力学的な説明を行っていく．例として取り上げる測定は一番単純な2スピンの**同種核 COSY**（COrrelation SpectroscopY）[2]であり，この測定は同核種スピン間のJカップリング相互作用を使って磁化移動を行い，1量子遷移の相関を観測する．NMR には COSY の他にもさまざまな二次元相関 NMR 測定法が存在し，それらはおおむね対象とするスピン系と磁化移動のメカニズムが異なり，アプリケーション

[xvi] 信号をつくり出すときに使用するオブザーバブルはIスピンとSスピンを同時に観測しなくてはいけないため，$I_+ + S_+$ の形になる．このオブザーバブルは，1スピンではラベルが違うだけで S_+ は I_+ と同じ形の演算子（行列）であることに注意して，1スピン演算子 I_+ と単位演算子 E を使って $I_+ \otimes E + E \otimes I_+$ という形でつくることができる．

186

によって使い分ける．例えば NOESY という測定はスピン間 J カップリングではなく，空間を通した双極子相互作用を用いて 1 量子遷移の相関を観測する．さらに複数スピンがつくる多量子遷移を使って相関を観測する INADEQUATE や，同種核ではなく異種核のスピン同士の相関を観測する HSQC や HMBC など，多種多様な測定が存在する．紙幅の都合上本文では詳細に説明しないが，これらのうち NOESY と INADEQUATE についてはこれまで説明した内容を使って比較的簡単に説明できるため，Appendix で説明する．

この項で例として取り上げる COSY は最初期に開発された二次元測定手法の一つであり，単純だが今でも溶液 NMR で最も使われている相関測定法である．J カップリングがあるということは共有結合などで核がつながっているということなので，アプリケーションとしては主にデータから得られる相関情報をもとに有機化合物内の結合を調べ，構造を決定することである．このパルスシーケンスを使って，どのようにあるスピンから他のスピンに情報が移されるのかを説明していきたい．

まず COSY のパルスシーケンスを図 4.1.13(B) に示す．続いて系のハミルトニアンを考えると J カップリングした 2 スピン系であるため，ハミルトニアン $\mathbf{H}_{\mathrm{fp}}$ は前項のスピン系と同様に

$$\mathbf{H}_{\mathrm{fp}} = \Omega_{\mathrm{I}}\mathbf{I}_z + \Omega_{\mathrm{S}}\mathbf{S}_z + 2\pi J_{\mathrm{IS}}\mathbf{I}_z\mathbf{S}_z \tag{4.1.83}$$

とおける．さらに平衡磁化を表す密度行列を $\boldsymbol{\rho}_0 = \mathbf{I}_z + \mathbf{S}_z$ とおき，最初の $\left(\pi/2\right)_x$ を作用させると，

$$\boldsymbol{\rho}_0 \xrightarrow{\left(\pi/2\right)_x} \boldsymbol{\rho}_1 = -\mathbf{I}_y - \mathbf{S}_y \tag{4.1.84}$$

となり 1 量子コヒーレンスが生成する．続く t_1 時間において $\mathbf{H}_{\mathrm{fp}}$ が作用し，

$$
\begin{aligned}
\xrightarrow{(\Omega_{\mathrm{I}}\mathbf{I}_z + \Omega_{\mathrm{S}}\mathbf{S}_z)t_1} &-\left(\cos\Omega_{\mathrm{I}}t_1 \cdot \mathbf{I}_y - \sin\Omega_{\mathrm{I}}t_1 \cdot \mathbf{I}_x\right) \\
&-\left(\cos\Omega_{\mathrm{S}}t_1 \cdot \mathbf{S}_y - \sin\Omega_{\mathrm{S}}t_1 \cdot \mathbf{S}_x\right) \\
\xrightarrow{2\pi J_{\mathrm{IS}}\mathbf{I}_z\mathbf{S}_z t_1} \boldsymbol{\rho}_2 = &-\Big\{\cos\Omega_{\mathrm{I}}t_1\left(\cos\pi J_{\mathrm{IS}}t_1 \cdot \mathbf{I}_y - \sin\pi J_{\mathrm{IS}}t_1 \cdot 2\mathbf{I}_x\mathbf{S}_z\right) \\
&-\sin\Omega_{\mathrm{I}}t_1\left(\cos\pi J_{\mathrm{IS}}t_1 \cdot \mathbf{I}_x + \sin\pi J_{\mathrm{IS}}t_1 \cdot 2\mathbf{I}_y\mathbf{S}_z\right)\Big\} \\
&-\Big\{\cos\Omega_{\mathrm{S}}t_1\left(\cos\pi J_{\mathrm{IS}}t \cdot \mathbf{S}_y - \sin\pi J_{\mathrm{IS}}t \cdot 2\mathbf{I}_z\mathbf{S}_x\right) \\
&-\sin\Omega_{\mathrm{S}}t_1\left(\cos\pi J_{\mathrm{IS}}t \cdot \mathbf{S}_x + \sin\pi J_{\mathrm{IS}}t \cdot 2\mathbf{I}_z\mathbf{S}_y\right)\Big\}
\end{aligned}
\tag{4.1.85}
$$

と時間発展する[xvii]. ここまでは前項で説明したカップリングした 2 スピン系のシングルパルスとまったく同じであり，この密度行列は式 (4.1.81) の密度行例を直積演算子で表現したものである. ここで計算の見通しをよくすると同時に物理的に起こっている状況をわかりやすくするために，ある一つのコヒーレンスの行く末だけをまず見ていくことにする. そこで密度行列の $\boldsymbol{\rho}_{2(31)}$ 成分だけを抜き出して行列で表現すると，

$$\boldsymbol{\rho}_3 = \frac{1}{2}\mathrm{i}\exp(-\mathrm{i}(\Omega_\mathrm{I}+\pi J_\mathrm{IS})t_1)\begin{pmatrix} 0 & 0 & 0 & 0 \\ 0 & 0 & 0 & 0 \\ 1 & 0 & 0 & 0 \\ 0 & 0 & 0 & 0 \end{pmatrix} \quad (4.1.86)$$

となるが，これを式 (4.1.33)〜(4.1.41) の計算則を使えるようにするために再びプロダクトオペレーターで表現すると，

$$\boldsymbol{\rho}_3 = -\frac{1}{4\sqrt{2}}\mathrm{i}\exp\left(-\mathrm{i}\left(\Omega_\mathrm{I}+\pi J_\mathrm{IS}\right)t_1\right)\left(\mathbf{I}_x - \mathrm{i}\mathbf{S}_y + 2\mathbf{I}_x\mathbf{S}_z - \mathrm{i}2\mathbf{I}_y\mathbf{S}_z\right) \quad (4.1.87)$$

と展開できる[xviii]. この単一のコヒーレンスに $\left(\pi/2\right)_x$ パルスを作用させると，

$$\xrightarrow{\left(\pi/2\right)_x} \boldsymbol{\rho}_4 = -\frac{1}{4\sqrt{2}}\mathrm{i}\exp\left(-\mathrm{i}\left(\Omega_\mathrm{I}+\pi J_\mathrm{IS}\right)t_1\right)\left(\mathbf{I}_x + \mathrm{i}\mathbf{S}_z - 2\mathbf{I}_x\mathbf{S}_y - \mathrm{i}2\mathbf{I}_z\mathbf{S}_y\right)$$

$$(4.1.88)$$

となる. この密度行列の要素をあらわに書くと，

$$\boldsymbol{\rho}_4 = -\frac{1}{4\sqrt{2}}\mathrm{i}\exp(-\mathrm{i}(\Omega_\mathrm{I}+\pi J_\mathrm{IS})t_1)\begin{pmatrix} \mathrm{i} & -1 & 1 & \mathrm{i} \\ 1 & \mathrm{i} & -\mathrm{i} & 1 \\ 1 & \mathrm{i} & -\mathrm{i} & 1 \\ -\mathrm{i} & 1 & -1 & -\mathrm{i} \end{pmatrix} \quad (4.1.89)$$

となり，単一のコヒーレンス $\boldsymbol{\rho}_{2(31)}$ から引き継いだ $\exp\left(-\mathrm{i}\left(\Omega_\mathrm{I}+\pi J_\mathrm{IS}\right)t_1\right)$ という係数を保持したまま，さまざまなコヒーレンスが生じることがわかる. ここで，

[xvii] ここでは可換な演算子（交換式が 0 になる演算子の組）は項ごとに分けて作用できることを使った. 例えば $\exp\left\{\mathrm{i}\left(\Omega_\mathrm{I}I_x + \Omega_\mathrm{S}S_z + 2\pi J_\mathrm{IS}I_zS_z\right)t\right\}$ は $\exp(\mathrm{i}\Omega_\mathrm{I}I_zt)\exp(\mathrm{i}\Omega_\mathrm{I}S_zt)\exp(\mathrm{i}2\pi J_\mathrm{IS}I_zS_zt)$ と分解でき，どの順番に作用させてもよい. 溶液 NMR に登場するハミルトニアンはほとんどすべて可換なので，基本的に分けて順次計算していけばよい.

[xviii] 本来はユニタリ回転行列 $\mathbf{R}(\Phi) = \exp(-\mathrm{i}\Phi\mathbf{H})$ の行列表現を求めて，それを用いて計算するのが正当な計算方法である. しかしここでは直積演算子の演算のルールのみを用いて計算するため，このようなやや強引な変形を用いている.

NMR で最終的に検出できるのは次数が -1 のコヒーレンスだけだということを思い出し，それに対応する行列要素の FID 取り込み時間 t_2 中の時間発展と緩和を考慮すると，式(4.1.78)により最終的な得られる信号は，

$$\rho_{4(21)} = \exp\left\{-\left(i\Omega_I' + \lambda\right)t_1\right\} \cdot \exp\left\{-\left(i\Omega_S' + \lambda\right)t_2\right\} \qquad (4.1.90)$$

$$\rho_{4(31)} = \exp\left\{-\left(i\Omega_I' + \lambda\right)t_1\right\} \cdot \exp\left\{-\left(i\Omega_I' + \lambda\right)t_2\right\} \qquad (4.1.91)$$

$$\rho_{4(42)} = \exp\left\{-\left(i\Omega_I' + \lambda\right)t_1\right\} \cdot \exp\left\{-\left(i\Omega_I'' + \lambda\right)t_2\right\} \qquad (4.1.92)$$

$$\rho_{4(43)} = \exp\left\{-\left(i\Omega_I' + \lambda\right)t_1\right\} \cdot \exp\left\{-\left(i\Omega_S'' + \lambda\right)t_2\right\} \qquad (4.1.93)$$

となる．ただし，

$$\Omega_I' = \Omega_I + \pi J_{IS}$$

$$\Omega_I'' = \Omega_I - \pi J_{IS}$$

$$\Omega_S' = \Omega_S + \pi J_{IS}$$

$$\Omega_S'' = \Omega_S - \pi J_{IS}$$

$$\lambda = \frac{1}{T_2}$$

として，見やすさのためにここでの議論にとって本質的ではない係数は除いた．また一般的に2つのスピンの横緩和時間が同じになる必然性はないが，ここでは簡便のために一緒にした．式(4.1.90)〜(4.1.93)は式(4.1.9)において示した二次元の NMR 信号と同じ形であり，t_1 と t_2 の2つの時間軸でオフセット周波数と J カップリングの定数に応じた位相変調がかかっている．

　以上の解析では ρ_2 において単一の次数 -1 のコヒーレンス $\rho_{2(31)}$ のみを抜き出したが，他の次数 -1 のコヒーレンス $\rho_{2(21)}$，$\rho_{2(42)}$，$\rho_{2(43)}$ も同様に $\left(\frac{\pi}{2}\right)_x$ で4個の次数 -1 のコヒーレンスに枝分かれするので，結果として合計16個の信号を生み出す．それらを足し合わせた完全なデータセットをフーリエ変換すると二次元スペクトルを与える（**図 4.1.15**）．二次元スペクトルで出現したピークのうち両軸とも同じ周波数のものを**対角ピーク**，異なる周波数のものを**交差ピーク**と呼び，交差ピークはどのスピンとどのスピンの間に J カップリングが存在していたのかを示す．この交差ピークは，2度目の $\left(\frac{\pi}{2}\right)_x$ パルスによってあるスピンからカップリング相手

第4章　多次元分光法

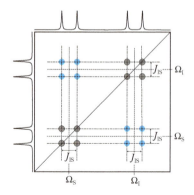

図 4.1.15 COSY の二次元スペクトル
灰色で示されているピークが対角ピークであり，青で示されているピークが交差ピークである．交差ピークはJカップリングしている2つのスピンのケミカルシフト（Ω_I と Ω_S）が交差する点に現れ，スピン同士の相関を示す．

の別のスピンに移ったコヒーレンスから生じる．式(4.1.86)で抽出したコヒーレンス $\rho_{2(31)}$ の場合では，t_1 期ではIスピンのコヒーレンスとして周波数 Ω'_1 で回転し，2度目の $(\pi/2)_x$ パルス後でSスピンのコヒーレンスに移され，t_2 期においては $\Omega'_2(\rho_{4(21)})$ や $\Omega''_2(\rho_{4(43)})$ で回転することによって交差ピークを生成した．このようにあるコヒーレンスを時間発展させて位相の係数を付与することを**位相エンコーディング**と呼び，位相を付与されたスピンのコヒーレンスから他のスピンのコヒーレンスへ変換して位相の係数を引き継がせることが磁化移動となる．これは4.1.7項で説明した強度変調の磁化移動と同じで，相関測定の中心的役割を果たす操作である．

4.1.16 ■ 相関測定の基本構造

　溶液NMRで有機化合物の構造解析に使われる二次元相関測定に限定しても10程度あり（**表 4.1.2**），それらの細かいバリエーションを含めればその数倍は優に存在する．しかし前項で説明したCOSYもAppendixで説明しているINADEQUATEとNOESYも同様であるが，これらのパルスシーケンスには平衡磁化からコヒーレンスを作り出す**準備期**，コヒーレンスが時間発展する**展開期**，磁化移動が行われる**混合期**，そしてNMR信号を取得する**観測期**からなる共通の構造があり，ほぼすべてのNMRの二次元測定はこの構造に沿って設計されている（**図 4.1.16**）．

　本書で取り上げている例で具体的に見ていくと，まずCOSYおよびNOESYでは

4.1 二次元 NMR 分光法

表 4.1.2　よく使用される溶液 NMR のパルスシーケンス一覧

名称		相互作用	用途/説明
COSY	COrrelation SpectroscopY	同種核 J	J カップリングしているスピンのペア（主に ^{1}H）を特定する.
TOCSY	TOtally Correlated SpectroscopY	同種核 J	J カップリングしている複数のスピン（主に ^{1}H）によりなるスピン系のつながりを特定する.
NOESY	Nuclear Overhauser Effect SpectroscopY	同種核双極子	双極子カップリングしている空間的に近い（^{1}H ではおおむね 6 Å 以内）同種核スピンのペアを特定する.
ROESY	Rotating frame nuclear Overhauser Effect SpectroscopY	同種核双極子	NOESY では測定できない分子量の分子を対象として，双極子カップリングしているスピンのペアを特定する.
HSQC	Hetero-nuclear Single Quantum Coherence	異種核 J	直接結合している ^{1}H 核と X 核（^{1}H 以外の核）のペアを検出する.
HMBC	Hetero-nuclear Multiple Bond Connectivity	異種核 J	2 ボンド以上離れて結合している H 核と X 核のペアを検出する.
H2BC	Hetero- nuclear 2-Bond Correlation	異種核 J + 同種核 J	2 ボンド離れて結合している H 核と X 核のペアを検出する.
HOESY	Heteronuclear Overhauser Effect Spectroscopy	異種核双極子	空間的に近い異種核スピンのペアを特定する.
INADEQUATE	Incredible Natural Abundance DoublE QUAntum Transfer Experiment	同種核 J	^{13}C-^{13}C や ^{29}Si-^{29}Si などで不要磁化を抑制しながら直接結合している J カップリングしているスピンのペアを特定する.
ADEQUATE	Adequate sensitivity DoublE QUAnTum spEctroscopy	異種核 J + 同種核 J	直接結合している ^{1}H からの磁化を使い，感度上昇させた INADEQUATE. INADEQUATE より感度が高いが情報量は低い.

最初の 1 量子コヒーレンスを作り出す $\pi/2$ パルスが準備期にあたり，INADEQATE では 2 量子コヒーレンスを作り出す $\tau \to (\pi)_x \to \tau \to \left(\frac{\pi}{2}\right)_x$ のブロックが準備期にあたる操作である．どのようなコヒーレンスを最初に作るかはアプリケーションに依存しており，COSY や NOESY のように 1 量子コヒーレンスを作り，続く展開期で化学シフトの周波数でエンコーディングできるようにする構造が一番使われるが，例えば INADEQUATE のように，2 量子コヒーレンスを経由して磁化を作ることによって不要な信号を除去するようなアプリケーションもある．次に，COSY および NOESY の展開期では準備期に作られた 1 量子コヒーレンスが化学シフトの周波数で時間発展し，INADEQUATE では 2 量子コヒーレンスが化学シフトの 2 スピンの

191

第4章　多次元分光法

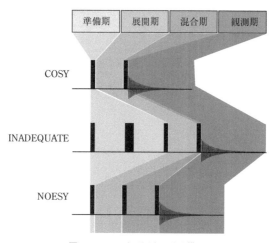

図 4.1.16　二次元測定の基本構造

化学シフトの和の周波数で時間発展し，位相もしくは強度エンコーディングが行われる．このエンコーディングによってどのコヒーレンス（スピン）から磁化が由来したかをラベルする．続く混合期では磁化移動を行い，エンコーディングされたスピンから相互作用している他のスピンへと強度や位相の変調を移す．この磁化移動が相関測定の本質を担っており，ここで使われる磁化移動の機構によりその相関測定がどのような情報を保持しているかが変わる．COSY と INADEQUATE では J カップリングしているスピン同士がわかり，NOESY では空間的に双極子カップリングしているスピン同士が検出できる．そして最後に観測期においてコヒーレンスを FID として観測可能な横磁化に戻し，周波数エンコーディングをどのスピンが受け取ったのかを NMR 信号として観測する．

このように，一見複雑な NMR の二次元相関測定もさらに複雑な三次元以上の相関測定も，パーツごとの役割の意図がわかっていれば，詳細に解釈まではできないまでもある程度どういう情報が得られそうか伺い知ることはできる．また，特に複雑な測定になればなるほど部品の使いまわしが増えてくるので，一般的に使われるパーツはさほど多くないことに気づく．パーツごとにどういう機能をもつのかやスピン操作の詳細はどうなっているのかを都度都度勉強していけば，何十以上もある測定法を理解するのも意外と難しくはない．もし本書をきっかけに NMR の二次元相関測定に興味をもった読者がいたら，そういう視点で勉強をしていってもよいかもしれない．

参考文献

1) R. R. Ernst, *Chimia*, **29**, 179(1975)
2) W. P. Aue, E. Bartholdi, and R. R. Ernst, *J. Chem. Phys.*, **64**, 2229(1976)
3) F. Bloch, *Phys. Rev.*, **70**, 4604(1946)
4) J. Cavanagh, N. J. Skelton, W. J. Fairbrother, M. Rance, and A. G. Palmer III, *Protein NMR Spectroscopy Principles and Practice*, Academic Press, Cambridge(2006)
5) M. H. Levitt, *Spin Dynamics: Basics of Nuclear Magnetic Resonance, 2nd Edition*, John Wiley & Sons, New Jersey(2008)
6) R. R. Ernst, G. Bodenhausen, and A. Wokaun, *Principles of Nuclear Magnetic Resonance in One and Two Dimensions*, Oxford University Press, Oxford(1990)
7) J. Keeler, *Understanding NMR Spectroscopy, 2nd Edition*, John Wiley & Sons, New Jersey(2010)
8) A. Bax, R. Freeman, and S. P. Kempsell, *J. Mag. Reson.*, **41**, 349(1980)
9) J. Jeener, B. H. Meier, P. Bachmann, and R. R. Ernst, *J. Chem. Phys.*, **71**, 4546(1979)
10) I. Solomon, *Phys. Rev.*, **99**, 559(1955)
11) D. J. States, R. A. Haberkorn, and D.J. Ruben, *J. Mag. Reson.*, **48**, 286(1982)

Appendix

この Appendix では，本文では説明しきれなかった二次元の NMR の応用測定 2 つについて解説する．解説する測定の 1 つ目は **INADEQUATE**(Incredible Natural Abundance DoublE QUAntum TEchnique)という測定で，得られる情報は COSY と同じであるが，不要なピークの除去を行うことでデータを解析しやすくしている測定である．2 つ目は **NOESY**(Nuclear Overhauser Effect SpectroscopY)で，この測定は J カップリングではなく双極子カップリングを使って磁化移動することによって，空間的に近接しているスピン同士の相関を得る．これら 2 つのパルスシーケンスは本文の**図 4.1.13** で一度示したが，**図 A.1** に再掲する．どちらも単純な測定ながら実際の応用でよく使われる測定で，かつ NMR の相関測定の多様さや工夫がよく表れているので，ここで取り上げて補足していきたい．

INADEQUATE(Incredible Natural Abundance DoublE QUAntum TEchnique)

COSY はある 1 量子コヒーレンスから別の 1 量子コヒーレンスへ磁化移動させる

第4章 多次元分光法

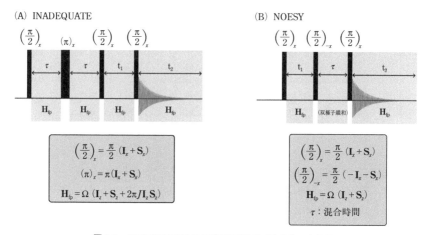

図A.1 INADEQUATE および NOESY のパルスシーケンス

ことによって相関ピークを作り出すのに対し，**INADEQUATE**[8)] は同じ情報を2つのスピンが作る2量子コヒーレンスを経由して得る．同じ情報が得られるのなら一見あまり有用な測定ではなさそうかもしれないが，2量子コヒーレンスを先に作ることによってカップリングのないスピンから生じる不要な信号を除去することができる．例えばINADEQUATEが主に使われている天然同位体比の試料を対象とした ^{13}C-^{13}C 相関測定では，^{13}C スピンの存在比は1.1%であり，さらに ^{13}C が同じ分子内で隣接してカップリングしているスピンの組の存在比は0.012%しかなく，COSYでスピン同士の相関を測定しようとすると試料中に1.1%存在するカップリングのない ^{13}C スピン由来の信号に邪魔されて，必要な相関信号が解析できなくなってしまう．しかしINADEQUATEでは，カップリングしているスピンの組からしか作れない2量子コヒーレンスを経由して相関を得るため，孤立した ^{13}C スピン由来信号を排除し相関信号のみを取得できる．実際には不要信号を取り除くためにはコヒーレンス選択[xix] というスピン操作技術が必要なのだが，発展的な話題になるので紙幅の都合上触れない．そこで今回は，特定の量子数のコヒーレンスを経

[xix] コヒーレンス選択には2つの手法がある．1つ目はコヒーレンスの次数によってRFパルスの位相に対する応答が違うという性質を利用する位相回し(phase cycling)，2つ目はコヒーレンスの次数によってZ軸周りの回転の向きと速度が違うという性質を利用する磁場勾配という手法である．コヒーレンス選択の形式的な議論は Principles of Nuclear Magnetic Resonance in One and Two dimensions (Oxford Science Publications) の6.3章，実装については Protein NMR Spectroscopy Principles and Practice (Academic Press) の4.3章が詳しい．

由した磁化だけを選択的に観測することができる技術があるということだけを納得してもらって先に進みたい.

はじめに INADEQUATE のパルスシーケンスを**図 A.1**(A) に示す. COSY と比べてパルスの数が多くなっているが, 解析してみると行っていることの複雑さは意外と COSY と大して変わらないことがわかる. 測定対象となるスピン系は J カップリングのある 2 スピン系として, ハミルトニアンを $H_{fp} = \Omega_I I_z + \Omega_S S_z + 2\pi J_{IS} I_z S_z$, 初期状態の密度行列を $\rho_0 = I_z + S_z$ と置いて解析を始める.

まず ρ_0 に最初の $\left(\pi/2\right)_x$ パルスを作用させると,

$$I_z + S_z \xrightarrow{\ \left(\pi/2\right)_x\ } \rho_1 = -I_y - S_y \tag{4.A.1}$$

となり, 続いて $\tau \to (\pi)_x \to \tau$ のシーケンスを施すと,

$$\xrightarrow{\ H_{fp}\tau\ } \xrightarrow{\ (\pi)_x\ } \xrightarrow{\ H_{fp}\tau\ } \rho_2 = \cos 2\pi J\tau \cdot I_y + \sin 2\pi J\tau \cdot 2I_x S_z \\ + \cos 2\pi J\tau \cdot S_y + \sin 2\pi J\tau \cdot 2I_z S_x \tag{4.A.2}$$

とやや複雑な式になる. しかしここで測定条件としてパラメータ τ を $1/4J$ とすれば, 密度行列はこの時点で,

$$\rho_2{}' = 2I_x S_z + 2I_z S_x \tag{4.A.3}$$

というかなり単純な形になることがわかる[xx]. この待ち時間 τ は測定条件として自由に設定できるパラメータであり, $1/4J$ に設定することにより所望のコヒーレンスを最大化することができる. 続いて $\left(\pi/2\right)_x$ パルスを施すと密度演算子は,

$$\rho_3 = -2I_x S_y - 2I_y S_x$$
$$= -\begin{pmatrix} 0 & 0 & 0 & -i \\ 0 & 0 & 0 & 0 \\ 0 & 0 & 0 & 0 \\ i & 0 & 0 & 0 \end{pmatrix} \tag{4.A.4}$$

で表される 2 量子コヒーレンスを含む状態へと変換される. これらの 2 量子コヒーレンスは t_1 時間中に式 (4.1.78) に従い,

---

[xx] 一般的な有機化合物における ^{13}C-^{13}C 結合のカップリングは, 単結合では 40 Hz 程度で二重結合では 50 Hz 程度になることが知られているため, 測定ではその程度の値をパラメータとして使用する.

第4章　多次元分光法

$$
= -\mathrm{i}\begin{pmatrix} 0 & 0 & 0 & -\exp\{\mathrm{i}(\Omega_\mathrm{I}+\Omega_\mathrm{S})t\} \\ 0 & 0 & 0 & 0 \\ 0 & 0 & 0 & 0 \\ \exp\{-\mathrm{i}(\Omega_\mathrm{I}+\Omega_\mathrm{S})t\} & 0 & 0 & 0 \end{pmatrix} \tag{4.A.5}
$$

と時間発展する．4.1.15 項で行った COSY の解析と同様に，ここから先は見通しを
よくするために単一のコヒーレンスだけを取り出して計算を進めていくことにす
る．そこで $\boldsymbol{\rho}_{3(41)}$ を抜き出してプロダクトオペレーターで展開すると，

$$
\begin{aligned}
\boldsymbol{\rho}_4 &= -\mathrm{i}\exp\{-\mathrm{i}(\Omega_\mathrm{I}+\Omega_\mathrm{S})t\}\begin{pmatrix} 0 & 0 & 0 & 0 \\ 0 & 0 & 0 & 0 \\ 0 & 0 & 0 & 0 \\ 1 & 0 & 0 & 0 \end{pmatrix} \\
&= -\frac{\mathrm{i}}{4}\exp\{-\mathrm{i}(\Omega_\mathrm{I}+\Omega_\mathrm{S})t\}(2\mathbf{I}_x\mathbf{S}_x - \mathrm{i}2\mathbf{I}_x\mathbf{S}_y - \mathrm{i}2\mathbf{I}_y\mathbf{S}_x - 2\mathbf{I}_y\mathbf{S}_y)
\end{aligned} \tag{4.A.6}
$$

と変形でき，さらにこれに $\left(\pi/2\right)_x$ パルスを作用させると，

$$
\begin{aligned}
\xrightarrow{\;(\pi/2)_x\;} \boldsymbol{\rho}_5 &= -\frac{\mathrm{i}}{4}\exp\{-\mathrm{i}(\Omega_\mathrm{I}+\Omega_\mathrm{S})t\}(2\mathbf{I}_x\mathbf{S}_x - \mathrm{i}2\mathbf{I}_x\mathbf{S}_z - \mathrm{i}2\mathbf{I}_z\mathbf{S}_x - 2\mathbf{I}_z\mathbf{S}_z) \\
&= -\frac{\mathrm{i}}{4}\exp\{-\mathrm{i}(\Omega_\mathrm{I}+\Omega_\mathrm{S})t\}\begin{pmatrix} 1 & -\mathrm{i} & -\mathrm{i} & 1 \\ -\mathrm{i} & -1 & 1 & \mathrm{i} \\ -\mathrm{i} & 1 & -1 & \mathrm{i} \\ 1 & \mathrm{i} & \mathrm{i} & 1 \end{pmatrix}
\end{aligned} \tag{4.A.7}
$$

と複数のコヒーレンスに派生する．検出できる次数 -1 のコヒーレンスのみを抜き
出し，FID の取り込み時間 t_2 中の時間発展を計算すると，

$$
\boldsymbol{\rho}_{5(21)} = \exp\{-\mathrm{i}(\Omega_\mathrm{I}+\Omega_\mathrm{S})t\}\cdot\exp(-\mathrm{i}(\Omega_\mathrm{S}+\pi J_\mathrm{IS})t) \tag{4.A.8}
$$

$$
\boldsymbol{\rho}_{5(31)} = \exp\{-\mathrm{i}(\Omega_\mathrm{I}+\Omega_\mathrm{S})t\}\cdot\exp(-\mathrm{i}(\Omega_\mathrm{I}+\pi J_\mathrm{IS})t) \tag{4.A.9}
$$

$$
\boldsymbol{\rho}_{5(42)} = \exp\{-\mathrm{i}(\Omega_\mathrm{I}+\Omega_\mathrm{S})t\}\cdot\exp(-\mathrm{i}(\Omega_\mathrm{I}-\pi J_\mathrm{IS})t) \tag{4.A.10}
$$

$$
\boldsymbol{\rho}_{5(43)} = \exp\{-\mathrm{i}(\Omega_\mathrm{I}+\Omega_\mathrm{S})t\}\cdot\exp(-\mathrm{i}(\Omega_\mathrm{S}-\pi J_\mathrm{IS})t) \tag{4.A.11}
$$

となる．ただし，ここでは式の見やすさのために，ここでの議論にとって本質的で
はない係数は除いた．式(4.A.8)～(4.A.11)の信号は，フーリエ変換すると縦軸がそ
れぞれのスピンの周波数の和，つまり 2 量子遷移の周波数，横軸が 1 量子遷移の周
波数のスペクトルになり，J カップリングがあるスピン同士の相関ピークが横並び

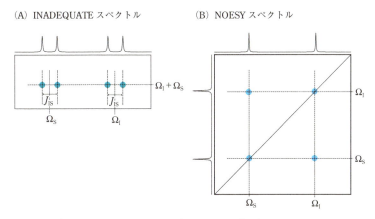

図 A.2 INADEQUATE および NOESY の二次元相関スペクトル

に出現する（図 A.2(A)）．2 量子コヒーレンスは本来 NMR では観測できないが，このようにして間接観測軸上の変調としては観測でき，カップリングしているスピン同士が同じ 2 量子コヒーレンスの周波数で変調を受けるということを利用して相関信号を生成している．

式 (4.A.8)〜(4.A.11) からわかるように，INADEQUATE では 2 量子コヒーレンスを経由することによって，COSY とは違い，磁化移動の前後で同じスピンのコヒーレンスから生じた信号（対角成分）が観測されない．これは，式 (4.A.4) で J カップリングのハミルトニアン $2\pi J_{IS} \mathbf{I}_z \mathbf{S}_z$ によって生成された $-2\mathbf{I}_x \mathbf{S}_y$ という密度行列の成分を経由している信号だけを検出しているからである．この密度行列の成分には 2 量子コヒーレンスしか含まれていないため，J カップリングのないスピンは信号を生成しない．これにより，天然同位体比の試料において ^{13}C スピン同士がカップリングしている分子からの信号だけを選択して検出できる．

NOESY（Nuclear Overhauser Effect SpectroscopY）

これまで見てきた COSY と INADEQUATE はスピン間の J カップリングを用いて磁化移動を行っていたが，先述したように磁化移動に使える相互作用は J カップリングだけではない．空間を通した相互作用である双極子カップリングもあらゆるところで見られるスピン間の相互作用だが，**NOESY** はその双極子カップリングを用いて磁化移動を実現する測定である．一般的に溶液中ではスペクトル上では双極子カップリングは運動平均化によってあらわに観測されないが，NMR 信号への影

第4章　多次元分光法

響が完全になくなるわけではなく緩和という形で顕在化し，NOESYはこのスピン間の緩和による磁化のやりとりを利用して相関信号を作る．

　双極子による緩和は単純にいってしまえば，あるスピンの付近に存在する別のスピンが熱運動によりランダムに揺動する磁場を生み出し，そのランダム磁場に含まれる共鳴周波数に相当する磁場成分が遷移を誘発し，スピン系が熱平衡状態に戻っていく過程である．この過程はNMRの緩和の理論においてはその他の緩和経路を含めて精緻にモデル化されており，緩和のパラメータを調べることで分子のダイナミクスを定量的に調べることもできる．しかし本書では定量的な議論は深追いせず，現象論としての緩和を見ていくだけにする．

　双極子カップリングした2スピン系の縦緩和による磁化の時間変化は，非平衡状態にあるエネルギー準位間のスピンの出入りから導かれるSolomon方程式[10]，

$$\frac{\mathrm{d}}{\mathrm{d}t}\begin{pmatrix} \Delta\langle\mathbf{I}_z\rangle(t) \\ \Delta\langle\mathbf{S}_z\rangle(t) \end{pmatrix} = \begin{pmatrix} -R_{\mathrm{auto}} & R_{\mathrm{cross}} \\ R_{\mathrm{cross}} & -R_{\mathrm{auto}} \end{pmatrix}\begin{pmatrix} \Delta\langle\mathbf{I}_z\rangle(t) \\ \Delta\langle\mathbf{S}_z\rangle(t) \end{pmatrix} \tag{4.A.12}$$

で表される．ここで$\Delta\langle\mathbf{I}_z\rangle(t)$と$\Delta\langle\mathbf{S}_z\rangle(t)$はそれぞれの時間$t$におけるエネルギー状態の占有数の平衡状態からの差分であり，R_{auto}およびR_{cross}は緩和の速度定数である．この微分方程式を解くと

$$\Delta\langle\mathbf{I}_z\rangle(t) = a_{\mathrm{II}}\Delta\langle\mathbf{I}_z\rangle(0) + a_{\mathrm{IS}}\Delta\langle\mathbf{S}_z\rangle(0) \tag{4.A.13}$$

$$\Delta\langle\mathbf{S}_z\rangle(t) = a_{\mathrm{SI}}\Delta\langle\mathbf{I}_z\rangle(0) + a_{\mathrm{SS}}\Delta\langle\mathbf{S}_z\rangle(0) \tag{4.A.14}$$

が得られ，緩和中のスピン間の磁化移動の量が見積もられる．ただし，

$$a_{\mathrm{II}} = \cosh(R_{\mathrm{cross}}t)\exp(-R_{\mathrm{auto}}t) \tag{4.A.15}$$

$$a_{\mathrm{IS}} = \sinh(R_{\mathrm{cross}}t)\exp(-R_{\mathrm{auto}}t) \tag{4.A.16}$$

$$a_{\mathrm{SI}} = \sinh(R_{\mathrm{cross}}t)\exp(-R_{\mathrm{auto}}t) \tag{4.A.17}$$

$$a_{\mathrm{SS}} = \cosh(R_{\mathrm{cross}}t)\exp(-R_{\mathrm{auto}}t) \tag{4.A.18}$$

である．NOESYはこのIスピンとSスピン間の磁化移動（交差緩和）を使い相関信号を作る[xxi]．

[xxi] Solomon方程式を使った縦緩和の扱いの詳細ついてはProtein NMR Spectroscopy Principles and Practice（Academic Press）の5章がわかりやすいのでそちらを参照にされたい．

NOESY のパルスシーケンスは，**図 A.1**(B)で示されるように 3 つの $\pi/2$ パルスと 2 つの待ち時間で構成される．2 つの待ち時間のうち t_1 は COSY や INADEQUATE 同様，周波数エンコーディングに使い，τ は緩和による磁化移動に使う．ここでまず測定対象となるスピン系の熱平衡状態の密度行列を $\rho_0 = \mathbf{I}_z + \mathbf{S}_z$ と置き，また解析を単純にするために明示的な J カップリングなどがないと想定し，自由歳差運動時のハミルトニアンを $\mathbf{H}_{fp} = \Omega_I \mathbf{I}_z + \Omega_S \mathbf{S}_z$ として解析を始める．このスピン系にパルスシーケンスの最初の $\left(\pi/2\right)_x$ パルスを与えると，

$$\boldsymbol{\rho}_0 = \mathbf{I}_z + \mathbf{S}_z \xrightarrow{\ \left(\pi/2\right)_x\ } -\mathbf{I}_y - \mathbf{S}_y \tag{4.A.19}$$

となり，続く自由歳差運動で，

$$\xrightarrow{\ \mathbf{H}_{fp}t_1\ } \boldsymbol{\rho}_1 = -\left(\cos\Omega_I t \cdot \mathbf{I}_y - \sin\Omega_I t \cdot \mathbf{I}_x\right) - \left(\cos\Omega_I t \cdot \mathbf{S}_y - \sin\Omega_I t \cdot \mathbf{S}_x\right)$$

と時間発展し，オフセット周波数 Ω_I および Ω_S でエンコーディングされる．さらに 2 つ目の $\left(\pi/2\right)_{-x}$ パルスを与えると，

$$\xrightarrow{\ \left(\pi/2\right)_{-x}\ } \boldsymbol{\rho}_2 = -\left(\cos\Omega_I t \cdot \mathbf{I}_z - \sin\Omega_I t \cdot \mathbf{I}_x\right) - \left(\cos\Omega_I t \cdot \mathbf{S}_z - \sin\Omega_I t \cdot \mathbf{S}_x\right) \tag{4.A.20}$$

となり，磁化の一部が Z 軸方向に戻る．続いてコヒーレンス選択で X 方向の磁化を捨てると，

$$\boldsymbol{\rho}_3 = \cos\Omega_I t \cdot \mathbf{I}_z + \cos\Omega_I t \cdot \mathbf{S}_z \tag{4.A.21}$$

というオフセット周波数で変調のかかった縦磁化が残る．この縦磁化は非平衡状態なので Solomon 方程式に従って緩和していく．ここで式(4.A.12)～(4.A.17)を適用して磁化移動させると，待ち時間 τ の間に，

$$\xrightarrow{\ \tau\ } \boldsymbol{\rho}_4 = \left(a_{II}\left(\tau\right)\mathbf{I}_z + a_{IS}\left(\tau\right)\mathbf{S}_z\right)\cos\Omega_I t + \left(a_{SI}\left(\tau\right)\mathbf{I}_z + a_{SS}\left(\tau\right)\mathbf{S}_z\right)\cos\Omega_S t \tag{4.A.22}$$

と磁化移動し，それぞれのスピンから他方のスピンの磁化が生成することがわかる．あとはこの縦磁化を 2 つ目の $\left(\pi/2\right)_x$ パルスで観測可能なコヒーレンスに戻し，FID 取り込み時間 t_2 で再びオフセット周波数で時間発展させると

$$\xrightarrow{\ \left(\pi/2\right)_x\ } \boldsymbol{\rho}_5 = -\left(a_{II}\left(\tau\right)\mathbf{I}_y + a_{IS}\left(\tau\right)\mathbf{S}_y\right)\cos\Omega_I t - \left(a_{SI}\left(\tau\right)\mathbf{I}_y + a_{SS}\left(\tau\right)\mathbf{S}_y\right)\cos\Omega_S t \tag{4.A.23}$$

第4章　多次元分光法

$$
\xrightarrow{(\Omega_1+\Omega_2)t} \rho_6 = -a_{\mathrm{II}}(\tau)\cos\Omega_{\mathrm{I}}t\cos\Omega_{\mathrm{I}}t\cdot\mathbf{I}_y + a_{\mathrm{II}}(\tau)\cos\Omega_{\mathrm{I}}t\sin\Omega_{\mathrm{I}}t\cdot\mathbf{I}_x
$$
$$
-a_{\mathrm{IS}}(\tau)\cos\Omega_{\mathrm{I}}t\cos\Omega_{\mathrm{S}}t\cdot\mathbf{S}_y + a_{\mathrm{IS}}(\tau)\cos\Omega_{\mathrm{I}}t\sin\Omega_{\mathrm{S}}t\cdot\mathbf{S}_x
$$
$$
-a_{\mathrm{SI}}(\tau)\cos\Omega_{\mathrm{S}}t\cos\Omega_{\mathrm{I}}t\cdot\mathbf{I}_y + a_{\mathrm{SI}}(\tau)\cos\Omega_{\mathrm{S}}t\sin\Omega_{\mathrm{I}}t\cdot\mathbf{I}_x
$$
$$
-a_{\mathrm{SS}}(\tau)\cos\Omega_{\mathrm{S}}t\cos\Omega_{\mathrm{S}}t\cdot\mathbf{S}_y + a_{\mathrm{SS}}(\tau)\cos\Omega_{\mathrm{S}}t\sin\Omega_{\mathrm{S}}t\cdot\mathbf{S}_x
$$

$$(4.A.24)$$

が得られる．項をまとめて観測可能な次数が-1のコヒーレンスに対応する行列要素だけを抜き出し和を取ると，最終的に観測される信号は

$$
s(t_1,t_2) = \{a_{\mathrm{II}}(\tau)\cos\Omega_{\mathrm{I}}t_1 + a_{\mathrm{SI}}(\tau)\cos\Omega_{\mathrm{S}}t_1\}\cdot\exp(-\mathrm{i}\Omega_{\mathrm{I}}t_2)
$$
$$
+ \{a_{\mathrm{IS}}(\tau)\cos\Omega_{\mathrm{I}}t_1 + a_{\mathrm{SS}}(\tau)\cos\Omega_{\mathrm{S}}t_1\}\cdot\exp(-\mathrm{i}\Omega_{\mathrm{S}}t_2)
$$

$$(4.A.25)$$

となることがわかる．ただしここでは信号の形に本質的に関係がない係数を落としている．この信号の形はΩ_{I}とΩ_{S}の周波数をもつ変調の積の形で表される項があることから，交差ピークが生じることがわかる．具体的には$a_{\mathrm{SI}}(\tau)\cos\Omega_{\mathrm{S}}t_1\cdot\exp(-\mathrm{i}\Omega_{\mathrm{I}}t_2)$と$a_{\mathrm{IS}}(\tau)\cos\Omega_{\mathrm{I}}t_1\cdot\exp(-\mathrm{i}\Omega_{\mathrm{S}}t_2)$の信号が交差ピークになり，それぞれIスピンからSスピンへ，SスピンからIスピンへと磁化移動してきた信号である．このピークの存在により，2つのスピンの間に双極子カップリングが存在し，空間的に近い場所にあるということがわかる．

　さて，ここでこの得られた式(4.A.24)を見ると，COSYやINADEQUATEで得られた信号が指数関数の積であったのに対し，このNOESYでは三角関数と指数関数の積からなっているのに気付く．つまり，コヒーレンス間で引き継がれたのは位相の変調ではなく強度変調だということである．これは式(4.A.19)でX方向の磁化をコヒーレンス選択で落とし，Z成分の磁化だけを保持したことに起因する．しかし周波数Ωの三角関数のフーリエ変換は周波数$\pm\Omega$に2つの信号を生じてしまい，Ω_1軸上の周波数の符号がわからなくなってしまうため不都合である．そこでNOESYのように強度変調を生じる測定は，States法[11]と呼ばれる手法によって位相変調へ変換して周波数の正負の区別をつける[xxii]．States法の詳細な説明は本書の範囲を逸脱するので他書に譲るが，基本的な考え方としてはコサインの強度変調を受けた信号と組になるサイン変調の信号を測定し，それらを組み合わせることで位相変調信号を作るというものである．このサイン変調信号はパルスシーケンスの最

[xxii] TPPI法，States法，およびState-TPPI法などの周波数識別法や二次元のピーク形状の議論はProtein NMR Spectroscopy Principles and Practice 2nd Edition（Academic Press）の4章やUnderstanding NMR spectroscopy 2nd Edition（Wiley）の8章が詳しい．

4.1 二次元 NMR 分光法

初に作用させた $\left(\pi/2\right)_x$ パルスの位相を変え $\left(\pi/2\right)_y$ とすることによって,

$$s(t_1,t_2) = \{a_{II}(\tau)\sin\Omega_I t_1 + a_{SI}(\tau)\sin\Omega_S t_1\} \cdot \exp(-i\Omega_I t_2) \\ + \{a_{IS}(\tau)\sin\Omega_I t_1 + a_{SS}(\tau)\sin\Omega_S t_1\} \cdot \exp(-i\Omega_S t_2) \quad (4.A.26)$$

という形で比較的簡単に作り出せる．このパルスの位相が異なる2種類の測定でコサインとサインそれぞれの強度変調を受けた信号を取得して組み合わせることで，t_1 軸上でも位相変調を作り上げることができ，周波数の符号の区別がつく二次元相関信号が得られる（図 A.3）．このようにして States 法を NOESY に適用して得られた信号をフーリエ変換すると，最終的に図 A.2(B) のようなスペクトルが得られる．

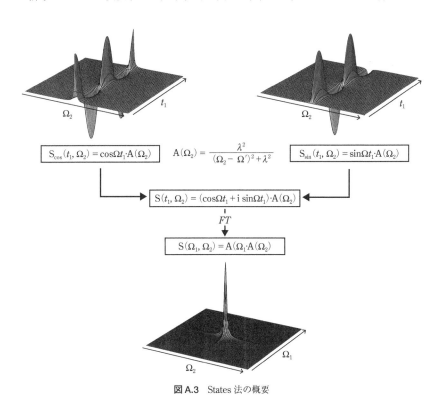

図 A.3　States 法の概要

第4章　多次元分光法

4.2 ■ 二次元赤外分光法

　本節では導入部として，二次元赤外分光法の原理について簡単な例を用いて説明する．次に，二次元赤外分光法の歴史的背景について述べたあと，時間領域での二次元赤外分光法を理解する上で重要な三次の非線形光学応答関数やファインマンダイアグラムについて簡単に解説する．その後，二次元赤外分光法の測定において用いる赤外パルス光源，マルチチャンネル赤外検出器について触れたあと，時間領域での二次元赤外分光法の測定系についての解説を行う．具体的な応用例として，溶液中の水の水素結合ダイナミクスや分子会合体の生成と解離による化学交換，数個のアミノ酸を含む簡単なペプチド分子，アミロイド線維や膜タンパク質などの構造変化やダイナミクスといった研究について紹介する．

4.2.1 ■ 二次元赤外分光法の概略

　中赤外光($1000\ \mathrm{cm^{-1}} \sim 3500\ \mathrm{cm^{-1}}$)は分子内の振動が吸収する光の波長領域に対応する．そのため，赤外吸収スペクトルを測定することにより，分子構造についての詳細な情報を得ることができる[1,2]．これは，分子振動の振動数が構成する原子の種類や結合の仕方に敏感であるためである．また，赤外吸収スペクトルには数多くのバンドが観測され，一見するとそれぞれのバンドがどのような振動に対応するのかを理解することが難しいと思われる．現在では，密度汎関数法をベースとした汎用の量子化学計算ソフトにより，電子基底状態の振動モードについての性質(波数や遷移強度)を計算することができ，分子の動きを可視化することができるようになった[3]．そのため，赤外分光法は多くの実験科学者に利用され，汎用的な構造解析ツールとして認識されている．

　赤外スペクトルは通常，横軸を波数($\mathrm{cm^{-1}}$)，縦軸を吸光度にとり，一次元のスペクトルとして表される．以後，振動数に相当する量は波数を用いて表すことにする．赤外吸収スペクトルには分子構造に関する多くの情報が含まれている．しかし，複数のバンド間の関係についてその詳細を知ることが困難な場合がある．簡単な例として，**図4.2.1**(a)のような近接した2つの振動モードが観測される赤外吸収スペクトルを考えてみよう．**図4.2.1**(b)のように溶質分子が異なる状態(分子構造による違いなど)A, Bをもち，それぞれに由来する振動モードが波数 ω_a，ω_b に観測されると仮定する．赤外吸収スペクトルからは2つの構造が存在することはわかるが，それらの構造がどのような時間スケールで交換しているか(**化学交換**)につい

202

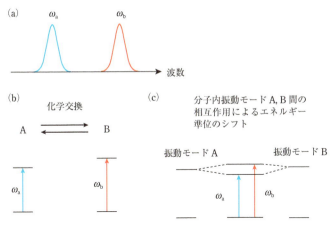

図4.2.1 (a) 近接した波数 ω_a と ω_b にピークをもつ赤外吸収スペクトルの模式図．(b) 化学交換による分子の状態変化とエネルギー準位図．分子 A, B の遷移波数は ω_a, ω_b としている．(c) 異なる分子内振動モード A, B 間の相互作用によるエネルギー準位のシフト．

て知ることは困難である．また，別の可能性として分子内の2つの異なる振動モードが互いに相互作用していて，振動バンドが2つに分裂している場合を考える（図4.2.1(c)）．振動モード間の相互作用の大きさは2つの振動モード間の波数の差に依存するが，赤外吸収スペクトルから，その大きさを定量的に評価することは難しく，化学交換と区別することも容易ではない場合がある．このため，より詳細な情報を知ることができる分光法が不可欠となる．**二次元赤外分光法**では一次元の赤外スペクトルをもう一つの波数軸に展開することによって，異なる振動モード間の相関がどのような関係にあるかを明らかにすることが可能となる[4,5]．そのため，二次元赤外分光法は二次元NMRの方法論を赤外領域の振動遷移に応用したものであると捉えることができる．二次元赤外分光法の強みは非常に時間幅の短い（〜100 fs）パルス光を用いることにより，化学交換や分子構造の変化などの現象を実時間で追跡することができる点である．第3章で詳しく解説されているように，外部からの摂動（温度，濃度，圧力）に対するスペクトルの相関を解析する二次元相関分光法とは本質的に異なることに注意する必要がある．

先ほど赤外吸収スペクトルで区別することが難しかった2つの分子の化学交換と分子内の異なる振動モード間の相互作用が，二次元赤外分光法ではどのように観測されるかについて説明する．詳細については後ほど解説することとし，ここでは直観的な理解を目的とした簡単な記述にとどめる．一般的な二次元赤外分光法では

(a) 化学交換

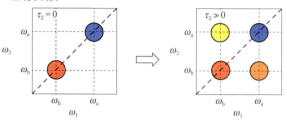

非対角部分のピークの大きさが化学交換の速さを反映する

(b) 分子間相互作用による振動エネルギー準位のシフト

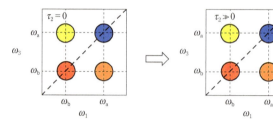

非対角部分のピークの大きさが異なる振動モード間の相互作用の大きさを反映する

図 4.2.2 (a) 化学交換が起こる場合の二次元赤外スペクトルの模式図. $\tau_2 = 0$ では，対角部分に波数 ω_a と ω_b にピークをもつ信号が観測されるが，化学交換が起こると ($\tau_2 \gg 0$)，非対角部分にピークをもつ信号が観測される. (b) 分子間相互作用による振動エネルギー準位のシフトが起こる場合. (a) の化学交換とは異なり，$\tau_2 = 0$ でも非対角部分にピークをもつ信号が観測される.

100 fs 程度の時間幅をもつ3つの中赤外パルス光を試料に照射する．よく知られているように，このような時間幅をもつパルス光のスペクトルは 100 cm^{-1} 以上の幅をもつため，スペクトル幅内に異なる振動バンドが存在する場合，近接した振動バンドを同時に励起することができる．二次元赤外分光法では，まず，1番目，2番目のパルス光で波数 ω_a，ω_b の振動モードを同時に励起する．その波数軸を ω_1 とし，横軸に取る．はじめに，化学交換が起こっている場合について考えてみよう．対象とする分子構造が変化せず，化学交換が起こっていない時間範囲の間に3番目のパルス光が入射するとする．このとき，それぞれの振動モードは独立に振る舞うため，励起された波数 ω_a の振動モードは波数 ω_a の信号のみを発生する．同様に波数 ω_b の振動モードからは波数 ω_b の信号が発生する．観測される波数を ω_3 とし，縦軸に取ると**図 4.2.2**(a) のように対角方向に2つの異なるピークが観測される．一方，1番目，2番目のパルス光の後に分子構造の変化などの化学交換が起こると，波数 ω_a の振動モードは波数 ω_b の振動モードへとポピュレーションが移動する．このため，最初のパルス光で励起した波数 ω_a の振動モードは ω_b の波数にも信号

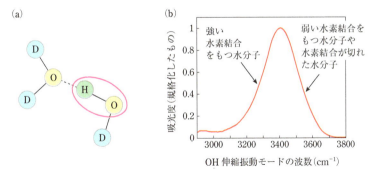

図 4.2.3 (a) 重水中の HOD の水素結合の模式図．ピンク色で囲んだ部分が対象としている OH 伸縮振動モードに対応する．水素結合の強弱によって，OH 伸縮振動モードの波数が変化する．(b) 測定で得られた重水中の HOD の OH 伸縮振動モードの赤外吸収スペクトル．重水中に存在する HOD は 1% である．
[S. T. Roberts *et al.*, *Acc. Chem. Res.*, **42**, 1239–1249 (2009) をもとに作図]

を発する．化学交換が起こったあとの二次元赤外スペクトルでは，**図 4.2.2**(a) に示すように対角方向の 2 つのピーク以外に非対角部分にもピークが観測されることになる．このピークの大きさの時間変化を調べることで化学交換の速度を定量的に評価することができる．一方，分子内の異なる振動モードが相互作用して一次元の赤外スペクトルのピークが 2 つに分裂している場合はどうであろうか．化学交換の場合と同様に，1 番目，2 番目のパルス光で異なる振動モードを同時に励起する．この場合，各振動モードは相互作用しているため，独立ではない．そのため，3 番目のパルス光が入射するとその時間にかかわらず，**図 4.2.2**(b) で示すように非対角部分にもピークが観測される．つまり，非対角成分の大きさが相互作用の大きさを反映している．このように二次元赤外スペクトルの時間変化を測定することによって，一次元の赤外吸収スペクトルでは区別の付かなかった化学交換や異なる振動モード間の相互作用を定量的に解析し，その由来を理解することができる．

以上は 2 つの振動バンドが明瞭に観測される簡単な例をもとに二次元赤外分光法の利点を解説したが，振動モードの波数が周辺の環境に応じて連続的に変化する場合にも有益な情報を与える．一例として室温中での水の OH 伸縮振動モードの赤外吸収スペクトルを見てみよう．液体の水分子は水素結合によって三次元のネットワーク構造をもつ．特に OH 伸縮振動モードは水分子間の水素結合の強さに敏感であることが知られている．**図 4.2.3** に重水 (D_2O) 中の HOD の OH 伸縮振動モードのスペクトルを示す[6]（純液体の吸収スペクトルを測定する場合，吸収が非常に大きく，サンプルセルの光路長を非常に短くする必要がある．このため，重水で希

第4章 多次元分光法

釈することによって，軽水(H_2O)の濃度を低くし，吸光度を調整することができる．また，室温中では，水分子の H と D は素早く交換し，平衡状態になるため，HOD 分子の割合が軽水に比べて大きくなる）．このスペクトルには分子間で水素結合が強い水分子や，水素結合が弱い，あるいは水素結合が切れた水分子が存在する．水素結合が強い場合の OH 伸縮振動モードの波数は低波数側に現れ，水素結合が弱い場合や水素結合が切れた OH 伸縮振動モードの波数は高波数側に現れることが知られている．水素結合の強さは，化学交換の例のように波数の異なる数種類の振動モードで記述することができない．つまり，OH 伸縮振動モードの波数は水素結合の強さに応じて，連続的に変化し，その時間スケールが水の三次元の水素結合ネットワーク構造の時間変化を反映している．二次元赤外分光法はこのような特徴のない幅広い振動バンドをもつ一次元スペクトルに対しても，詳細な情報を我々に教えてくれる．詳しい解説は後の章で行う．

4.2.2 ■ 二次元赤外分光法の原理

近年の超短パルスレーザー光源と波長変換技術の発展によって，非常に安定な100 フェムト秒(fs)程度の時間幅をもつ中赤外パルス光を容易に発生させることができるようになった．分光器と組み合わせることで幅広い波数領域のスペクトルを短時間で測定できるマルチチャンネル赤外検出器が入手できるようになり，時間分解赤外分光法がここ 25 年間で急速に発展した[7]．二次元赤外分光法も時間分解赤外分光法の一種であり，赤外パルス光発生と検出技術の発展に依るところが大きい．赤外超短パルス光を用いた二次元赤外分光法は 1998 年に Hamm らによって初めて報告された[8]．彼らの実験では，後ほど解説する時間領域での測定ではなく，波数領域での測定をベースとしている．この測定は，**エタロン**を用いて狭帯域化した励起光(ポンプ光)と広帯域の検出光(プローブ光)を用いて行われた(図4.2.4)．エタロンを構成する 2 つのミラーの間隔を精密に制御することにより，励起光の中心波数，ω を変えることができる．エタロンの間隔を d とすると，狭帯域化した励起光の電場スペクトルは以下の式で表される[4]．

$$E(\omega) = E_0(\omega)\left(\sqrt{1-R}\right)^2 \sum_{n=0}^{\infty}\left[\sqrt{R}\exp(\mathrm{i}\omega d/c)\right]^{2n} = E_0(\omega)\frac{1-R}{1-R\exp(2\mathrm{i}\omega d/c)} \quad (4.2.1)$$

ここで，$E_0(\omega)$ はエタロン入射前の励起光の電場スペクトル，d はエタロンの間隔，R はエタロンで用いているミラーの強度反射係数，c は光速を表す．

特定の波数の励起光により，対象とする振動モードを励起し，ある時間後に，検

206

4.2 二次元赤外分光法

(a) エタロンを使った励起光の狭帯域化

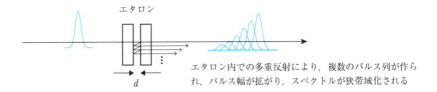

(b) 波数領域での二次元赤外スペクトルの測定の概要

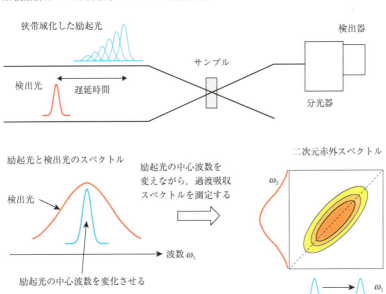

図 4.2.4 エタロンを使った波数領域での二次元赤外スペクトル測定の概要
(a) エタロンを使った励起パルス光のスペクトルの狭帯域化. エタロン内での多重反射により, 励起パルス光の時間幅が拡がるため, スペクトル幅は狭くなる. エタロンのミラー間隔 d を変えることにより, スペクトルの中心波数を変化させることができる. (b) エタロンを使った波数領域での二次元赤外スペクトルの測定の概要. 赤外パルス光を使った過渡吸収(ポンプ-プローブ)法の測定系にエタロンを追加するだけで実現できる. 二次元赤外スペクトルの測定では, 励起光の中心波数を変化させながら, ある遅延時間における過渡吸収スペクトルを測定する. 各励起波数における過渡吸収スペクトルを二次元に展開することにより, 二次元赤外スペクトルを得ることができる.

第4章　多次元分光法

出光を照射し，過渡吸収スペクトルをマルチチャンネル赤外検出器で計測する．
図 4.2.4 に示すように，励起光の中心波数を横軸に，分光器によって波数分解した
検出光のスペクトル変化を縦軸にプロットすることで，二次元赤外スペクトルを得
ることができる．この実験では狭帯域化した励起光を用いるという点で，ホール
バーニング分光法の一種として捉えることができる．つまり，複数存在する振動
モードの中から狭帯域化した励起光により，1つを励起し，その振動モード自身や
それと相互作用する別の振動モードのみを検出光でモニターすることができる．化
学交換が起こる系でも，ある1つの構造に由来する振動モードを選択的に励起し，
交換前後の過渡吸収スペクトルを測定する．交換前では，励起した振動モードのみ
が対角部分に観測されるが，交換が起こるにつれ，別の振動モードにポピュレー
ションが移動し，非対角部分のピークが出現する．波数領域での測定をベースとし
た二次元赤外分光法は通常の赤外パルス光を用いた過渡吸収法の測定系にエタロン
を挿入するだけで実現でき，装置的に簡便であったため，二次元赤外分光法による
研究の初期段階では主に用いられていた手法である．また，励起光の中心波数を変
えながら，スペクトル変化を測定するため，短時間で高感度な測定が可能である．
この手法の欠点は，励起光の中心波数に対応する横軸の波数分解能が励起光のスペ
クトル幅で決まる点である．このため，現在では，時間領域での測定が主流であ
る．そのため，波数領域での測定はここでの紹介にとどめ，装置の概要では，時間
領域での測定法を解説することにした．

　時間領域の測定をベースとした二次元赤外分光法では，3つの赤外パルス光の時
間間隔を変えながら，サンプルに入射し，特定の方向に出射させる信号のスペクト
ルを測定する．そのため，二次元赤外分光法は三次の非線形光学効果を利用した時
間分解分光法の一種である[4,5]．ここではまず，一般的な実験配置について説明す
る．**図 4.2.5** に BoxCARS ビーム配置の測定手法の概略を示す．この測定系では3
つの異なる赤外パルス光を異なる方向からサンプルに入射させる．3つの赤外パル
ス光はサンプル中で空間的に重なっていることに注意する．また，サンプルより発
生した信号はある特定の方向に出射されることがわかる．この方向は入射する3つ
の赤外パルス光の波数ベクトルによって決まり，以下のような関係を満たす必要が
ある．通常，**位相整合条件**と呼ばれ，運動量保存則に対応する[9,10]．

$$k_{\mathrm{sig}} = -k_{\mathrm{a}} + k_{\mathrm{b}} + k_{\mathrm{c}} \tag{4.2.2}$$

また，エネルギー保存則として入射するパルス光の波数と信号の波数に以下の関係
があることに注意する．

208

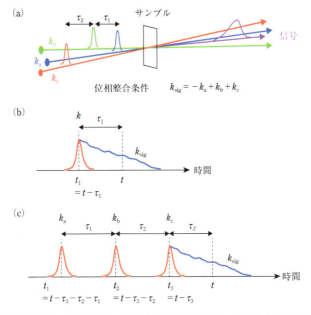

図 4.2.5 (a) 時間領域での二次元赤外スペクトル測定の模式図。3つの赤外パルス光は波数ベクトル k_a, k_b, k_c をもち,異なる方向から入射し,サンプル上で重なる。各パルス光間の時間間隔を τ_1, τ_2 と定義する。サンプルより発生した信号は位相整合条件を満たす波数ベクトルの方向に出射される。(b) 線形光学分極に対応する赤外パルス光の時間間隔の定義。時間 t における信号とパルス光のピーク位置 t_1 と時間間隔 τ_1 を図のように定義した。信号は入射パルス光と同じ方向に出射する。(c) 時間 t における三次の非線形分極に由来する信号と3つの赤外パルス光の時間 t_1, t_2, t_3 とそれぞれの間隔 τ_1, τ_2, τ_3 の定義.

$$\omega_{\text{sig}} = -\omega_a + \omega_b + \omega_c \tag{4.2.3}$$

ここで,3つの赤外パルス光の時間間隔を τ_1, τ_2 と定義し,3番目の赤外パルス光とある時間 t での信号の時間間隔を τ_3 と定義する(**図 4.2.5**)。1番目に入射するパルス光は波数ベクトル k_a, k_b, k_c をもつ3通りの場合が考えられる。2番目,3番目のパルス光についても同様である。媒質中に誘起される分極 P は相互作用する光電場の回数に応じて,以下のように展開できる[9,10].

$$P = P^{(1)} + P^{(2)} + P^{(3)} + \ldots = \lambda^{(1)} E + \lambda^{(2)} E \cdot E + \lambda^{(3)} E \cdot E \cdot E + \ldots \tag{4.2.4}$$

溶液のような等方的な媒質中では反転対称性があるため,偶数次の項の寄与はない。そのため,三次の項が最低次の非線形光学効果による項になる。また,一次の

第4章 多次元分光法

項は線形分光(吸収, 誘導放出)による寄与である. 分極 P は光電場と遷移双極子モーメント μ の積で表されるため, 対象とするサンプルについての密度行列 $\rho(t)$ を用いることにより, 以下のような式で計算することができる[4,5,11].

$$P = \langle \mu \rho(t) \rangle = Tr(\mu \rho(t)) \tag{4.2.5}$$

ここで, $\langle ... \rangle$ は分極の期待値を計算していることに対応し, Tr は行列要素の対角和(トレース)を計算することを表す. 線形光学分極, 三次の非線形光学分極に対応する項は以下のようにまとめることができる.

$$\begin{aligned}
P^{(1)}(t) &= Tr\big(\mu \rho^{(1)}(t)\big) = \int_0^\infty d\tau_1 E(t_1) R^{(1)}(\tau_1) + c.c. \\
&= \int_0^\infty d\tau_1 E(t-\tau_1) R^{(1)}(\tau_1) + c.c.
\end{aligned} \tag{4.2.6}$$

$$\begin{aligned}
P^{(3)}(t) &= Tr\big(\mu \rho^{(3)}(t)\big) = \int_0^\infty d\tau_3 \int_0^\infty d\tau_2 \int_0^\infty d\tau_1 E(t_3) E(t_2) E(t_1) R^{(3)}(\tau_3, \tau_2, \tau_1) + c.c. \\
&= \int_0^\infty d\tau_3 \int_0^\infty d\tau_2 \int_0^\infty d\tau_1 E(t-\tau_3) E(t-\tau_3-\tau_2) E(t-\tau_3-\tau_2-\tau_1) R^{(3)}(\tau_3, \tau_2, \tau_1) + c.c.
\end{aligned} \tag{4.2.7}$$

ここで $E(t)$ は時間 t での赤外パルス光の電場を表し, $R^{(1)}(\tau_1)$, $R^{(3)}(\tau_3, \tau_2, \tau_1)$ はそれぞれ, 線形光学応答関数, 三次の非線形光学応答関数である. この応答関数は赤外パルス光とは関係なく, 対象とするサンプルによって決まる物理量である. また, $\rho^{(1)}(t)$, $\rho^{(3)}(t)$ は密度行列を光電場との相互作用の回数に応じて展開したときの一次, 三次の項に対応する. この一次の線形光学応答関数や三次の非線形光学応答関数の理論的な背景を知ることができれば, 対象とする振動モードと吸収スペクトル, および二次元赤外スペクトルとの関係を理解することができる[4,5,11].

本節では紙幅に限りがあるため, 三次の非線形光学応答関数についての詳細な導出はせず, **図 4.2.6** に示す**ファインマンダイアグラム**による**密度行列(密度演算子)** $\rho^{(3)}(t)$ の時間発展についての説明を行い, 対象とするサンプルの応答関数の中身についての定性的な理解を目指す. まず, ある1つの振動モードを考え, その準位に対応した量子数を $v = 0, 1, 2, ...$ と表す. 赤外パルス光が入射する前, サンプル中の注目する分子振動のポピュレーション分布は熱平衡状態になっており, $v = 0$ 準位に存在しているとする. このとき, 対応する密度行列の要素は $|0\rangle\langle 0|$ である. 最初の赤外パルス光が入射すると, 光電場との相互作用により $v = 0\text{-}1$ の遷移が起こ

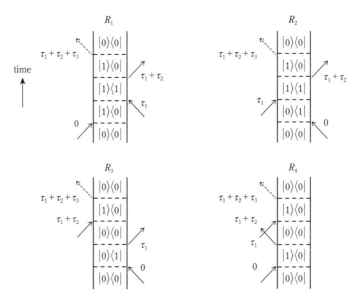

図 4.2.6 ファインマンダイアグラムを用いた密度行列(密度演算子)の時間発展 ファインマンダイアグラムを使うことにより,三次の非線形応答関数におけるブラ・ケット状態の時間発展を図示することができる.

り,密度行列の要素は $|1\rangle\langle 0|$,あるいは $|0\rangle\langle 1|$ に変化する.このとき,密度行列は非対角成分をもつため,**コヒーレンス状態**に遷移したと表現する.時間 τ_1 後に2番目の赤外パルス光が入射し,密度行列の非対角成分は $|1\rangle\langle 1|$,あるいは $|0\rangle\langle 0|$ に変化する.この要素は対角成分を表すため,**ポピュレーション状態**に遷移する.時間 τ_2 後に3番目のパルス光が入射し,密度行列の要素は再び,非対角成分である $|1\rangle\langle 0|$,あるいは $|0\rangle\langle 1|$ に変化する.時間 τ_3 後に信号を発することにより,再び $v=0$ の状態に戻る.このときの密度行列の要素は $|0\rangle\langle 0|$ となる.パルス光との相互作用を含めた密度行列の時間発展は,ファインマンダイアグラムを使って図示することができる.ここでは以下のルールに従い,ダイアグラムの表現の仕方を考えてみよう[4,5,11].

ファインマンダイアグラムでは,密度行列の時間発展をブラ側,ケット側で2本の縦線で表し,時間は下から上へ進行するものとする.また,入射する光電場や発生する信号光電場は矢印で表す.光電場に対して,以下のルールを適用し,注目する振動モードの吸収,誘導放出を表すこととする.

第4章 多次元分光法

(1) 光電場の振動数が正の場合，矢印の方向を左下から右上45度の方向に取る．この場合，ケット側では，対象とする振動モードは $v=0$ から $v=1$ へ遷移するため，吸収に対応する．一方，ブラ側では，$v=1$ から $v=0$ へ遷移するため，誘導放出に対応する．同じ方向の矢印でケット側とブラ側で吸収と誘導放出の役割が入れ替わっているのは，それぞれに作用する演算子がエルミート共役の関係になっているため，指数関数の指数の符号が反転し，遷移の方向が逆になるためである．

(2) 光電場の振動数が負の場合，矢印の方向を右下から左上45度の方向に書くとする．この場合，ケット側では，振動モードは $v=1$ から $v=0$ へと遷移するため，誘導放出に対応する．一方，ブラ側では振動モードは $v=0$ から $v=1$ へと遷移するため，吸収に対応する．

(3) 三次の非線形分光法では，時間 $\tau_1+\tau_2+\tau_3$ で発生する光電場に対応する信号を観測するため，矢印をブラ・ケットの時間発展を表す縦線から外側に向くようにする．また，信号は点線で書くことにする．

位相整合性とエネルギー保存則から考えられるダイアグラムは，以下で示す4つと左右反転した計8つであることがわかる．位相整合性とエネルギー保存則の式より，

$$-k_{\mathrm{sig}} - k_{\mathrm{a}} + k_{\mathrm{b}} + k_{\mathrm{c}} = 0$$
$$-\omega_{\mathrm{sig}} - \omega_{\mathrm{a}} + \omega_{\mathrm{b}} + \omega_{\mathrm{c}} = 0 \tag{4.2.8}$$

となる．信号はブラ側，ケット側から出ることが考えられるが，式(4.2.8)から，ケット側から出るものを考える．ダイアグラムに書き加える矢印は(1)のタイプが2個，(2)のタイプが2個の計4個であるが，ケット側で発生する信号は(2)のタイプの矢印となるので，3つの入射光に対応する矢印は(1)のタイプが2個，(2)のタイプが1個となる．時間 $\tau_1+\tau_2$ で3番目に入射するパルス光は波数ベクトル k_{c} をもつものに限定すると，(1)のタイプの矢印になるため，時間 $0, \tau_1$ での矢印のタイプは(1)が1個，(2)が1個の組み合わせであることがわかる．以上のルールに従い，$R_1 \sim R_4$ までのダイアグラムを描くことができる．ブラ側から信号が出る寄与に対応するダイアグラムは，ケット側からのものを左右反転したダイアグラムになる(式(4.2.8)の両辺の符号を変えたことに相当する)．これは密度行列の複素共役を取っていることに対応するため，$R_1 \sim R_4$ までのダイアグラムのみを考えれば十分である．そこで，ルールとして以下のものを付け加える．

212

(4)信号に対応する光電場はケット側から発生するものとする.

また，各々のダイアグラムは $(-1)^n$ の符号をもつ． n はブラ側からの光電場の相互作用の回数を表している． R_1 から R_4 までのダイアグラムの n は 0 あるいは 2 なので，すべて正の符号をもつ．以上 4 つのダイアグラムに従って，パルス光と相互作用したあとの密度行列要素の時間発展を考える．ここでサンプル分子の $v=i(i=0, 1, 2, ...)$ でのエネルギー準位を波数 ω_i とし，ポピュレーション，コヒーレンスの減衰の時定数を現象論的に T_1, T_2 とする．また，パルス光の時間幅は非常に短いと考え，デルタ関数で表すとする． $v=j$ と $v=i$ の波数差を $\omega_{ij}(i, j=0, 1, 2, ...)$ で表すとすると

$$\omega_{ij} = \omega_j - \omega_i = -\omega_{ji} \tag{4.2.9}$$

となる．ここでは， ω_{ij} は時間に依存しないと仮定する．具体的に $i, j=0, 1$ の場合では，

$$\begin{aligned}\omega_{01} &= \omega_1 - \omega_0 = -\omega_{10} \\ \omega_{00} &= \omega_0 - \omega_0 = 0 \\ \omega_{11} &= \omega_1 - \omega_1 = 0\end{aligned} \tag{4.2.9}'$$

で与えられる．ダイアグラム R_1 では，1 番目のパルス光の相互作用のあとの密度行列の要素は ρ_{10} となり，その時間発展は以下のようになる．

$$\rho_{10} \propto \exp\left(-i\omega_{01}\tau_1 - \frac{\tau_1}{T_2}\right) = \exp(-i\omega_{01}\tau_1)\exp\left(-\frac{\tau_1}{T_2}\right) \tag{4.2.10}$$

この式から ρ_{10} は時間 τ_1 に対して， $v=0\text{-}1$ 遷移の波数 ω_{01} で振動し，その振幅は時定数 T_2 で減衰することがわかる．この減衰が，密度行列の非対角要素が表すコヒーレンスの減衰（**位相緩和**）に対応している．また，式(4.2.10)の第 3 項目のように変形すると， ρ_{10} の $v=0\text{-}1$ 遷移の波数で振動する成分の指数部の中身が $-i\omega_{01}\tau_1$ で与えられることがわかる．ここでは**図 4.2.7** で示したように，指数部の中身は位相に対応する．以下では，指数部の中身から i を除いたものを密度行列要素の**位相因子**と定義する．2 番目のパルス光の相互作用のあとの密度行列の要素は ρ_{11} となり， $v=1$ にポピュレーションを生成する．その時間発展は

$$\rho_{11} \propto \exp\left(-\frac{\tau_2}{T_1}\right) \tag{4.2.11}$$

となる．このとき， ρ_{11} の位相因子 $(\omega_{11}\tau_2)$ は 0 となる．

$$\phi(t)=\exp(\mathrm{i}\omega_{01}t)=\exp\{\mathrm{i}\underbrace{(\omega_{01}t)}_{\text{位相因子}}\}$$

R_2 を例にとると，

$$\phi(\tau_1)=\exp\{\mathrm{i}\underline{(\omega_{01}\tau_1)}\}$$

$$\phi(\tau_1+\tau_2)=\exp\{\mathrm{i}(\omega_{01}\tau_1)\}\times 1=\exp\{\mathrm{i}\underline{(\omega_{01}\tau_1)}\}\qquad \because \omega_{11}=\omega_1-\omega_1=0$$

$$\phi(\tau_1+\tau_2+\tau_3)=\exp[-\mathrm{i}\{\underline{\omega_{01}(\tau_3-\tau_1)}\}]$$

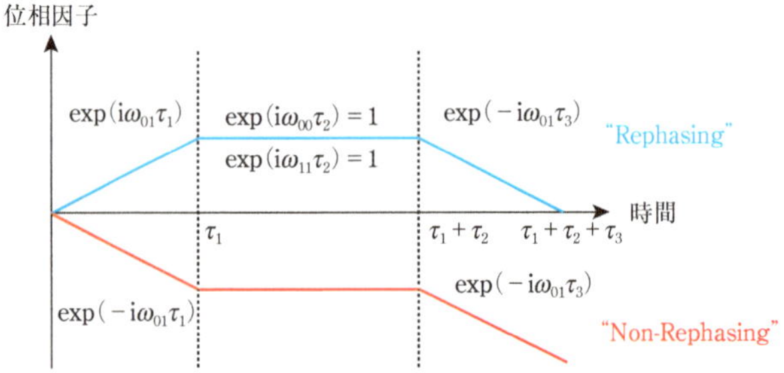

図 4.2.7　三次の非線形光学応答関数における密度行列要素の位相因子を時間に対してプロットしたもの．ここでは，ω_{01} が時間に依存しない場合を考えている．τ_1 での位相因子の違い（$\omega_{01}\tau_1$，あるいは $-\omega_{01}\tau_1$）によって，"Rephasing" 過程と "Non-Rephasing" 過程に分類することができる．

さらに，3番目のパルス光の相互作用のあとの密度行列の要素は再び ρ_{10} となり，

$$\rho_{10}\propto\exp\left(-\mathrm{i}\omega_{01}\tau_3-\frac{\tau_3}{T_2}\right)=\exp(-\mathrm{i}\omega_{01}\tau_3)\exp\left(-\frac{\tau_3}{T_2}\right)\qquad(4.2.12)$$

1番目のパルス光の相互作用と同様に，ρ_{10} の位相因子が $-\omega_{01}\tau_3$ で与えられることがわかる．

以上から，ダイアグラム R_1 に対応する応答関数は ω_{01} の正負に注意して，以下のように与えられることがわかる．

$$\begin{aligned}R_1(\tau_3,\tau_2,\tau_1)&\propto\exp\left[-\mathrm{i}\omega_{01}(\tau_1+\tau_3)-\frac{\tau_1+\tau_3}{T_2}-\frac{\tau_2}{T_1}\right]\\&=\exp[-\mathrm{i}\omega_{01}(\tau_1+\tau_3)]\exp\left[-\frac{\tau_1+\tau_3}{T_2}-\frac{\tau_2}{T_1}\right]\end{aligned}\qquad(4.2.13)$$

同様にして，ダイアグラム R_2，R_3，R_4 から生じる応答関数は以下のようになることがわかる．

$$\begin{aligned}R_2(\tau_3,\tau_2,\tau_1)&\propto\exp\left[-\mathrm{i}\omega_{01}(\tau_3-\tau_1)-\frac{\tau_1+\tau_3}{T_2}-\frac{\tau_2}{T_1}\right]\\&=\exp[-\mathrm{i}\omega_{01}(\tau_3-\tau_1)]\exp\left[-\frac{\tau_1+\tau_3}{T_2}-\frac{\tau_2}{T_1}\right]\end{aligned}\qquad(4.2.14)$$

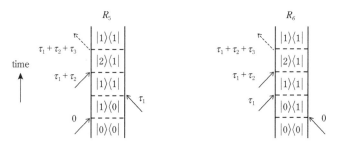

図 4.2.8 $v=2$ の準位の寄与を含むファインマンダイアグラム

$$R_3(\tau_3,\tau_2,\tau_1) \propto \exp\left[-\mathrm{i}\omega_{01}(\tau_3-\tau_1)-\frac{\tau_1+\tau_3}{T_2}-\frac{\tau_2}{T_1}\right]$$
$$= \exp[-\mathrm{i}\omega_{01}(\tau_3-\tau_1)]\exp\left[-\frac{\tau_1+\tau_3}{T_2}-\frac{\tau_2}{T_1}\right] \quad (4.2.15)$$

$$R_4(\tau_3,\tau_2,\tau_1) \propto \exp\left[-\mathrm{i}\omega_{01}(\tau_1+\tau_3)-\frac{\tau_1+\tau_3}{T_2}-\frac{\tau_2}{T_1}\right]$$
$$= \exp[-\mathrm{i}\omega_{01}(\tau_1+\tau_3)]\exp\left[-\frac{\tau_1+\tau_3}{T_2}-\frac{\tau_2}{T_1}\right] \quad (4.2.16)$$

ダイアグラム R_2 では，1番目のパルス光の相互作用のあとの密度行列の要素 ρ_{01} の位相因子は $+\omega_{01}\tau_1$ であることに注意する（$\rho_{01}=\rho_{10}{}^*$ より）．ダイアグラム R_2 に着目すると，1番目のパルス光の相互作用のあとの密度行列要素の位相因子が $\omega_{01}\tau_1$ で与えられるが，3番目のパルス光の相互作用のあとでの位相因子は $-\omega_{01}\tau_3$ で与えられ，符号が逆になっていることがわかる（**図 4.2.7**）．また，時間 τ_2 の間では，位相因子は 0 となり，減衰成分のみである．このことは，$\tau_3=\tau_1$ のときに，ω_{01} の値にかかわらず，元の状態に戻ることを意味している．つまり，位相反転して，始状態に戻る性質をもつことから，この寄与を **"Rephasing"** 過程と呼ぶ．一方，ダイアグラム R_1 では位相は時間とともに大きくなっている．つまり，位相の値が始状態から離れていくことから，この寄与を **"Non-Rephasing"** 過程と呼ぶ．また，ダイアグラム R_1，R_2 では，2番目のパルス光との相互作用後の密度行列の要素は ρ_{11} であるが，ダイアグラム R_3，R_4 では ρ_{00} となっていることに注意する．

ここまでのダイアグラムは $v=0$-1 の遷移のみを考えたものであるが，$v=1$-2 の遷移を含めると**図 4.2.8** に示す以下の 2 つのダイアグラムが存在することがわかる．前述のように 100 fs 程度の時間幅をもつ赤外パルス光の場合，スペクトル幅が広いため，$v=0$-1 の遷移だけではなく，$v=1$-2 の遷移も考える必要がある．また，振

第4章　多次元分光法

動の非調和性のため，$v=1$-2 の遷移波数は $v=0$-1 よりも小さいことに注意する．このため，$v=1$-2 遷移に由来する信号は $v=0$-1 遷移よりも低波数側に現れる．非調和性の大きさを Δ とすると $v=1$ と $v=2$ の波数差 ω_{12} は，

$$\omega_{12} = \omega_{01} - \Delta \tag{4.2.17}$$

となる．ダイアグラム R_5 と R_6 に対応する応答関数は以下のようになることがわかる．

$$
\begin{aligned}
R_5(\tau_1, \tau_2, \tau_3) &\propto -\exp\left[-\mathrm{i}\omega_{01}\tau_1 - \mathrm{i}\omega_{12}\tau_3 - \frac{\tau_1}{T_2} - \frac{\tau_2}{T_1} - \frac{\tau_3}{T_2'}\right] \\
&= -\exp\left[-\mathrm{i}\omega_{01}\tau_1 - \mathrm{i}(\omega_{01} - \Delta)\tau_3\right]\exp\left[-\frac{\tau_1}{T_2} - \frac{\tau_2}{T_1} - \frac{\tau_3}{T_2'}\right]
\end{aligned} \tag{4.2.18}
$$

$$
\begin{aligned}
R_6(\tau_1, \tau_2, \tau_3) &\propto -\exp\left[\mathrm{i}\omega_{01}\tau_1 - \mathrm{i}\omega_{12}\tau_3 - \frac{\tau_1}{T_2} - \frac{\tau_2}{T_1} - \frac{\tau_3}{T_2'}\right] \\
&= -\exp\left[\mathrm{i}\omega_{01}\tau_1 - \mathrm{i}(\omega_{01} - \Delta)\tau_3\right]\exp\left[-\frac{\tau_1}{T_2} - \frac{\tau_2}{T_1} - \frac{\tau_3}{T_2'}\right]
\end{aligned} \tag{4.2.19}
$$

ここで，$v=1$-2 遷移のコヒーレンスの減衰の時定数を T_2' とした．非調和性 Δ が ω_{01} よりも非常に小さいとすると，ダイアグラム R_5 が "Non-Rephasing" 過程，ダイアグラム R_6 が "Rephasing" 過程に対応することがわかる．R_5, R_6 のダイアグラムは光電場とブラ側で1回相互作用するので負の符号をもつ．

上記の取り扱いでは，$v=0$ と $v=1$ の波数差 ω_{01} が時間に依存しないと仮定した．より一般的には ω_{01} が時間に依存する場合を考え，その時間平均と平均値からのずれを以下のように定義する．

$$\omega_{01}(t) = \langle\omega_{01}\rangle + \delta\omega_{01}(t) \tag{4.2.20}$$

このような振る舞いの一例としては室温中の溶液が考えられる．溶液中では，溶質分子の振動モードの波数は周辺に存在する溶媒との相互作用によって，時々刻々と変化する．このため，ω_{01} が時間に依存する．ここでスペクトル線形を表す関数 $g(t)$ を以下のように定義する．

$$g(t) = \int_0^t \mathrm{d}\tau \int_0^\tau \mathrm{d}\tau' \langle\delta\omega_{01}(\tau')\delta\omega_{01}(0)\rangle \tag{4.2.21}$$

詳しい導出は省略するが，線形関数 $g(t)$ を用いて，R_1 から R_4 に対応する応答関数は以下の式で与えられる[4,5,11]．

216

$$R_1^{(3)}(\tau_3, \tau_2, \tau_1) = -\left(-\frac{i}{\hbar}\right)^3 |\mu_{01}|^4 \exp[-i\langle\omega_{01}\rangle(\tau_3 + \tau_1)]$$
$$\times \exp[-g(\tau_1) - g(\tau_2) - g(\tau_3) + g(\tau_1 + \tau_2) + g(\tau_2 + \tau_3) - g(\tau_1 + \tau_2 + \tau_3)]$$

$$\text{(4.2.22)}$$

$$R_2^{(3)}(\tau_3, \tau_2, \tau_1) = -\left(-\frac{i}{\hbar}\right)^3 |\mu_{01}|^4 \exp[-i\langle\omega_{01}\rangle(\tau_3 - \tau_1)]$$
$$\times \exp[-g(\tau_1) + g(\tau_2) - g(\tau_3) - g(\tau_1 + \tau_2) - g(\tau_2 + \tau_3) + g(\tau_1 + \tau_2 + \tau_3)]$$

$$\text{(4.2.23)}$$

$$R_3^{(3)}(\tau_3, \tau_2, \tau_1) = -\left(-\frac{i}{\hbar}\right)^3 |\mu_{01}|^4 \exp[-i\langle\omega_{01}\rangle(\tau_3 - \tau_1)]$$
$$\times \exp[-g(\tau_1) + g(\tau_2) - g(\tau_3) - g(\tau_1 + \tau_2) - g(\tau_2 + \tau_3) + g(\tau_1 + \tau_2 + \tau_3)]$$

$$\text{(4.2.24)}$$

$$R_4^{(3)}(\tau_3, \tau_2, \tau_1) = -\left(-\frac{i}{\hbar}\right)^3 |\mu_{01}|^4 \exp[-i\langle\omega_{01}\rangle(\tau_3 + \tau_1)]$$
$$\times \exp[-g(\tau_1) - g(\tau_2) - g(\tau_3) + g(\tau_1 + \tau_2) + g(\tau_2 + \tau_3) - g(\tau_1 + \tau_2 + \tau_3)]$$

$$\text{(4.2.25)}$$

また，ダイアグラム R_5 と R_6 に対応する応答関数は以下のようになる．

$$R_5^{(3)}(\tau_3, \tau_2, \tau_1) = \left(-\frac{i}{\hbar}\right)^3 |\mu_{12}|^2 |\mu_{01}|^2 \exp[-i\langle\omega_{01}\rangle(\tau_3 + \tau_1) + i\Delta\tau_3]$$
$$\times \exp[-g(\tau_1) - g(\tau_2) - g(\tau_3) + g(\tau_1 + \tau_2) + g(\tau_2 + \tau_3) - g(\tau_1 + \tau_2 + \tau_3)]$$

$$\text{(4.2.26)}$$

$$R_6^{(3)}(\tau_3, \tau_2, \tau_1) = \left(-\frac{i}{\hbar}\right)^3 |\mu_{12}|^2 |\mu_{01}|^2 \exp[-i\langle\omega_{01}\rangle(\tau_3 - \tau_1) + i\Delta\tau_3]$$
$$\times \exp[-g(\tau_1) + g(\tau_2) - g(\tau_3) - g(\tau_1 + \tau_2) - g(\tau_2 + \tau_3) + g(\tau_1 + \tau_2 + \tau_3)]$$

$$\text{(4.2.27)}$$

ここで，μ_{01}，μ_{12} は $v=0\text{-}1$，$v=1\text{-}2$ の遷移双極子モーメントの大きさを表す．

これまでの議論では，赤外吸収スペクトルを計算するのに必要な線形光学応答関数について触れてこなかったが，線形光学応答関数 $R^{(1)}$ は $g(t)$ を使って，以下の式で与えられる．

$$R^{(1)}(\tau_1) = \frac{i}{\hbar} |\mu_{01}|^2 \exp[-i\langle\omega_{01}\rangle\tau_1 - g(\tau_1)] \qquad \text{(4.2.28)}$$

上式より，線形関数 $g(t)$ や線形光学応答関数 $R^{(1)}(t)$ は遷移波数の揺らぎの相関関数を使って表すことができる．また，線形光学応答関数を時間領域から波数領域にフーリエ変換することによって，相関関数が波数領域でどのように分布しているかを計算することができる．その分布は吸収スペクトルの線形を反映することから，$g(t)$ は線形関数と呼ばれる．ここでは分光学的によく使われる均一幅，不均一幅について，揺らぎの相関関数という観点から考えてみることにする．また，その中間

第4章 多次元分光法

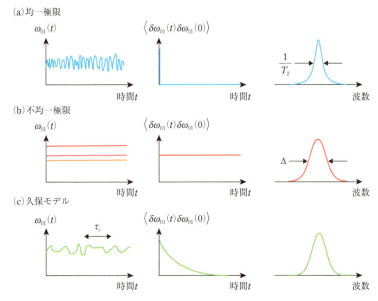

図 4.2.9 (a)均一極限における ω_{01} の時間変化と $\delta\omega_{01}(t)$ の相関関数の時間変化，波数領域でのスペクトル線形の概要．ω_{01} の時間変化が無限に速いため，相関は一瞬で失われ，関数形はデルタ関数となる．(b)不均一極限における ω_{01} の時間変化と $\delta\omega_{01}(t)$ の相関関数の時間変化，波数領域でのスペクトル線形の概要．(c)久保モデルにおける ω_{01} の時間変化と $\delta\omega_{01}(t)$ の相関関数の時間変化，波数領域でのスペクトル線形の概要．

的な振る舞いを表す場合についても考える．それぞれの場合について，図 4.2.9 に時間領域での波数揺らぎやその相関関数，吸収スペクトルについて示した[4]．

(1) 均一幅極限

対象とする分子を取り囲む周辺環境からの揺らぎが観測時間に比べて無限に速く，相関関数が $t=0$ でのみ値をもち，$t>0$ では 0 となる場合を**均一幅極限**と呼ぶ．この場合，遷移波数の揺らぎの相関関数と $g(t)$ は以下になることがわかる．

$$\langle\delta\omega_{01}(t)\delta\omega_{01}(0)\rangle = W\delta(t)$$
$$g(t) = Wt \quad (4.2.29)$$

この場合，フーリエ変換により，波数領域ではローレンツ型の関数形を示すことがわかる．

また，前半で取り扱った T_2 と W の関係は以下のようになっていることがわかる．

$$T_2 = \frac{1}{W} \tag{4.2.30}$$

(2) 不均一極限

対象とする分子を取り囲む周辺環境からの揺らぎが観測時間に比べて無限に遅く，相関関数の値が時間によらず，一定値である場合を**不均一極限**と呼ぶ．このとき，個々の分子は異なる遷移波数をもち，波数の揺らぎの相関関数と $g(t)$ は以下になることがわかる．

$$\langle \delta\omega_{01}(t)\delta\omega_{01}(0)\rangle = \Delta^2$$
$$g(t) = \frac{1}{2}\Delta^2 t^2 \tag{4.2.31}$$

ここで，Δ は不均一性を特徴づけるパラメータである．この場合，フーリエ変換を行うことにより，波数領域での線形はガウス型になることがわかる．

(3) 久保モデル

均一，不均一極限の中間の場合として，時定数 τ_c で相関関数が指数関数的に減衰する場合を考える．$\tau_c \to 0$, $\tau_c \to \infty$ の極限で，(1) と (2) に帰着することができる．このモデルは久保らが磁気共鳴での吸収線形を議論するのに用いたことから，**久保モデル**と呼ばれる[12]．

$$\langle \delta\omega_{01}(t)\delta\omega_{01}(0)\rangle = \Delta^2 \exp\left(-\frac{t}{\tau_c}\right)$$
$$g(t) = \Delta^2 \tau_c{}^2 \left[\exp\left(-\frac{t}{\tau_c}\right) + \frac{t}{\tau_c} - 1\right] \tag{4.2.32}$$

以上の式から，$\delta\omega_{01}(t)$ の相関関数がわかれば，二次元赤外スペクトルを計算することができる．また，逆に二次元赤外スペクトルの線形を詳しく解析することにより，$\delta\omega_{01}(t)$ の相関関数についての情報を得ることができる．ここでは，$\delta\omega_{01}(t)$ の 2 点相関関数のみで，高次の相関関数を無視しているという仮定を置いている．もし，波数の揺らぎがガウス過程に従っているとすると，高次の相関関数は 2 点相関関数の積で計算できる．

二次元赤外スペクトルの線形を計算するのに必要な式は以上であるが，**図 4.2.7** で示した密度行列要素の位相因子の時間発展を ω_{01} が時間に依存する場合についても考えてみよう．**図 4.2.10**(a) は久保モデルにおける $\tau_2 \ll \tau_c$ の場合の位相の時間発展を表したものである．この場合，個々の分子は異なる波数の揺らぎをもつので，

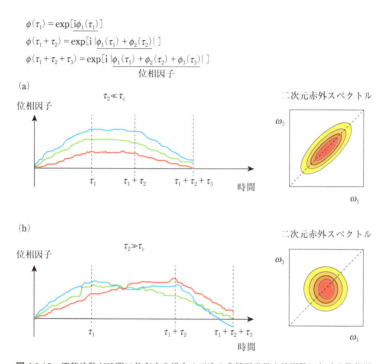

図 4.2.10 遷移波数が時間に依存する場合の三次の非線形光学応答関数における位相因子と二次元赤外スペクトルの線形の関係の模式図．ここでは，Rephasing 過程のみを考えた定性的な描像を説明していることに注意する．

青，緑，赤線で表している．時間 τ_1 の間では，位相因子は

$$\phi_1(\tau_1) = \langle \omega_{01} \rangle \tau_1 + \delta\omega_{01}(\tau_1) \tag{4.2.33}$$

で時間発展する．$\delta\omega_{01}(\tau_1)$ による揺らぎのため，位相は直線ではなく，ランダムに変化する．そのため，直線で近似したときの傾きは平均値 $\langle \omega_{01} \rangle$ からずれたものになることがわかる．2 番目のパルス光の相互作用のあと，位相因子は

$$\phi_2(\tau_2) = \delta\omega_{11}(\tau_2) \quad \text{or} \quad \phi_2(\tau_2) = \delta\omega_{00}(\tau_2) \tag{4.2.34}$$

で時間変化する．$v = 0, 1$ 準位のポピュレーション状態での波数揺らぎによる変化を $\delta\omega_{00}(t)$，$\delta\omega_{11}(t)$ で表した．この変化は $\langle \omega_{01} \rangle$ よりも充分に小さいため，直線で近似した際の傾きは 0 に近い．3 番目のパルス光の相互作用のあとの位相因子は

$$\phi_3(\tau_3) = -\langle \omega_{01} \rangle \tau_3 + \delta\omega_{01}(\tau_3) \tag{4.2.35}$$

で表され，$\delta\omega_{01}(\tau_1)$ が $\langle \omega_{01} \rangle$ よりも充分に小さいことから，位相因子の時間 τ_1 での傾きと時間 τ_3 での傾きがほぼ等しいことがわかる．傾きは波数を表すことから，波数 ω で励起した分子は波数 ω に近い波数の信号を発生する．励起したすべての分子について，信号を波数 ω_1 と波数 ω_3 軸にマッピングすると，$\tau_2 \ll \tau_c$ の場合 $\delta\omega_{11}(\tau_2)$ や $\delta\omega_{00}(\tau_2)$ の時間変化が小さいため，入射したパルス光の波数と信号の波数に相関があり，対角線上に拡がった線形を示すことがわかる．一方，$\tau_2 \gg \tau_c$ の場合では，時間 τ_2 で $\delta\omega_{11}(\tau_2)$ や $\delta\omega_{00}(\tau_2)$ の時間変化が大きくなるため，**図 4.2.10** (b) に示すように青，緑，赤線の順番が入れ替わることが起こりうる．つまり，τ_2 の間に波数の大小関係が失われることを意味している．このとき，時間 τ_1 での傾きと時間 τ_3 での傾きの大小に相関がなくなることにより，波数 ω で励起した分子は波数軸 ω_3 で ω とは異なる波数の信号を発生させるため，すべての分子について二次元にマッピングすれば，相関が失われ，円状に近い線形を示すことになる．ここでは，Rephasing 過程の寄与のみを考えた定性的な描像を解説している．実際の二次元赤外スペクトルでは Non-Rephasing 過程の寄与を考える必要がある．また，三次の非線形光学応答関数は $\delta\omega_{01}(t)$ の相関関数で記述しているため，あくまでも直観的で定性的な説明であることに注意してほしい．

　ここでは詳しく解説しなかったが，赤外パルス光を使った過渡吸収法（ポンプ-プローブ法）や波数領域での二次元赤外分光法も，三次の非線形分光法の一種である．そのため，これまでに解説してきた応答関数を用いて，信号を計算することも可能である．興味のある読者は節末の文献を参照してほしい[4,5,11]．

4.2.3 ■ 二次元赤外分光法の測定

A. 装置の概略

（1）赤外パルスレーザー光源

　二次元赤外分光法で主に用いられるレーザー光源は，チタンサファイア再生増幅器である．この光源では，中心波長 800 nm，パルス幅 50～100 fs，繰り返しが 1～5 kHz 程度のパルス光を発生させることができる．また，パルスあたりのエネルギーも数 mJ 程度を得ることができ，可視領域の過渡吸収分光法などを中心にさまざまな時間分解分光法の光源として広く使用されている．チタンサファイア再生増幅器の励起光源にはダイオードレーザーをベースとしたものが用いられており，安定性が非常によく，レーザーショットごとの揺らぎも小さい．赤外分光法で対象と

第4章　多次元分光法

する分子振動モードの遷移双極子モーメントの大きさは電子遷移と比べて2～3桁小さい．このため，二次元赤外分光法で観測される信号の変化は吸光度に換算して，10^{-3}～10^{-4}と非常に微弱である．そのため，元となるレーザー光源の安定性が非常に重要である．近年では，Yb:KGW結晶をベースとした高出力超短パルスレーザーが開発され，高繰り返し(数百kHz)でよりよい安定性をもつといった特徴がある．将来的には新たな超短パルス光源として置き換わっていくものと考えられる．ここでは，従来のチタンサファイア再生増幅器から中赤外パルス光を発生させる方法について解説する．チタンサファイア再生増幅器から出力されるパルス光の中心波数は12500 cm^{-1}(波長800 nm)付近であり，中赤外領域の光を発生させるためには波長変換が必要である．通常の波長変換では光パラメトリック増幅器が用いられる．この増幅器では二次の非線形光学効果をもつ固体結晶を使って，波長800 nmの光を異なる二色の近赤外光(シグナル光とアイドラー光と呼ぶ)に変換する．固体結晶にはβ-BaB$_2$O$_4$(BBO)が用いられる．このとき，得ることができるシグナル光とアイドラー光の波数はそれぞれ，8000 cm^{-1}～6250 cm^{-1}と6250 cm^{-1}～4000 cm^{-1}である．中赤外パルス光はシグナル光とアイドラー光の差周波を取ることによって発生させることができる．このとき非線形光学結晶として，AgGaS$_2$やGaSeが用いられる．図4.2.11に典型的な光パラメトリック増幅器と差周波発生装置の概略を示す[13,14]．まず，チタンサファイア再生増幅器の出力を3つに分ける．数μJのパルス光をサファイア板に集光させることにより，可視から近赤外光に拡がった広帯域の白色光を得ることができる．近赤外領域の白色光とチタンサファイア再生増幅器からの出力の一部をBBO結晶に集光させ，シグナル光とアイドラー光を発生させる．このとき，白色光とチタンサファイア再生増幅器からの出力とも時間幅の短いパルス光であるため，空間的に重なっているだけではなく，時間的にも重なっていることが重要である．そのため，光学遅延路1を調整し，800 nmの励起光と近赤外領域の白色光のタイミングを合わせる．光の入射方向に対して，BBO結晶の角度をわずかに変化させることによって，シグナル光とアイドラー光の中心波数を変化させることができる(1段目)．このとき，エネルギー保存則の制約から，シグナル光とアイドラー光の中心波数の和はチタンサファイア再生増幅器の出力の中心波数に一致し，独立かつ任意に波数を変えることはできない．発生させたシグナル光をダイクロイックミラーでアイドラー光と分離し，再びBBO結晶に入射させる．チタンサファイア再生増幅器からの出力の残りと重ね，シグナル光を増幅させる．光学遅延路2を調整し，励起光とシグナル光が時間的にも重なるようにする．このとき，同時にアイドラー光に相当する光も発生する(2段目)．図で

222

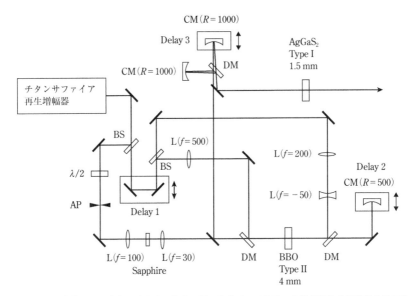

図 4.2.11 中赤外パルス光を発生させるために用いる光パラメトリック増幅器と差周波発生器の光学配置．略語は以下の通りである．BS：ビームスプリッター，$\lambda/2$：ゼロ次半波長板，AP：アパチャー，L：レンズ(括弧内の f は焦点距離を表す．単位は mm)，DM：ダイクロイックミラー，CM：凹面鏡(括弧内の R は曲率半径を表す．単位は mm)，Delay：光学遅延路．

[P. Hamm *et al.*, *Opt. Lett.*, **25**, 1798–1800 (2000) をもとに作図]

は1段目と2段目の光軸が重なっているように見えるが，1段目はパルス光が左から右にBBO結晶の上側を通り，2段目はパルス光が右から左に下側を通るようになっており，1段目と2段目でビームの高さが異なる．図では，自作の光パラメトリック増幅器を紹介したが，同様の仕組みで市販されている製品も存在し，数多くの研究グループで使用されている．

　光パラメトリック増幅器で発生させたシグナル光とアイドラー光は同軸に出力されるが，いったん，ダイクロイックミラーで分け，再び重ねたあと，$AgGaS_2$ 結晶に集光する．シグナル光とアイドラー光の時間的な重なりを光学遅延路3で調整し，差周波を発生させることで中赤外パルス光を得る．このときに得られる中赤外パルス光の中心波数は 1000 cm^{-1} ～ 4000 cm^{-1} で，スペクトル幅は約 100 cm^{-1} ～ 300 cm^{-1} 程度である．チタンサファイア再生増幅器の出力 500 µJ/パルスに対し，得られる中赤外パルス光のエネルギーは 2～10 µJ/パルス程度である．GaSe を用いると，1000 cm^{-1} 以下の中赤外パルス光を効率的に発生させることができる[14]．

第4章　多次元分光法

(2)マルチチャンネル赤外検出器

中心波数 1000 cm^{-1}〜4000 cm^{-1} の赤外光の検出器はいくつか存在するが，その中で高感度なものは光導電型 MCT(mercury cadmium tellurium)検出器である．通常は感度を上げるために液体窒素温度まで冷却する必要があり，そのためのデュアーが付属する．光導電型の検出器では光の入射強度に応じて，電気伝導率が変わることを利用し，光の強度に応じた電流が得られる．入力した赤外パルス光の強度はオペアンプを使った電流-電圧変換回路により，電圧値に変換される．幅広いスペクトル幅をもつ赤外パルス光を検出する場合，異なる波数ごとの強度をレーザーショットごとに測定することが望ましい．そのため，赤外パルス光を分光器に導入することにより，分散させ，マルチチャンネル検出器で強度を測定する必要がある．一次元のマルチチャンネル赤外検出器は MCT 素子を横方向に並べた構造になっている．典型的な素子の大きさは 0.2×0.5 mm 程度であるが，スペクトルの分解能などに応じてデザイン(素子の配列構造)を変更することもできる．素子数は 32，64，128 個が一般的である．また，後述のように検出光と参照光を同時に測定するため，32 あるいは 64 個の素子を上下に 2 列に並べたものも頻繁に使用されている．マルチチャンネル赤外検出器の市販の検出システムには，素子ごとに電流-電圧変換回路，積分回路が付属し，各素子の電圧値を得ることができる．これをアナログ-デジタル変換することにより，パソコンにデータを取り込むことができる．最近では，128×128 素子をもつ二次元赤外検出器も用いられるようになり，一次元の場合と同様に，励起レーザーの繰り返しが 1 kHz 程度であれば，レーザーショットごとのスペクトル測定が可能である[15]．また，近年，発展が著しい数 100 kHz の高繰り返し超短パルスレーザーに対応した検出システムも市販され，高速でスペクトルを測定することが可能になってきている[16]．

B.　時間領域での二次元赤外分光法の測定系

(1)BoxCARS 配置によるヘテロダイン検出系

図 4.2.12 に，**BoxCARS 配置**による二次元赤外分光法の測定系の概要を示す[17]．差周波発生によって得られた中赤外パルス光は人間の目で見ることができないので，ゲルマニウムやシリコンを材質としたブリュスターウインドウ，あるいは中赤外光のみを透過させるロングパスフィルターを使って，中赤外光と He-Ne レーザーなどの連続発振可視レーザー光と同軸に重ねる．このレーザー光を使って，中赤外パルス光の光軸調整などのアライメントを行う．**図 4.2.12** の実験配置では，中赤外パルス光はビームスプリッターを使って，4 つに分けている．そのうち，3

4.2 二次元赤外分光法

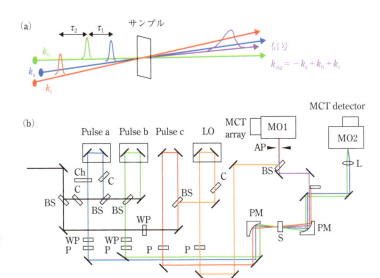

図 4.2.12　時間領域での二次元赤外分光法の測定系の概要
(a) 3つの励起光の入射条件と信号が出射される方向の関係．波数ベクトル k_a, k_b をもつパルス光間の遅延時間を τ_1，波数ベクトル k_b, k_c をもつパルス光間の遅延時間を τ_2 と定義した．波数ベクトル k_a, k_b, k_c に対し，信号の波数ベクトル k_{sig} は位相整合条件を満たすような関係にある．(b) 二次元赤外分光法の測定系の光学配置．略語は以下の通りである．BS：ビームスプリッター，WP：ゼロ次半波長板，P：偏光子，C：分散補償のための窓板，Ch：光学チョッパー，PM：放物鏡，S：サンプル，AP：アパチャー，L：レンズ，MO：分光器，LO：局部発振光．Pulse a, Pulse b, LO は光学遅延路により，遅延時間を制御できる．

[M. Khalil *et al.*, *J. Phys. Chem. A*, **107**, 5258–5279（2003）の図を改変]

つを励起光，残りを局部発振光として用いる．また，中赤外パルス光を5つに分け，4つのビーム以外に，トレーサー光を用いることにより，サンプルから発生した信号とトレーサー光を同軸になるように調整し，可視光を使って信号と局部発振光の光軸調整を行うこともできる．トレーサー光はアライメントのみに使用され，光軸調整が終われば，測定開始前にサンプル手前でブロックする．それぞれの中赤外パルス光は光学遅延路を経由し，パルス光間の時間間隔の制御を行う．3つの励起光は半波長板と偏光子を通ったあと，放物鏡でサンプルに集光する．この場合，**図 4.2.12**(a)のように3つのパルス光が空間的に重なるようにする．サンプルから発生する信号は図に示した位相整合条件を満たす方向に出射する．3つの励起光のうち，1つを光学チョッパーで変調させる．レーザーと同期させることで，励起した場合としていない場合の信号を測定でき，二次元赤外スペクトルに関係しないバックグラウンド光を除去できる．二次元赤外分光法では信号そのものの強度では

225

第 4 章 多次元分光法

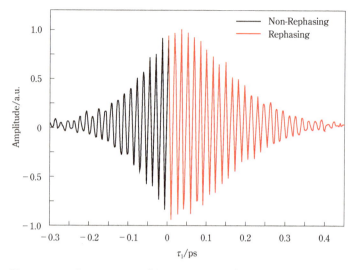

図 4.2.13 H$_2$O 中の HOD の OD 伸縮モードのある特定の波数における信号の時間変化の測定例．後述のように，正の時間領域と負の時間領域で Rephasing 過程と Non-Rephasing 過程の寄与に分けることができる．
[S. Park *et al.*, *Laser Phys. Lett.*, **4**, 704–718 (2007) をもとに作図]

なく，光電場を測定する必要がある．そのため，分光器 1 の手前で信号と局部発振光を同軸に重ね，そのスペクトル干渉をマルチチャンネル赤外検出器で測定する．ポピュレーション状態に対応する遅延時間 τ_2 において，遅延時間 τ_1 をスキャンすることにより，得られた信号と局部発振光とのスペクトル干渉の時間変化を得ることができる．スペクトル干渉法による信号光電場の計測の詳細については割愛するが，重要なことは信号の強度ではなく，電場そのものを検出できる点である．このため，時間領域から波数領域へフーリエ変換を行うことにより，スペクトルの振幅と位相を得ることができる．このような検出方法を**ヘテロダイン検出法**と呼ぶ．遅延時間 τ_2 を固定し，遅延時間 τ_1 を変えながら，サンプルから発生した光電場のスペクトルを測定すると中赤外パルス光の振動周期で変化する信号が得られる（**図 4.2.13**）．これを波数領域へフーリエ変換すると二次元赤外スペクトルを得ることができる．フーリエ変換した波数軸は ω_1 に対応する．一方，波数軸 ω_3 はマルチチャンネル赤外検出器で測定した信号の波数に対応するため，フーリエ変換は不要である．言い方を変えると，分散型分光器そのものがフーリエ変換の役割を果たす．時間領域から波数領域へフーリエ変換する場合，信号の振動周期を精度よく測定する必要がある．また，測定中に振動のピークがずれると位相変化となって信号

に影響を及ぼすため，光学遅延路の安定性が重要となる．例えば，中心波数 2000 cm^{-1} の赤外パルス光の中心波長は 5 μm に対応し，振動周期は 16.7 fs である．フーリエ変換を精度よく行うためには，光学遅延路で 0.1 μm 程度の距離を正確に決める必要がある．しかし，電動ステージでこのような距離を精度よく決めることは容易ではない．図 4.2.12 の実験では，遅延時間 τ_1 を正確に決定するために励起光 1 と 2 をサンプル透過後に分光器 2 に導入し，既知の波数での干渉信号の時間変化を測定し，光学遅延路の距離の補正を行っている．光学遅延路の安定性を保つために，測定系をアクリル板などで囲み，空気の揺らぎが光学系に影響を与えないように工夫する必要がある．また，空気中の水蒸気や二酸化炭素が吸収をもつ波数領域で測定を行う際には，赤外光が測定系の光路内で著しく減衰するため，測定系内を窒素ガスでパージすることも重要である．BoxCARS 配置による二次元赤外スペクトルの測定において，遅延時間 τ_1 が正のときと負のときで対応するファインマンダイアグラムが異なる（図 4.2.14）．遅延時間 τ_1 が正のときに対応するダイアグラムは R_2, R_3 となり，Rephasing 過程の寄与を与える．遅延時間 τ_1 が負のときは R_1, R_4 となり，Non-Rephasing 過程の寄与を与える（図 4.2.14 では R_1, R_2 のみ示している）[xxiii]．それぞれの二次元赤外スペクトルの実部は図 4.2.15 のような分散したスペクトル線形を示す．二次元 NMR で知られている吸収型のスペクトル線形を求めるためには，Rephasing 過程と Non-Rephasing 過程に由来する二次元スペクトルの和を計算する必要がある[18,19)]．このとき，$\tau_1 = 0$ が正確に決まらないとスペクトル線形にひずみが生じる．$\tau_1 = 0$ の決定も実験的に容易ではないため，測定データを取得したあと，位相補正（phasing）を行い，スペクトル線形を正しく求める必要がある．位相補正は通常，吸収型のスペクトル線形をもつ二次元赤外スペクトルを波数軸 ω_1 方向に積分し，波数軸 ω_3 に射影した一次元のスペクトルが通常の過渡吸収スペクトル（ポンプ–プローブスペクトル）と一致するということを利用する．まず，時間軸 τ_1 に振動する信号の位相を変えながら，二次元赤外スペクトルを計算する．その後，ω_3 軸方向に射影を行うことにより，過渡吸収スペクトルと一致するように位相補正を行う．このことにより，吸収型の線形をもつ二次元赤外スペクトルを正確に求めることができる[4)]．

[xxiii] 図 4.2.12 では波数ベクトル k_a, k_b をもつパルス光間の遅延時間を τ_1 と定義している．k_a, k_b の順で入射する場合 τ_1 が正，k_b, k_a の順で入射する場合 τ_1 が負となることに注意する．図 4.2.15 の場合では，1 番目に入射するパルス光と 2 番目に入射するパルス光の時間間隔を τ_1 と定義しているため，τ_1 は常に 0 以上である．

第4章 多次元分光法

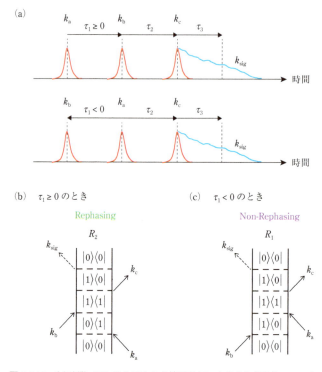

図 4.2.14 (a)時間 t における三次の非線形分極に由来する信号と3つの赤外パルス光の遅延時間 τ_1, τ_2, τ_3 の定義. (b) τ_1 が0あるいは正の場合に対応するファインマンダイアグラム, R_2. (c) τ_1 が負の場合に対応するファインマンダイアグラム, R_1.

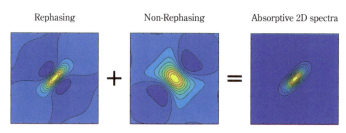

図 4.2.15 二次元赤外スペクトルのモデル計算

吸収型の線形をもつ二次元赤外スペクトルは $\tau_1 \geq 0$ のスペクトルと $\tau_1 < 0$ のスペクトルを足すことによって得ることができる．このため，遅延時間 τ_1 の原点を正しく求める必要がある．実際の実験では本文で解説した位相補正を行うことにより，正しい二次元赤外スペクトルを得ることができる．

4.2 二次元赤外分光法

(2)ポンプ–プローブ配置をベースとした測定系

BoxCARS ビーム配置をベースとした測定系では，二次元赤外スペクトルを高感度に測定できる，励起光の偏光を自由に制御できるなどの長所がある．しかし，励起光を 3 つに分け，異なる方向からサンプルに入射し，位相整合条件を満たす方向に出射した信号と局部発振光を重ねる必要がある．このため，光軸調整などのアライメントが複雑であるといった短所がある．また，Rephasing 過程と Non-Rephasing 過程に対応する二次元スペクトルを測定し，足し合わせる必要があるため，測定時間も長くなるといった問題がある．そのため，より簡便に測定できる方法が求められていた．位相整合条件の式 (4.2.8) から，k_a が k_b に等しいとき，k_{sig} は k_c の方向と等しくなることがわかる．このとき，3 番目に入射するパルス光は検出光としてだけではなく，局部発振光としての役割を果たすことがわかる．このため，信号と局部発振光の空間的な重なりについて調整する必要がなく，常に重なりが保たれている．また，1 番目と 2 番目のパルス光は同軸に重なっているため，自動的に Rephasing 過程の寄与と Non-Rephasing 過程の寄与が重なった信号を観測していることになる．実験結果において必要なのは吸収型の線形をもつ二次元スペクトルなので，得られる信号そのものが，すでに Rephasing 過程の寄与と Non-Rephasing 過程の寄与の和になっている点も都合がよい[20-22]．**図 4.2.16** にポンプ–プローブ配置をベースとした測定系の概略を示す．差周波発生によって得られた中赤外パルス光を 2 つに分け，一方を励起（ポンプ）光に，他方を検出（プローブ）光とする．前項で 3 番目のパルス光が検出光に対応する．励起光はマッハ・ツェンダー干渉計に導入し，同軸方向にパルス対を生成させる．このとき，**図 4.2.16**(b) のように 2 番目のビームスプリッターから透過した中赤外パルス光の干渉をパイロエレクトリック検出器でモニターする．パルス対が時間的に重なったところで，干渉が起こり，遅延時間 τ_1 の原点を正確に決めることができる．ビームスプリッターを反射した光は光学遅延路を通し，放物鏡を用いて，サンプル中で検出光と空間的に重ねる．サンプルを透過した検出光は分光器で波数軸に分散させ，マルチチャンネル赤外検出器でスペクトル変化を検出する．この配置では励起光が同軸パルス対になっているが，干渉計内で一方の光をブロックすることにより，通常の過渡吸収法のビーム配置と同じになることから，ポンプ–プローブ配置をベースとした二次元赤外分光法の測定系と呼ばれる．また，遅延時間 τ_1 のキャリブレーションは He-Ne レーザーの干渉パターンから行う．詳細は割愛するが，ここで行っている干渉パターンの検出方法は市販のフーリエ変換型赤外分光光度計で使われている方法を応用したものである．また，**図 4.2.16** の位相シフターは二次元 NMR で行われる位

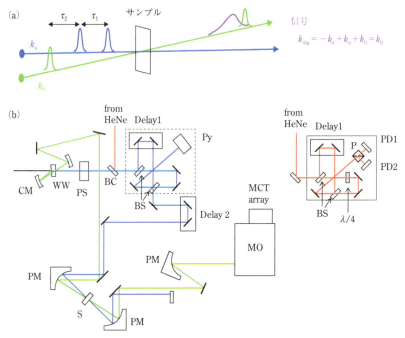

図 4.2.16 ポンプ-プローブ配置をベースとした二次元赤外分光法の測定系の概要 (a)3つの励起光の入射条件と信号が出射される方向の関係．(b)測定系の光学配置．略語は以下の通りである．CM：凹面鏡，WW：ウェッジ板，PS：位相シフター，BC：ビームコンバイナー，BS：ビームスプリッター，Py：パイロエレクトリック検出器，PM：放物鏡，S：サンプル，MO：分光器，Delay：光学遅延路，P：偏光子，PD：フォトダイオード．
[J. Helbing and P. Hamm, *J. Opt. Soc. Am. B*, **28**, 171–178(2011)をもとに作図]

相サイクリングにより，二次元赤外スペクトルを得るのに必要な成分を取り出すためのものである．ポンプ-プローブ配置をベースとした測定系の長所は，光学系のセットアップが簡単であり，吸収型の線形をもつ二次元赤外スペクトルが直接得られる点である．短所としては，BoxCARS配置による測定系とは異なり，検出光が局部発振光の役割も果たすため，信号に対する局部発振光の電場の大きさの比を調整できない．このため，局部発振光に比べて，信号が非常に弱い場合，信号・雑音比が悪くなるといった問題がある．同軸方向にパルス対を生成させる方法として，干渉計を用いる以外に，複屈折をもつウェッジ板を利用したTWINS(Translating-Wedge-Based Identical Pulses eNcoding System)などの方法がある．中赤外領域で複屈折をもつ透過材料として，ニオブ酸リチウムや塩化水銀(カロメル)が用いられる[23,24]．

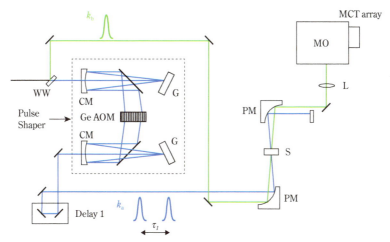

図 4.2.17 パルスシェーパーを用いた二次元赤外スペクトルの測定系の概要
略語は以下の通りである．WW：ウェッジ板，CM：凹面鏡，G：回折格子，AOM：音響光学素子，Delay：光学遅延路，PM：放物鏡，S：サンプル，L：レンズ，MO：分光器．
［S.-H. Shim and M. T. Zanni, *Phys. Chem. Chem. Phys.*, **11**, 748–761（2009）をもとに作図］

(3) パルスシェーパーを用いた測定系

前項では，励起光としてパルス対を用いた二次元赤外分光法の測定方法について解説した．BoxCARS ビーム配置に比べて，光学系が簡単になり，測定が容易な点が長所であった．同軸に進行するパルス対を生成させる方法として，パルスシェーパーを用いる方法がある．**パルスシェーパー**では超短パルス光を回折格子で波数方向に分散させ，空間変調素子により，各波数成分の振幅と位相を制御する．変調されたパルス光はもう一つの回折格子で各波数成分の光が同軸になるようにする．空間変調素子を制御することにより，パルス対だけではなく，任意のエンベロープをもつ超短パルス光を生成させることができる．これまでパルスシェーパーを用いた超短パルス光の時間特性の制御は主に可視領域で行われてきた．2006 年，Zanni らはゲルマニウムを使った音響光学変調素子を用いることにより，中赤外領域の超短パルス光のパルスシェーピング法を開発した[25]．音響光学変調素子では，ラジオ波を入射させることにより，ゲルマニウム媒質に超音波が伝わり，媒質を歪ませることで，屈折率を変化させることができる．ラジオ波の振幅変調を波数軸に転写することで各波数成分の中赤外光が回折される．回折光の振幅や位相を変調させることで任意のエンベロープをもつ超短パルス光を合成することができる．**図 4.2.17** にパルスシェーパーを用いた二次元赤外スペクトルの測定系の概要を示す[26,27]．

第4章　多次元分光法

　特に，二次元赤外分光法に必要な遅延時間 τ だけ離れたパルス対を生成させるためには，音響光学変調素子（AOM）に以下のような変調関数を適用させてやればよい．この場合，図4.2.17 の AOM の横方向が波数軸 ω に対応する．

$$M(\omega) = \frac{1}{2}[\exp(i\omega\tau) + 1] = \cos\left(\frac{\omega\tau}{2}\right)\exp\left(\frac{i\omega\tau}{2}\right) \tag{4.2.36}$$

この式の中で，余弦（コサイン）関数で与えられる項が振幅変調に，指数関数で与えられる項が位相変調に対応する．前述の方法では，遅延時間を与えるのに機械的なステージを使っていたため，位相安定性や正確な遅延時間を決定するためにいくつかの工夫が必要であった．しかし，パルスシェーパーは機械的な可動部がないため，これらの問題がない．また，光学遅延路では不可能であったパルス対間の正確な位相制御が可能となり，位相サイクリングが容易にできるようになったことも重要である．Zanni らはパルスシェーパーを用いた二次元赤外分光法の測定系を開発し，さまざまな系の測定に応用している．図4.2.17 に示すように通常の赤外過渡吸収（ポンプ–プローブ）の測定系のポンプ光の光路にパルスシェーパーを挿入するだけで，二次元赤外分光法の測定系を構築できる．彼らはパルスシェーパーや二次元赤外分光法の測定系を商品化したことで，パルスシェーパーを用いた手法が急速に広がり，現在の二次元赤外分光法の測定方法の主流になった．また，音響光学プログラマブル分散フィルター（Dazzler）を用いたパルスシェーパーも開発されており，二次元赤外分光法の測定への応用が可能である[28]．

4.2.4 ■ 二次元赤外分光法の応用（特徴的な試料での測定／発展的な計測手法）

　二次元赤外分光法が開発され，溶液中の水の水素結合ダイナミクス，溶質の振動モードをプローブとした場合の溶媒である水の水素結合ダイナミクス，分子会合体の生成，解離による化学交換などの研究に応用されている．また，数個のアミノ酸を含む簡単なペプチド分子，アミロイド線維や膜タンパク質などの構造変化やダイナミクスといった生体分子系にも応用されてきた．また，高次の非線形光学効果を利用した二次元赤外分光法や中赤外よりも低波数に位置するテラヘルツ領域への拡張など，新しい計測手法などの開発も盛んに行われている．紙幅の都合上，すべてを網羅することは不可能であるが，いくつかの代表的な研究例について具体的な解説を行う．

A.　液体のダイナミクス／溶媒和ダイナミクス

　最初に，液体のダイナミクスへの応用として，水の水素結合ダイナミクスへの研

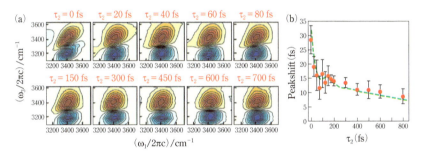

図 4.2.18 (a) 重水中の HOD (濃度 ~1%) の二次元赤外スペクトルのポピュレーション時間 τ_2 に対する時間変化．赤色は $v=0$-1 遷移の寄与を表し，青色は $v=1$-2 遷移の寄与を表す．(b) 二次元スペクトルから計算したピークシフトの値 (赤丸) と振動波数の揺らぎの相関関数を用いて計算したピークシフトの値 (緑破線)．両者はよく一致していることがわかる．
[J. J. Loparo *et al.*, *J. Chem. Phys.*, **125**, 194521 (2006) をもとに作図]

究例を紹介する．周知のように，水は水素結合をもつ最も単純で身近に存在する分子である．冒頭で紹介したように，液体状態では水分子は互いに水素結合でつながった三次元ネットワーク構造をもち，その結合は常に生成と解離を繰り返している．水の特異な性質の多くはこの水素結合ネットワーク構造に起因する．水分子の OH 伸縮振動モードや重水の OD 伸縮モードの波数は水素結合の強さに敏感である．そのため，これらの振動数の分布がどのように時間変化をするかがわかれば，水素結合の生成や解離によるネットワーク構造の変化の詳細について知ることが可能となる．ここでは，Tokmakoff のグループによって行われた研究を紹介する[6,29]．水については Fayer のグループ[30,31]や Elsaesser のグループ[32,33]によっても精力的に研究されてきた．興味のある読者は節末の文献を参照してほしい．

図 4.2.18 に重水 (D_2O) 中の HOD の OH 伸縮振動モードの結果を示す．**図 4.2.18** において，赤色で示された部分は $v=0$-1 遷移に由来するピークであり，青色は $v=1$-2 遷移に由来するピークである．$v=1$-2 遷移に由来するピークは $v=0$-1 遷移に由来するピークに比べて低波数側に位置しており，その差は非調和性の大きさに対応する．ポピュレーション時間が 0 fs では，二次元赤外スペクトルの形は対角線方向に拡がっているが，時間が経つにつれ，その拡がりの傾きは緩やかになっていく．ポピュレーション時間が 700 fs では円状に近くなり，均等に拡がっていることがわかる．このことは水分子の水素結合の強弱に応じて，幅広い 1 つのバンドに複数の寄与が存在することを意味している．ポピュレーション時間が 0 fs では，赤外パルス光により，それらの寄与を同時に励起するが，水素結合の強度が変化する前

第4章　多次元分光法

に検出に相当する赤外パルス光が入射するため，水素結合が強い低波数側を励起した場合はその分布に相当する波数成分の信号を発する．逆に水素結合が弱い，あるいは水素結合が切れた分子が存在する高波数側を励起した場合は，高波数側のみの信号を発生させる．この結果，二次元赤外スペクトルの形は対角線上に拡がることになる．一方，ポピュレーション時間が大きくなるにつれ，水素結合の生成と解離が起こり，水素結合の強い分子は水素結合が弱くなり，弱い分子は強くなるなどの構造変化が起こる．そのため，ある特定の水素結合の強さをもつ分布は別の分布に移動し，充分に時間が経てば，最初にどのような水素結合の強さをもつ分布を励起したかにかかわらず，幅広い1つのバンドに含まれるすべての波数成分の信号を発生させることになる．このとき，二次元赤外スペクトルの形は円状に近くなり，均等に拡がる．このような形の変化をより定量的に評価するためにさまざまな指標（metrics）が提案されている．これらの指標の時間変化は前章で記述した振動波数の揺らぎの相関関数を反映している．

　Tokmakoff のグループは，二次元赤外スペクトルを時間領域に逆フーリエ変換することにより求められる信号のピーク位置の時間（ピークシフト）を指標とした．その結果から，揺らぎの相関関数には 150 fs 付近で山が観測され，100 fs 以下の速い減衰成分と 1.4 ps の遅い減衰成分が含まれることを明らかにした．100 fs 以下の減衰成分は水素結合した水分子の局所的，部分的な並進，回転運動によって，振動波数の揺らぎの相関が失われることに相当する．150 fs 付近でピークの値が大きくなるのは，分子間の水素結合の振動に相当し，その振動はすぐに消滅する．1 ps 程度の減衰成分は水素結合ネットワークの全体的な構造変化の時間スケールに対応していることを明らかにした．

　以上は，水自身の水素結合を敏感に反映する OH 伸縮振動モードを通して，水素結合ダイナミクスについて観測したものであるが，溶質を含んだ水溶液中での水の水素結合ダイナミクスはどうであろうか．この場合，溶質の振動モードを通して，溶媒である水の水素結合ダイナミクスを観測することになる．我々は赤外非線形分光法の一つである 3−パルスフォトンエコー法を用いて，3原子で構成された N_3^-，OCN^- や SCN^-，遷移金属錯体 $Fe(CN)_6^{4-}$ を溶質として用いて，水やメタノールなどの水素結合性溶媒中での遷移振動波数の揺らぎについて研究を行ってきた[34-36]．その結果，揺らぎの相関関数の時間変化は溶媒に大きく依存するが，溶質の振動モードの性質にそれほど依存しないことを見出してきた．また，これまでのイオン性の溶質に加え，非イオン性の溶質分子について，二次元赤外スペクトルの測定を行った．ここではイオン性の SCN^- と非イオン性の 2−ニトロ−5−チオシアナ

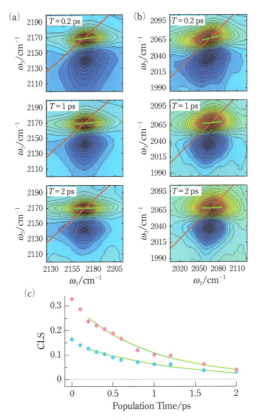

図 4.2.19 (a)H₂O 中の 2-ニトロ-5-チオシアナト安息香酸の SCN 反対称伸縮モードにおける，二次元赤外スペクトルのポピュレーション時間 T = 0.2 ps, 1 ps, 2 ps に対する時間変化．赤色は v = 0-1 遷移の寄与を表し，青色は v = 1-2 遷移の寄与を表す．(b)H₂O 中の SCN⁻ の反対称伸縮モードにおける，二次元赤外スペクトルのポピュレーション時間に対する時間変化．緑色の線はセンターラインスロープ（CLS）を表す．(c)2-ニトロ-5-チオシアナト安息香酸（青）と SCN⁻（ピンク）における CLS の時間変化．緑線は振動波数の揺らぎの相関関数を用いて計算したもの．
[M. Okuda *et al.*, *J. Chem. Phys.*, **145**, 114503（2016）をもとに作図］

ト安息香酸の SCN 反対称伸縮モードの遷移波数の揺らぎの相関関数を比較した[37]．図 4.2.19 にそれぞれの溶質分子の水溶液中での二次元赤外スペクトルを示す．ここでは相関関数を評価するための指標として，Fayer のグループによって提案されたセンターラインスロープ（CLS）を用いた[38]．CLS の値を求める場合，二次元赤外スペクトルの各 ω_1 軸において，ω_3 軸に対する一次元スペクトルを切り出し，v =

0-1遷移のピークの値を求める．これをプロットしたものが図の緑色の線に対応する．この傾きをCLSと定義する．ポピュレーション時間に対して，CLSの値をプロットすると遷移波数の揺らぎの相関関数の時間変化に対応した量を得ることができる．ただし，相関関数を求める際には三次の非線形光学応答関数から，二次元赤外スペクトルを計算することによって，CLSの時間変化を再現するようにして，相関関数のパラメータを決定している．その結果，非イオン性の溶質に対しても相関関数の減衰として，1 ps程度の時定数が得られ，水の水素結合ダイナミクスを反映していることがわかった．我々は分子動力学計算により，溶質分子を通してみた場合の水の水素結合ダイナミクスの分子論的なメカニズムについても研究を行っている[39,40]．このような手法は水だけではなく，さまざまな溶液に応用することができる．改めて強調するが，二次元赤外分光法の大きな特徴の一つは，振動遷移の波数の揺らぎの相関関数といった従来の過渡吸収分光法では得ることができなかった情報を定量的に評価できる点である．二次元赤外スペクトルの信号の大きさは励起により生成した$v=1$の振動励起状態の寿命で決まる．振動励起状態の寿命は通常数ps程度であるが，溶質分子の振動モードの種類によっては100 ps以上のものも存在する．このような振動モードを含む分子を用いることにより，ポリマー溶液やイオン液体といった相関関数の減衰の遅い系についても研究が盛んに行われてきている．また，相関関数の分子論的解釈についても，計算化学的な観点からの研究により，分子レベルでの議論を行うことが可能になり，大きな進展を遂げている[41]．

次に，二次元赤外分光法を化学交換が起こる系に適用した研究について紹介する．Fayerのグループは四塩化炭素中のフェノール–ODとベンゼン会合体の生成と解離について調べた[42,43]．赤外吸収スペクトルからフェノール–ODのOD伸縮振動モードの波数は2675 cm^{-1}付近にピークをもつ．一方，溶液中に存在するベンゼンと会合体を形成すると，ピークは低波数側にシフトし，2635 cm^{-1}付近に位置する．この溶液中ではフェノール–ODの単体と会合体が共存していることがわかる．しかし，赤外吸収スペクトルから，ベンゼン単量体と会合体がどのような時間スケールで交換しているのかについての詳細な情報を得ることはできない．彼らは二次元赤外分光法をこの系に適用した．図 4.2.20に結果を示す．ポピュレーション時間が200 fsでは，フェノール–ODの単量体と会合体に由来するピークのみが観測され，単量体から会合体に化学交換した寄与やその逆の寄与が観測されていない．一方，ポピュレーション時間が14 psでは対角成分以外に化学交換による寄与が非対角部分に明瞭に観測されていることがわかる．非対角成分のピーク体積をポピュレーション時間に対してプロットすることにより，フェノール–ODとベンゼ

4.2 二次元赤外分光法

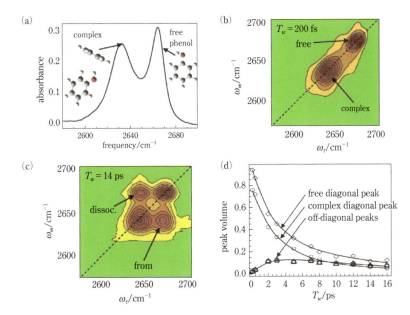

図 4.2.20 (a)四塩化炭素中におけるフェノール-ベンゼン会合体とフェノールの OD 伸縮振動モードの赤外吸収スペクトル．(b)ポピュレーション時間 200 fs における二次元赤外スペクトル．化学交換が起こる前は，単量体と会合体に由来する 2 つのピークが観測されている．ここでは $v=0$–1 遷移に対するピークのみ示している．(c)ポピュレーション時間 14 ps における二次元赤外スペクトル．単量体と会合体の間で化学交換が起こるため，非対角部分にもピークが現れている．(d)二次元赤外スペクトルで観測されたピークの体積をポピュレーション時間に対してプロットしたもの．実線はモデル計算による結果を示している．解析からフェノール-ベンゼン会合体の解離時間が 8 ps であることがわかった．
[J. Zheng *et al.*, *Acc. Chem. Res.*, **40**, 75–83(2007)をもとに作図]

ン会合体の解離時間が 8 ps であることが明らかになった．また，彼らはさまざまなベンゼン置換体に対しても実験を行い，会合体の解離時間や会合体生成エンタルピーを求めている[44]．これらの系では，フェノール単量体，会合体に由来する吸収スペクトルの幅が狭く，非対角成分の寄与を分離することが比較的容易である．スペクトルの線幅は広くなると分離することは難しくなるが，二次元赤外スペクトルの線形解析を行うことにより，化学交換に関する情報を得ることができる．他の例については節末の文献を参照してほしい[45-47]．

さて，最初に紹介した 2 つの振動モードが互いに相互作用している場合はどうであろうか．Hamm のグループは，二次元赤外スペクトルの非対角成分の赤外パルス光に対する偏光依存性を調べることにより，重水中のトリアラニンの構造を決定

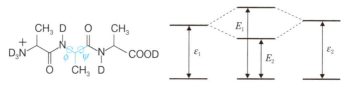

図 4.2.21 トリアラニンの分子構造と振動エネルギー準位図
2つの振動モード間の相互作用により，E_1, E_2 を遷移波数とする準位に分裂する．
[S. Woutersen and P. Hamm, *J. Phys. Chem. B*, **104**, 11316–11320 (2000) をもとに作図]

した[48]．彼らの二次元赤外スペクトルの測定では，エタロンを用いた波数領域でのポンプ-プローブ法を用いている．トリアラニンは図 4.2.21 からわかるように2つのアミドⅠモードをもつ．アミドⅠ振動モードは主に C=O 伸縮振動に起因している．2つの角度，ϕ, ψ を変えることにより，C=O の相対的な配置が変化し，2つの振動モードの相互作用の大きさが変化する．2つの振動モードの遷移波数を ε_1, ε_2 とし，相互作用の大きさを β とすると，この分子振動の $v=1$ 状態でのハミルトニアンは以下のように表すことができる．

$$H = \begin{pmatrix} \varepsilon_1 & \beta \\ \beta & \varepsilon_2 \end{pmatrix} \tag{4.2.37}$$

このハミルトニアンに対する固有値を求めることにより，2つの振動モードの遷移波数は以下のように分裂する（図 4.2.21）．

$$E_{1,2} = \frac{\varepsilon_1 + \varepsilon_2 \pm \sqrt{(\varepsilon_1 - \varepsilon_2)^2 + 4\beta^2}}{2} \tag{4.2.38}$$

図 4.2.22 に赤外吸収スペクトルと二次元赤外スペクトルの偏光依存性の実験結果を示す．赤外吸収スペクトルから式(4.2.38)の波数に相当するバンドが観測されていることがわかる．二次元赤外スペクトルの偏光依存性では，ポンプ光とプローブ光の偏光が平行の場合と垂直な場合を測定している．それぞれの図では非対角成分の寄与が明瞭に観測されていないが，その差を取ることによって，非対角成分の寄与がより鮮明に観測されていることがわかる．これはポンプ光とプローブ光の偏光の違いにより，二次元赤外スペクトルに対する非対角部分の寄与が異なることを意味している．詳細は割愛するが，2つのアミドⅠ振動モードの遷移双極子モーメントの角度を θ とすると，$\beta = 6$ cm^{-1}，$\theta = 106°$ のとき，図 4.2.22 のように実験結果を再現することができた．この例から二次元赤外スペクトルを詳しく解析することによって，2つの異なる振動モード間の相互作用や分子構造についての定量的な情報を得ることができる．図 4.2.22 の結果は，波数領域での二次元赤外分光法の

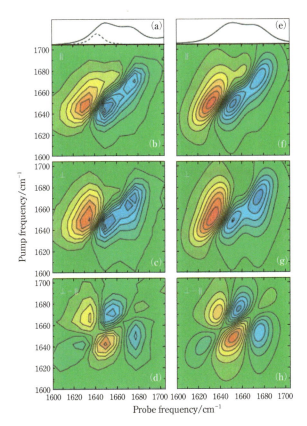

図 4.2.22 (a) 重水中のトリアラニンのアミド I モードの赤外吸収スペクトル．破線はエタロンを通したあとの励起光のスペクトルを表す．(b) ポンプ光とプローブ光の偏光が平行の場合のポピュレーション時間が 1.5 ps における二次元赤外スペクトル．青色は $v=0$–1 遷移の寄与を表し，赤色は $v=1$–2 遷移の寄与を表す．(c) ポンプ光とプローブ光の偏光が垂直の場合の二次元赤外スペクトル．(d) 垂直偏光と平行偏光の差を計算したもの．(e)～(h) は $\beta = 6\,\mathrm{cm}^{-1}$, $\theta = 106°$ のパラメータを用いて計算した二次元赤外スペクトル．実験結果の特徴をよく再現している．
〔S. Woutersen and P. Hamm, *J. Phys. Chem. B*, **104**, 11316–11320 (2000) をもとに作図〕

測定によって得られたものであるが，時間領域での二次元赤外分光法を用いても同様の測定は可能である[49-51]．

B. 生体分子系への応用

生体分子で重要なタンパク質は 20 種類のアミノ酸から構成されている．アミノ

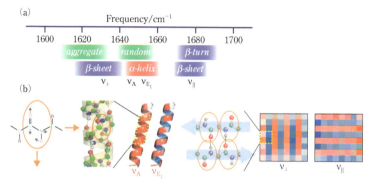

図 4.2.23 タンパク質におけるアミドI振動モードの特徴
(a)タンパク質の二次構造とアミドI振動モードの関係．(b)α-ヘリックスとβ-シート構造のアミドI振動モードの波動関数の非局在化の度合いをカラーで図示したもの．色は集団的に同位相で振動している度合いを表しており，赤色と青色で位相が180度反転していることを表している．色の濃淡はそれぞれの振動モードの寄与の大きさを表す．
［Z. Ganim *et al*., *Acc. Chem. Res.*, **41**, 432–441 (2008) をもとに作図］

酸に特徴的な赤外吸収スペクトルで観測される振動として，アミドI, II, III, Aモードが存在する．そのうち，タンパク質の二次構造を鋭敏に反映する**アミドIモード**（1600〜1700 cm^{-1}）に着目する．まず，簡単にタンパク質の二次構造とアミドI振動バンドの吸収スペクトルの関係について紹介したあと，二次元赤外スペクトルとの関係について解説する．**図 4.2.23**にタンパク質の二次構造とアミドIモードの関係を示す．前項で紹介したトリアラニンの例のように，アミドI振動モード間の相互作用により，赤外吸収スペクトルで観測されるピーク波数は分裂し，シフトする．また，振動モードの波動関数はそれぞれのモードの波動関数の重ね合わせで表されるため，複数の振動モード内で拡がることになり，振動励起状態は非局在化する．タンパク質の典型的な二次構造とアミドI振動モードのピーク波数の相関は**図 4.2.23**(a)のように分類されている[52,53]．特に，α-ヘリックスや逆平行β-シートなどは理想的なモデル構造を使って，振動バンドの分裂の要因についてより詳細な知見を得ることができる．逆平行β-シートでは，2つの振動モードに分裂し，β-シートの方向に垂直な$\nu_\perp$モードと平行な$\nu_\parallel$モードが存在する．また，α-ヘリックスでは，アミノ酸のすべてのC=O基がヘリックスの軸方向を向いているため，すべてのアミドI振動が同位相で振動するν_Aモードと，3.6残基ごとに振動の位相が入れ替わる縮退したν_Eモードの2つが存在する．ν_Aモードの振動遷移の強度がν_Eモードよりも大きいことが知られている．そのため，α-ヘリックスのアミドI振

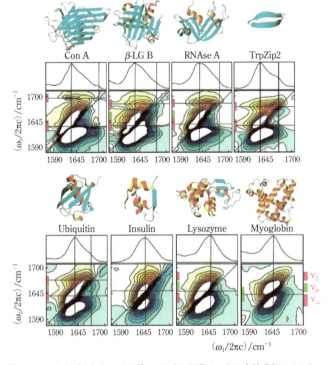

図 4.2.24 さまざまなタンパク質のアミド I 振動モードの赤外吸収スペクトルと二次元赤外スペクトル
[Z. Ganim *et al.*, *Acc. Chem. Res.*, **41**, 432–441 (2008) をもとに作図]

動モードは主に 1 つのバンドから構成され,そのピークは 1650 cm^{-1} 付近である.さらに,ランダムコイル構造でもアミド I 振動モードは 1 つのピークをもち,その波数は 1645 cm^{-1} 付近であり,ピーク位置は α-ヘリックスのアミド I 振動の値に近い.

Tokmakoff のグループは α-ヘリックスと β-シートの割合が異なる複数のタンパク質の二次元赤外スペクトルを測定し,バンド形状を詳細に解析した.**図 4.2.24** から,β-シートの割合が多いコンカナバリン A (ConA) や β-ラクトグロブリン (β-LG B) といったタンパク質では,$\nu_\perp$ モードと $\nu_\parallel$ モードの相互作用に由来する非対角ピークが明瞭に観測され,Z 型のスペクトル形状をしていることがわかる[54].一方,α-ヘリックスがメインであるリゾチームやミオグロビンなどのタンパク質では,非対角方向に伸びたバンド形状をしていることがわかる.また,β-シート

第 4 章　多次元分光法

の割合が大きくなるにつれ，非対角ピークの大きさがより強くなっていくことが観測されている．二次元赤外スペクトルでは，一次元の赤外吸収スペクトルのわずかな違いしかなかった特徴が明瞭に観測され，二次構造の違いが反映されていることがわかる[55-56]．

　ここでは紙幅の都合上割愛するが，タンパク質の構造がわかれば，振動モード間の相互作用の大きさを評価することができ，スペクトル形状を計算することができる[57]．また，分子動力学計算を取り入れた二次元赤外スペクトル解析の理論的研究も盛んに行われており，構造に関する情報だけではなく，ピコ秒領域における構造変化など，より詳細な情報についても議論することが可能になってきている[58-59]．以上は比較的簡単で分子量の小さいタンパク質の二次元赤外スペクトルの解説を行ってきた．より複雑な構造をもつタンパク質への応用を考えた場合，二次構造に関係した特徴がより不明瞭になっていき，議論が難しくなってくる．特に，ある特定の場所に存在するアミノ酸残基のみ振る舞いを抽出することができれば，部位特異的な構造変化についての議論が可能になる．このような詳細な情報を得るためには，特定のアミノ酸残基の C＝O 基の同位体置換を行い，振動バンドのピーク波数をシフトさせてやればよい．Zanni のグループは 2 型糖尿病に関係するヒト膵島アミロイドポリペプチド(hIAPP)のアミロイド線維の凝集過程について，二次元赤外分光法により研究を行った[60]．彼らが取り扱った hIAPP はアミノ酸 37 残基から構成され，そのうち，図 4.2.25(a) に示された 6 か所のアミノ酸の C＝O を個別に $^{13}C＝^{18}O$ に同位体置換した 6 種類のサンプルを用意し，凝集過程の時間変化を追跡した．図 4.2.25(b) に Ala-25 を同位体置換したサンプルについての二次元赤外スペクトルを示す．測定開始 5 分後のスペクトルでは，1617 cm^{-1} 付近にピークをもつスペクトルが観測されている．このピークは同位体置換していない β 鎖のアミド I モードに対応する．また，1574 cm^{-1} と 1584 cm^{-1} に Ala-25 のアミド I モードに由来するピークが観測されていることがわかる．その後の時間変化については 5 分後のスペクトルとの差を計算することにより，スペクトルの変化成分を抽出している．31 分後のスペクトルでは，Ala-25 に由来するスペクトル変化は小さく，5 分後のスペクトル形状とよく似ていることがわかる．一方，66 分，205 分と時間が経つにつれ，スペクトル変化が大きくなっていることがわかる．特に赤と紫の矢印で示された非対角ピークの強度も増大している．これは Ala-25 のアミド I モードと他のアミド I モードの相互作用が大きくなっていることに対応する．

　また，他の部位に同位体置換をしたサンプルについても測定を行い，対応する対角部分のピークの時間変化と比較を行った(図 4.2.26)．これらの実験により，ピー

242

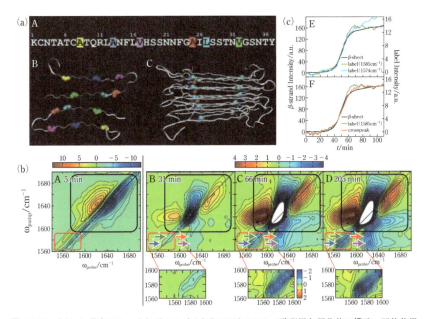

図 4.2.25 (a) ヒト膵島アミロイドポリペプチド(hIAPP)のアミノ酸配置と凝集体の構造．同位体置換したアミノ酸残基をカラーで次のようにハイライトしている．Ala-8(黄)，Ala-13(青)，Val-17(紫)，Ala-25(赤)，Leu-27(シアン)，Val-32(緑)．固体 NMR を使って得られたアミロイド繊維の構造．β–シート構造を取っていることがわかる．(b) Ala-25 で同位体置換した hIAPP の二次元赤外スペクトル．測定開始前は凝集しておらず，ランダムコイル構造を取っている．A：測定開始後5分でのスペクトル．黒線で囲った部分が同位体置換していない部分のスペクトル．赤線で囲った部分が同位体置換した Ala-25 に由来するスペクトル．B〜D：31分，66分，205分後に測定したスペクトルから5分後のスペクトルを差し引いた二次元差スペクトル．(c) E：同位体置換していないβ–シート構造に由来する 1617 cm^{-1} における対角成分の強度の時間変化．青線と緑線はそれぞれの同色の矢印で示した同位体置換した場所でのスペクトルの時間変化を表す．F：赤色の矢印で示した非対角成分の強度の時間変化を対角成分の強度と合わせてプロットしたもの．

[S.-H. Shim *et al.*, *Proc. Natl. Acad. Sci. USA*, **106**, 6614–6619 (2009) をもとに作図]

ク強度の時間変化はβ–シートの形成に対応していることがわかる．計6種類のサンプルの二次元スペクトルについて，実験を行い，解析した結果，ピーク強度の時間変化は同位体置換する部位に大きく依存していることが明らかになった．Val-17 を置換した場合の時間変化が一番速く，Val-32 を置換した場合の変化が一番遅いことがわかる．以上から，Val-17 に近い部位を通して，ポリペプチド分子の凝集が始まっていき，時間が経つにつれ，Val-32 と Ala-13 の距離が近づくことで，シート状の構造が形成されることがわかった．この測定では，パルスシェーパーを

第4章 多次元分光法

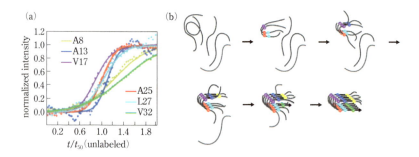

図 4.2.26 (a)hIAPP の異なる部位で同位体置換した場合の二次元赤外スペクトルのピーク強度の時間変化．Ala-25 のデータは 1585 cm^{-1} での二次元差スペクトルの強度をプロットしている．他の 5 つの同位体のスペクトルはピークが 1 つしか観測されないため，1580 cm^{-1} での強度をプロットしている．時間軸は同位体置換していないサンプルの強度が半分になる時間が 1 になるようにして，相対的な時間変化を表している．縦軸は信号強度を規格化している．(b)hIAPP のアミロイド繊維の生成メカニズム．まず，ポリペプチドが凝集し，核を生成する．このとき，ループ構造は作っているが，β-シートは形成していない．その後，ポリペプチドがさらに凝集していき，N 末端で β-シート構造が形成され始め，C 末端まで構造形成が伝搬する．

［S.-H. Shim *et al.*, *Proc. Natl. Acad. Sci. USA*, **106**, 6614–6619（2009）をもとに作図］

用いることで短時間に二次元スペクトルを測定でき，アミノ酸残基の同位体置換と組み合わせることで，アミロイド線維形成のメカニズムについての新たな知見が得られた．同位体置換は赤外分光法で分子振動の帰属において，古くから用いられてきたが，二次元赤外分光法でも同様に強力な手法となり，膜タンパク質中での水和環境やインフルエンザウイルスの M2 タンパク質のプロトンチャネルのメカニズム解明などの研究にも応用されている[61-64]．

　これまでは生体系への応用を中心に開発してきたが，二次元赤外分光法はさまざまな物質系に応用されている．特に最近，分子振動と赤外光の光子が強く相互作用する振動ポラリトン状態に関する研究が積極的に行われている[65-67]．このような状態を生成させるためには，2 枚のミラーの間にサンプルを入れ，キャビティを構成する．ミラー間の距離を調節することにより，キャビティの共鳴波数と分子振動の遷移波数を一致させる．このことにより，分子振動の遷移波数は分裂し，シフトする．このため，通常の振動状態と異なるダイナミクスを示すことが明らかになってきている．さらに，五次の非線形光学効果へ応用した展開[68]や，より低波数のテラヘルツ波数領域への拡張[69,70]，表面和周波分光への応用[71-77]など，二次元赤外分光法の近年の進展は著しいが，紙幅の都合上，詳細は割愛する．興味のある読者は節末の文献を参照してほしい．

参考文献

1) 古川行夫 編著，赤外分光法，講談社（2018）

2) 日本化学会 編，実験化学講座〈9〉物質の構造(1)―分光(上)，丸善出版（2005）

3) 平尾公彦 監，武次徹也 編著，新版 すぐできる 量子化学計算ビギナーズマニュアル，講談社（2015）

4) P. Hamm and M. T. Zanni, *Concepts and methods of 2D infrared spectroscopy*, Cambridge University Press, Cambridge（2011）

5) M. Cho, *Two-Dimensional Optical Spectroscopy*, CRC Press, Boca Raton（2020）

6) S. T. Roberts, K. Ramasesha, and A. Tokmakoff, *Acc. Chem. Res.*, **42**, 1239–1249（2009）

7) P. Hamm, S. Wiemann, M. Zurek, and W. Zinth, *Opt. Lett.*, **19**, 1642–1644（1994）

8) P. Hamm, M. Lim, and R. M. Hochstrasser, *J. Phys. Chem. B*, **102**, 6123–6138（1998）

9) R. W. Boyd, *Nonlinear Optics, 4th edition*, Academic Press, Cambridge（2020）

10) 服部利明，非線形光学入門，裳華房（2009）

11) S. Mukamel, *Principles of Nonlinear Optical Spectroscopy*, Oxford University Press, Oxford（1999）

12) R. Kubo and K. Tomita, *J. Phys. Soc. Jpn.*, **9**, 888–919（1954）

13) P. Hamm, R. A. Kaindl, and J. Stenger, *Opt. Lett.*, **25**, 1798–1800（2000）

14) R. A Kaindl, M. Wurm, K. Reimann, P. Hamm, A. M Weiner, and M. Woerner, *J. Opt. Soc. Am. B*, **17**, 2086–2094（2000）

15) A. Ghosh, A. L. Serrano, T. A. Oudenhoven, J. S. Ostrander, E. C. Eklund, A. F. Blair, and M. T. Zanni, *Opt. Lett.*, **41**, 524–527（2016）

16) K. M. Farrell, J. S. Ostrander, A. C. Jones, B. R. Yakami, S. S. Dicke, C. T. Middleton, P. Hamm, and M. T. Zanni, *Opt. Express*, **28**, 33584–33602（2020）

17) M. Khalil, N. Demirdöven, and A. Tokmakoff, *J. Phys. Chem. A*, **107**, 5258–5279（2003）

18) S. Park, K. Kwak, and M. D. Fayer, *Laser Phys. Lett.*, **4**, 704–718（2007）

19) M. Khalil, N. Demirdöven, and A. Tokmakoff, *Phys. Rev. Lett.*, **90**, 047401（2003）

20) V. Cervetto, J. Helbing, J. Bredenbeck, and P. Hamm, *J. Chem. Phys.*, **121**, 5935–5942（2004）

21) L. P. DeFlores, R. A. Nicodemus, and A. Tokmakoff, *Opt. Lett.*, **32**, 2966–2968（2007）

22) J. Helbing and P. Hamm, *J. Opt. Soc. Am. B*, **28**, 171–178（2011）

23) J. Réhault, M. Maiuri, C. Manzoni, D. Brida, J. Helbing, and G. Cerullo, *Opt. Express*, **22**, 9063–9072（2014）

24) J. Réhault, R. Borrego-Varillas, A. Oriana, C. Manzoni, C. P. Hauri, J. Helbing, and G. Cerullo, *Opt. Express*, **25**, 4403–4413（2017）

第 4 章　多次元分光法

25) S.-H. Shim, D. B. Strasfeld, E. C. Fulmer, and M. T. Zanni, *Opt. Lett.*, **6**, 838–840(2006)

26) S.-H. Shim and M. T. Zanni, *Phys. Chem. Chem. Phys.*, **11**, 748–761(2009)

27) C. T. Middleton, A. M. Woys, S. S. Mukherjee, and M. T. Zanni, *Methods*, **52**, 12–22 (2010)

28) J. A. de la Paz, A. Bonvalet, and M. Joffre, *Opt. Express*, **27**, 4140–4146(2019)

29) J. J. Loparo, S. T. Roberts, and A. Tokmakoff, *J. Chem. Phys.*, **125**, 194521(2006)

30) J. B. Asbury, T. Steinel, K. Kwak, S. A. Corcelli, C. P. Lawrence, J. L. Skinner, and M. D. Fayer, *J. Chem. Phys.*, **121**, 12431–12446(2004)

31) J. B. Asbury, T. Steinel, C. Stromberg, S. A. Corcelli, C. P. Lawrence, J. L. Skinner, and M. D. Fayer, *J. Phys. Chem. A*, **108**, 1107–1119(2004)

32) M. L. Cowan, B. D. Bruner, N. Huse, J. R. Dwyer, B. Chugh, E. T. J. Nibbering, T. Elsaesser, and R. J. D. Miller, *Nature*, **434**, 199–202(2005)

33) T. Elsaesser, *Acc. Chem. Res.*, **42**, 1220–1228(2009)

34) K. Ohta, H. Maekawa, S. Saito, and K. Tominaga, *J. Phys. Chem. A*, **107**, 5643–5649 (2003)

35) K. Ohta, H. Maekawa, and K. Tominaga, *J. Phys. Chem. A*, **108**, 1333–1341(2004)

36) K. Ohta, H. Maekawa, and K. Tominaga, *Chem. Phys. Lett.*, **186**, 32–37(2004)

37) M. Okuda, K. Ohta, and K. Tominaga, *J. Chem. Phys.*, **145**, 114503(2016)

38) K. Kwak, S. Park, I. J. Finkelstein, and M. D. Fayer, *J. Chem. Phys.*, **127**, 124503(2007)

39) M. Okuda, M. Higashi, K. Ohta, S. Saito, and K. Tominaga, *Chem. Phys. Lett.*, **683**, 547–552(2017)

40) M. Okuda, M. Higashi, K. Ohta, S. Saito, and K. Tominaga, *Chem. Phys.*, **512**, 82–87 (2018)

41) C. R. Baiz, B. Błasiak, J. Bredenbeck, M. Cho, J.-H. Choi, S. A. Corcelli, A. G. Dijkstra, C.-J. Feng, S. Garrett-Roe, N.-H. Ge, M. W. D. Hanson-Heine, J. D. Hirst, T. L. C. Jansen, K. Kwac, K. J. Kubarych, C. H. Londergan, H. Maekawa, M. Reppert, S. Saito, S. Roy, J. L. Skinner, G. Stock, J. E. Straub, M. C. Thielges, K. Tominaga, A. Tokmakoff, H. Torii, L. Wang, L. J. Webb, and M. T. Zanni, *Chem. Rev.*, **120**, 7152–7218(2020)

42) J. Zheng, K. Kwak, J. B. Asbury, X. Chen, I. R. Piletic, and M. D. Fayer, *Science*, **309**, 1338–1343(2005)

43) J. Zheng, K. Kwak, and M. D. Fayer, *Acc. Chem. Res.*, **40**, 75–83(2007)

44) J. Zheng, K. Kwak, X. Chen, J. B. Asbury, and M. D. Fayer, *J. Am. Chem. Soc.*, **128**, 2977–2987(2006)

45) Y. S. Kim and R. M. Hochstrasser, *Proc. Natl. Acad. Sci. USA*, **102**, 11185–11890(2005)

46) Y. S. Kim and R. M. Hochstrasser, *J. Phys. Chem. B*, **110**, 8531–8534 (2006)

47) Y. S. Kim and R. M. Hochstrasser, *J. Phys. Chem. B*, **111**, 9697–9701 (2007)

48) S. Woutersen and P. Hamm, *J. Phys. Chem. B*, **104**, 11316–11320 (2000)

49) M. T. Zanni, N.-H. Ge, Y. S.Kim, and R. M. Hochstrasser, *Proc. Natl. Acad. Sci. USA*, **20**, 11265–11270 (2001)

50) C. Fang, J. Wang, Y. S. Kim, A. K. Charnley, W. Barber-Armstrong, A. B. Smith, S. M. Decatur, and R. M. Hochstrasser, *J. Phys. Chem. B*, **108**, 10415–10427 (2004)

51) Y. S. Kim, J. Wang, and R. M. Hochstrasser, *J. Phys. Chem. B*, **109**, 7511–7521 (2005)

52) Z. Ganim, H. S. Chung, A. W. Smith, L. P. DeFlores, K. C. Jones, and A. Tokmakoff, *Acc. Chem. Res.*, **41**, 432–441 (2008)

53) H. S. Chung and A. Tokmakoff, *J. Phys. Chem. B*, **110**, 2888–2898 (2006)

54) C. M. Cheatum, A.Tokmakoff, and J. Knoester, *J. Chem. Phys.*, **120**, 8201–8215 (2004)

55) H. Maekawa, C. Toniolo, A. Moretto, Q. B. Broxterman, and N.-H. Ge, *J. Phys. Chem. B*, **110**, 5834–5837 (2006)

56) H. Maekawa, C. Toniolo, Q. B. Broxterman, and N.-H. Ge, *J. Phys. Chem. B*, **111**, 3222–3235 (2007)

57) C. R. Baiz, M. Reppert, and A. Tokmakoff, *J. Phys. Chem. A*, **117**, 5955–5961 (2012)

58) A. V. Cunha, A. S. Bondarenko, and T. L. C. Jansen, *J. Chem. Theory Comput.*, **12**, 3982–3992 (2016)

59) S. Roy, J. Lessing, G. Meisl, Z. Ganim, A. Tokmakoff, J. Knoester, and T. L. C. Jansen, *J. Chem. Phys.*, **135**, 234507 (2011)

60) S.-H. Shim, R. Gupta, Y. L. Ling, D. B. Strasfeld, D. P. Raleigh, and M. T. Zanni, *Proc. Natl. Acad. Sci. USA*, **106**, 6614–6619 (2009)

61) P. Mukherjee, I. Kass, I. T. Arkin, and M. T. Zanni, *Proc. Natl. Acad. Sci. USA*, **103**, 3528–3533 (2006)

62) A. Ghosh, J. S. Ostrander, and M. T. Zanni, *Chem. Rev.*, **117**, 10726–10759 (2020)

63) A. Ghosh, J. Qiu, W. F. DeGrado, and R. M. Hochstrasser, *Proc. Natl. Acad. Sci. USA*, **108**, 6115 -6120 (2011)

64) D. G. Kuroda, J. D. Bauman, J. Reddy Challa, D. Patel, T. Troxler, K. Das, E. Arnold, and R. M. Hochstrasser, *Nat. Chem.*, **5**, 174–181 (2013)

65) B. Xiang, R. F. Ribeiro, A. D. Dunkelberger, J. Wang, Y. Li, B. S. Simpkins, J. C. Owrutsky, J. Y.-Zhou, and W. Xiong, *Proc. Natl. Acad. Sci. USA*, **15**, 4845–4850 (2018)

66) B. Xiang, R. F. Ribeiro, M. Du, L. Chen, Z. Yang, J.Wang, J. Y.-Zhou, and W. Xiong, *Science*, **368**, 665–667 (2020)

67) B. Xiang, J. Wang, Z. Yang, and W. Xiong, *Sci. Adv.*, **7**, eabf6397 (2021)

第4章　多次元分光法

68) S. Garrett-Roe and P. Hamm, *Acc. Chem. Res.*, **42**, 1412–1422(2009)

69) J. Savolainen, S. Ahmed, and P. Hamm, *Proc. Natl. Acad. Sci. USA*, **110**, 20402–20407 (2013)

70) M. Grechko, T. Hasegawa, F. D'Angelo, H. Ito, D. Turchinovich, Y. Nagata, and M. Bonn, *Nat. Comm.*, **9**, 885(2018)

71) J. Bredenbeck, A. Ghosh, H.-K. Nienhuys, and M. Bonn, *Acc. Chem. Res.*, **42**, 1332–1342(2009)

72) C.-S. Hsieh, M. Okuno, J. Hunger, E. H. G. Backus, Y. Nagata, and M. Bonn, *Angew. Chem. Int. Ed.*, **53**, 8146–8149(2014)

73) M. Schleeger, M. Grechko, and M. Bonn, *J. Phys. Chem. Lett.*, **6**, 2114–2120(2015)

74) P. C. Singh, S. Nihonyanagi, S.Yamaguchi, and T. Tahara, *J. Chem. Phys.*, **137**, 094706 (2012)

75) K. Inoue, S. Nihonyangi, P.C. Singh, S. Yamaguchi, and T. Tahara, *J. Chem. Phys.*, **142**, 212431(2015)

76) P. C. Singh, K. Inoue, S. Nihonyanagi, S. Yamaguchi, and T. Tahara, *Angew. Chem. Int. Ed.*, **55**, 10621–10625(2016)

77) W. Xiong, J. E. Laaser, R. D. Mehlenbacher, and M. T. Zanni, *Proc. Natl. Acad. Sci. USA*, **108**, 20902–20907(2011)

4.3 ■ 二次元電子分光法

　紫外・可視光領域の光を用いた分光測定は物質の電子応答を観測できることから，その波長領域のパルス光を用いた二次元相関分光は**二次元電子分光法**とよばれ，従来の時間分解分光手法を超えて電子遷移間の相関や励起状態のダイナミクスを詳細に明らかにできる．本節では，二次元電子分光の基本原理，測定装置，応用例について紹介し，二次元電子分光が何を明らかにでき，光物性・光化学研究にどう適用できるかについて説明する．可視光領域の分光測定は光化学の学問分野と大きく重なっており，さまざまな分野の研究者が集う複合領域である．さまざまなバックグラウンドをもつ読者が二次元電子分光の有用性を理解できるよう，可能な限り難しい表現を避け，直観的に理解できるよう工夫した．二次元電子分光の理論的な基礎やより具体的な測定例は近年さまざまな優れた著書や総説が報告されているので，詳細はそれらを参考にされたい[1-7]．

4.3.1 ■ 二次元電子分光法の背景

　可視光線は生物が認知できる電磁波であり，我々にとって最もなじみ深い電磁波といえる．動物は太陽光に含まれる可視光線を目で捉え，体内のさまざまな化学反応を介して周辺環境を認識する．また，植物は可視光線を吸収し，光合成によって光エネルギーを生命エネルギーへと変換している．このような可視光線に対する物質の応答の起源は，可視光線がもつ電場によって物質中に存在する電子の特定の電子状態が変調され，新しい定常状態（電子励起状態）へと変化することに由来する．光エネルギーを吸収すると電子は基底状態から励起状態へと変化し，さまざまな光物理化学現象が生じる．可視光や紫外光の照射にともなうさまざまな光機能や光化学過程を理解し，新材料創成へと活用するためには，短寿命かつ複雑な電子励起状態の反応過程を詳細に明らかにする必要がある．

　一方，電子遷移は分子の周辺環境に強く依存し，特に溶液，固体状態では線幅がきわめて広くなるため，他の分光法と比べてピークの分離や帰属が困難となる．また，電子励起状態の吸収スペクトルは基底状態のものよりもさらに線幅が広く，測定においては常に基底状態の吸収スペクトルと重なって観測されることから，ピークの帰属や特定の反応ダイナミクスの解析はより困難となる．さらに，超高速な光物理過程においては，不確定性原理によってさらに線幅が広がり，従来の時間分解分光手法では解析が困難なことが多い．例えば，光合成タンパク質の光捕集過程や共役系高分子，半導体ナノ材料などの実用光電子デバイスでは，さまざまな物質の複雑な相互作用を介して超高速かつ高効率な電子伝達を実現しており，これらの現象の解明には高い時間分解能と周波数分解能をあわせもつ分光手法が不可欠である．超高速の現象の解析には従来ポンプ–プローブ分光とよばれる分光計測手法がよく用いられてきたが，この手法では不確定性原理による時間分解能と周波数分解能にトレードオフの関係があり，100フェムト秒を超える超高速かつ複雑な電子移動過程を詳細に明らかにすることは難しい．本節で紹介する二次元電子分光は，フェムト秒の時間分解能を犠牲にすることなく二次元軸を用いて複雑に重なったスペクトルを分離でき，さらにクロスピークにより励起状態ダイナミクスの始状態と終状態を明らかにできる．このような特性は従来の超高速分光測定では実現が難しく，二次元電子分光が凝縮系における超高速かつ複雑な電子伝達過程や化学反応過程を詳細に明らかにするための強力な手法となりえることがわかる．

　二次元電子分光は1998年にDavid Jonasらによって確立され[7]，その後さまざまな研究グループによって2000年代に大いに発展した．最近ではさまざまな研究グ

ループが独自に改良した装置を構築し，幅広い物質系の複雑な現象の解明に貢献している[8]．二次元電子分光の理解に必要な光化学の基本的な概念を簡単に紹介したのち，二次元電子分光で何を明らかにできるか，実際の装置例，いくつかの実例についてそれぞれ紹介する．

4.3.2 ■ 二次元電子分光法の基本原理

二次元電子分光の数式的な基礎は二次元赤外分光と同じである一方，得られるシグナルの起源は異なる．まずは基本に立ち返り，物質による光吸収(誘導吸収)の基本概念について古典電磁気学的な観点から考え，その後二次元電子分光において重要な概念である電子コヒーレンスについて説明する．

電磁波である光は電場の正負が高速で反転しながら伝搬する．物質を原子核と電子のみからなる単純系(水素原子)として考えると，物質と光の相互作用は以下のように概念的に表される(図 4.3.1)[9]．光は真空中を 3.0×10^8 m s^{-1} の速度で進行し，可視光領域の波長と分子の大きさはそれぞれ数百 nm，<1 nm 程度である．光と物質との相互作用に要する時間は光の波長と分子の大きさの和を光の速度で割った値に相当し，1×10^{-15} s(1 fs) 程度ときわめて短いことがわかる．光が分子を通り過ぎるその瞬間，分子はある一方向の電場を受ける(図 4.3.1 の黄色矢印)．それにともない，電荷をもつ電子と原子核はクーロン力を受けて空間分布が瞬時に変化し，分子内に新たな分極(**誘起双極子モーメント**)が生じる．次の瞬間，電磁波の周波数にともない電場が反転するため，電子や原子核も逆方向に動き，誘起双極子モーメントも逆方向になる．電場の周波数と電子と原子核との間に生じる力に由来する特定の振動周波数が一致(**共鳴**)するとき，電磁波が過ぎ去ったあとも電子は定常的に振動し，別の定常状態となる．つまり電子励起状態へと遷移する．光の周波数と物質内の電子の固有周波数が共鳴するときのみ遷移が起こることは，公園のブランコ

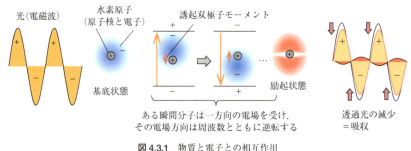

図 4.3.1 物質と電子との相互作用

4.3 二次元電子分光法

を漕ぐときにタイミングを合わせて(ブランコの振動数に合わせて)押すことと原理的に同じである。誘起双極子モーメントは電磁波とは逆位相で振動する新たな電磁波を放出する。これは入射光の電磁波を打ち消すような合成波となるため,物質を通過したあとの光強度は減少する(**図4.3.1**),つまり物質が光を吸収することに対応する(位相のずれは屈折率に対応するが,ここでは議論しない)。この概念で重要なことは,物質の光吸収は電磁波によって物質から新たに生じる電磁波に由来するという点である。後に述べる BoxCARS 配置のような複数の励起パルスが非同軸に入射される光学配置においては,光吸収に関するシグナルが入射光とは別の方向に放出される。光吸収に関するシグナルが入射光と異なる方向に生じるのは一見不可解に思えるが,その際上記の概念(光吸収はもとの光そのものが減るのではなく,逆位相の新しい光が重なるため,減っているように見えるという考え方)を思い出すと理解しやすい。

振動した軌道を時間平均したものは,定常状態における軌道の形状に対応する。その軌道は遷移前の状態から中心に節が1つ生成した状態であり,上下の位相が異なる軌道であることがわかる。これは原子の s 軌道から p 軌道への遷移,分子の σ 軌道から σ* 軌道への遷移,さらには π 軌道から π* 軌道への遷移などに対応し,このような古典電磁気学的な考え方が物質の光応答を直観的に理解するうえで有用であることがわかる。

これまでは1つの分子のみの話に限定していたが,これを試料内の多数の分子(分子群および分子アンサンブル)に拡張する。光が試料内の分子群を通過する際,分子群の電子は集団として強制振動する。しかし,光が通過したあとには分子群の電子振動の位相は迅速に散逸し,分子群の電子振動の波としての性質は失われる。この電子振動の波として干渉できる性質(可干渉性およびコヒーレンス)のことを**電子コヒーレンス**とよび,電子コヒーレンスの振動には光と相互作用する電子の周波数や位相の情報,つまり光吸収に関する情報が含まれている。可干渉性があるということは,フーリエ変換型赤外吸収分光(FTIR)装置のマイケルソン干渉計と同じ原理を用いれば,電子コヒーレンスに含まれる時間初期の光吸収に関する情報を抜き出すことができるということである。具体的には,励起パルスを2つに分割し,さらに観測光パルスを照射することによって生じる三次非線形光学信号を励起パルス間の遅延時間を変えて走査する。励起パルス間の遅延時間に対して生じるシグナルの干渉パターンをフーリエ変換することにより,三次非線形光学信号がどの周波数の光吸収を介して生じたかを示すスペクトル軸を構築できる。これが二次元電子分光のもう一つの周波数軸(励起エネルギー軸)となる。この励起エネルギー軸と検

第4章　多次元分光法

出器で観測されるスペクトル軸（観測エネルギー）を合わせて二次元マップで示すことにより，三次非線形信号がどの状態から励起し，観測されたか，つまり励起状態ダイナミクスの始状態と終状態を明らかにできる．しかし，原理的には FTIR 測定と同じ一方，実際の測定においては超高速でかつ可視領域の分光に適用することになるため，スペクトル幅が広くかつ位相のそろった可視光超短パルスを準備する必要がある．また電子コヒーレンスの干渉縞を計測するためには，より精密な走査やノイズ除去の工夫が必要となる．

4.3.3 ■ 二次元電子分光法で何を明らかにできるか

従来の過渡吸収スペクトル測定では，ある励起波長で特定の吸収バンドを選択的に励起し，スペクトルの時間発展から状態間の相互作用，エネルギー移動，電子移動パスを明らかにする．しかし，吸収バンドが近接している場合や 100 fs 以下の超高速なダイナミクスが関与する複雑系においては，励起パルスのスペクトル幅が複数の吸収バンドと重なり，特定のバンドを選択的に励起することはできない．一方，二次元電子スペクトルは，2つの励起パルスを用いた電子コヒーレンスの測定により，不確定性によって広がった超短パルスにおいても，どこで励起が起き，どこでシグナルが観測されたかをフェムト秒オーダーの時間分解能で詳細に明らかにできる．ポイントを絞ってシグナルがどのように観測されるかを記述する．

図 4.3.2 左上のような吸収スペクトルと過渡吸収スペクトル（灰色）を例に考える．過渡吸収スペクトルは観測光とシグナルが重なって観測されるため，励起前のスペクトルとの差スペクトル（ΔAbsorbance）として示される．図のような（あるいはそれ以上に）複数の吸収バンドが複雑に重なる過渡吸収スペクトルにおいては，個々のシグナルを分離し，状態間の相互作用およびダイナミクスを明らかにすることは困難である．一方，二次元電子スペクトルは，これらの相互作用パスを逆対角線上のピーク（クロスピーク）によって明確に分離，可視化できる（**図 4.3.2** 右）．従来の分光測定で観測される周波数軸は観測エネルギーとよばれ，2つの励起パルスの遅延時間の走査によって構築された新しい周波数軸が励起エネルギー軸である．どちらを横軸に書くかの明確な定義はないものの，一般に励起エネルギーが横軸となっているものが多いため，本書ではそのように記載する．ここで，BoxCARS 配置を用いた二次元電子吸収スペクトルにおける正のシグナルは基底状態のブリーチ（GSB）や誘導放出（SE）などを表し，負のシグナルは励起状態からの吸収（ESA）などのシグナルを表す．符号がポンプ–プローブ分光による過渡吸収スペクトルとは逆になっていることに注意する必要がある．過渡吸収分光における励起パルスと観

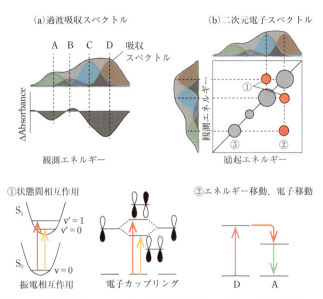

図 4.3.2 過渡吸収スペクトルと二次元電子吸収スペクトルの概念図とクロスピークの帰属例

測パルスとの間の遅延時間は，二次元電子分光では2つ目の励起パルスと観測パルスとの間の遅延時間(T_2，待機時間)に対応し，励起状態ダイナミクスを二次元マップの経時変化として明らかにできる．

図中の①は吸収バンドC, Dの間に2つのクロスピークが観測されており，これはCとDとの間に電子的な相互作用があることを示す．具体的には，2つの電子遷移が基底状態(S_0)の最低振動準位($v=0$)から最低励起状態(S_1)の最低振動準位($v'=0$)および第一励起振動準位($v'=1$)への**振電遷移**である場合や，電子状態間が相互作用(**電子カップリング**)し，混成軌道を形成している場合などが挙げられる．特に分子間における電子カップリングは**励起子カップリング**ともいわれ，光合成タンパク質などの分子集合系の光機能を明らかにするうえで重要である．右下のクロスピークは，高エネルギー側のバンドから光吸収が起き，低エネルギー側のバンドから放出された三次非線形光学シグナルを示す．左上のクロスピークはその逆で，低エネルギー側のバンドで光吸収が起きてから高エネルギー側から放出された三次非線形光学シグナルを示す．左上のクロスピークの過程は一見エネルギー保存則に矛盾すると思われるが，光励起によって基底状態の分子数密度(ポピュレーション)が減少することに対応する(分子数密度が減れば，それに対応するすべての電子遷

移が減少する）．つまり，始状態，終状態のいずれかにおいて，2つの電子遷移が共通の電子軌道からなることを示す．

図 4.3.2(b) 右下の②は吸収バンド D, A との間の片側のみのクロスピークである．これは D と A との間でエネルギー移動または電子移動が起きていることを示す．励起パルス以内で超高速エネルギーや電子移動が起こる場合には，励起直後の待機時間 T_2 がきわめて小さいときにおいても②のような1つのクロスピークと A の基底状態ブリーチ（GSB）シグナルに対応するシグナルが対角線上に観測される（③）．その後，エネルギー移動および電子移動の進行にともない，②，③のシグナルは T_2 の時間発展とともに増大する．②のクロスピークは D から A へのエネルギー移動もしくは電子移動の明確な証拠となるだけでなく，複雑に重なった系でも状態選択的に超高速のエネルギー，電子伝達過程を抽出できる．左上側にクロスピークが観測されない理由は，エネルギー移動は等エネルギーおよび低エネルギー方向にしか起こらないためである．

4.3.4 ■ 二次元電子分光法の測定

可視領域の励起状態ダイナミクスを測定する手法である過渡吸収分光や二次元電子分光は，どちらも三次非線形分光に分類される．これら非線形分光の詳細はファインマンダイアグラムによって簡潔かつ明確に記載できるが，ここでは詳細は省く．過渡吸収分光においては，励起パルスと観測パルスの2つのパルスを用い，その際励起パルスが試料と2回相互作用することにより，励起状態などの定常状態が生成する（図 4.3.3 左）．その状態と観測光パルスとの相互作用により，観測パルスと同軸方向に三次非線形光学信号が観測される．過渡吸収スペクトルは観測光とシグナルが重なって観測されるため，一般に観測されるシグナルを励起後の吸光度から励起前の吸光度を引いた差スペクトル（ΔAbsorbance）として表す．

一方，二次元電子分光測定では，3つのレーザーパルスの相互作用によって生じる三次非線形光学信号を局部発振（LO）パルスとともに CCD カメラなどの光検出器アレイに導入し，その干渉光からシグナルに関する情報を抽出する（**ヘテロダイン検出**，シグナルの抽出方法は 4.3.5 項を参照）．LO 光とシグナルを干渉させることにより，三次非線形光学信号に関するシグナルを増幅し，強度と位相の情報を抽出することができる．また，二次元電子分光測定では，2種類の時間遅延，つまり励起パルス間の遅延（コヒーレンス時間 τ_1），2つ目の励起パルスと観測パルスとの遅延時間（待機時間 T_2）の関数として計測する．光検出器で得られるスペクトル軸が観測エネルギーに相当し，過渡吸収分光のスペクトル軸に対応する．また，T_2 は

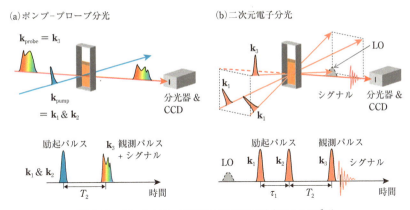

図 4.3.3 ポンプ–プローブ分光と二次元電子分光のパルス系列

過渡吸収分光の遅延時間に対応する．一方，τ_1 軸上では三次非線形信号は振動しており，これは2つの励起パルスの干渉にともなうシグナルの変化を表している．2つの励起パルスが干渉して強め合う条件であればシグナルは強くなり，弱め合う条件であればシグナルは弱まる．つまり，FTIR 測定のマイケルソン干渉計のように，2つの光を干渉させることにより，励起パルスにともなう情報を干渉の時間変化として計測していることに他ならない．物質が光を吸収しなければシグナルを生じない，つまり電子状態と共鳴した電場のみが検出されるという前提を考えると，τ_1 軸上の三次非線形信号の振動は，励起過程で相互作用した電子状態の電子振動（電子コヒーレンス）を反映していることがわかる．この振動を τ_1 軸に対してフーリエ変換して得られるスペクトル軸が励起エネルギー軸であり，光吸収がどの状態から起こったかを表している．二次元電子分光測定では **BoxCARS 配置** とよばれる光学配置がよく用いられており，非同軸の2つの励起パルス（$\mathbf{k}_1$ および $\mathbf{k}_2$，下付きの番号は相互作用する順番を表す）と観測光パルス（$\mathbf{k}_3$）を試料に照射する（**図 4.3.3** 右）．

BoxCARS 配置を用いた二次元電子分光測定装置の光学系を **図 4.3.4** に示す[10]．光学系は主に，ブロードバンド超短パルス作成部位，四光波混合部位，検出器部位に分けられる．特に重要なブロードバンド超短パルス作成部位と四光波混合部位について，光学系の必要条件や実例について説明する．

A． ブロードバンド超短パルス

二次元電子分光測定で電子状態間の相互作用を計測するためには，対応する電子遷移に由来するシグナルがともにパルス光のスペクトル範囲内に収まっている必要

第4章 多次元分光法

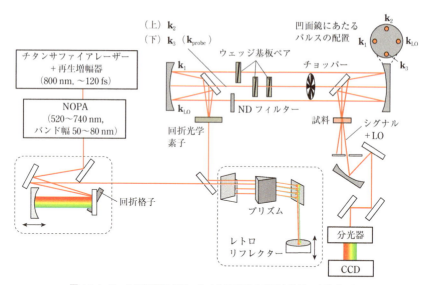

図 4.3.4 BoxCARS 配置を用いた二次元電子分光測定装置の光学系の例

がある．つまり，測定可能なスペクトル範囲は励起パルスのスペクトル帯域によって決まる．よって，所望のスペクトル領域においてスペクトル帯域の広い超短パルスを生成することが二次元電子分光測定において重要である．レーザー光源にはモードロックチタンサファイアレーザー（中心波長 800 nm）や Yb をドープした結晶またはファイバレーザー（中心波長 1040 nm）がよく用いられる．これらのレーザーの出力はチャープパルス増幅によって数 mJ/pulse まで増幅され，その後の非線形過程による波長変換を経て二次元電子分光測定に用いられる．波長可変の超短パルス生成には一般に非同軸パラメトリック増幅器（NOPA）が用いられる．例えば，チタンサファイアレーザーを光源とし，BBO 結晶を用いた NOPA では，可視光領域に 520～740 nm 程度の範囲で 50～80 nm 程度のスペクトル帯域，パルス幅が 10 fs 程度のパルスを作り出すことができる．近年では，不活性ガスや中空コアファイバーなどを用いてきわめて広帯域のパルスを生成する手法などが報告されており，これらは NOPA と比べて変換効率が高く，またパルスを圧縮しやすい，スペクトル幅が著しく広いなどの点で優れている[11,12]．

生成したパルスは回折格子とプリズム（またはどちらかのみ）を用いて圧縮（時間幅の短いパルスに成形）される．**図 4.3.4** の光学系では，回折格子とプリズムを組み合わせた光学系を用いてパルスを圧縮している．パルス圧縮の簡単な原理は，回

4.3 二次元電子分光法

折格子やプリズムによって異なる波長の光を空間的に分離し，異なる光路長を通過させることにより，波長ごとの光の到達時間を補正するというものである．例えば，媒質中の光速は屈折率によって決まり，長波長の光ほど速いため，超短パルス光が媒質中を通過すると波長ごとに時間的なずれ(チャープ)が生じる，つまりパルスの時間幅が広がる．このようなとき，回折格子やプリズムでパルス光を空間的に分離し，長波長側の光ほど長い光路長を通過させ，再度回折格子やプリズムに集光することで，波長ごとの時間のずれを補正し，より時間幅の短いパルスに成形できる．実際には，波長に対して複雑な時間のずれが生じるため，回折格子とプリズムの両方を使うなど，さまざまな工夫が必要となる．図中の回折格子を用いたパルス圧縮では，回折格子で広がった光を凹面鏡で平行光にして，斜め上方向に反射させる．図中で回折格子と重なっているように見える平面ミラー(実際には回折格子の上部に設置)で反射させ，再度凹面鏡，回折格子に通すことで，2つの回折格子対を用いて行うパルス圧縮を1つの回折格子で行っている．また，プリズムを用いたパルス圧縮においても，レトロリフレクター，ルーフミラーを用いて光が1つのプリズムを4回透過しており，2つのプリズム対に相当するパルス圧縮を1つのプリズムだけで行っている．このような光学系は，パルス圧縮の光軸調整が容易になるだけでなく，用いる光学素子が少なくて済むため，ノイズの低減にも寄与する[13]．

B. 四光波混合

4つのパルス(2つの励起パルス，観測パルス，LO パルス)が正方形の4つの角から発せられるかのように試料に収束する光学配置は **BoxCARS 配置**とよばれ，二次元電子分光測定装置において最も広く使用されている光学系である．4つのパルスは複数のビームスプリッター，もしくは透過型の回折光学素子によって準備する．透過型の回折光学素子(透明な基板に微細な二次元周期構造が形成されたもので，微細構造による回折により複数の等価な光が得られる)は空間対称的に回折された位相のそろった等価な光を複雑な光学系を用いずに作り出すことができ，多くの二次元電子分光測定で採用されている．2つの励起パルスが非同軸配置で試料と相互作用すると，試料内の分子群に光の干渉にともなう干渉縞が形成され，縞のコントラストは τ_1 に対して振動する．観測光は2つの励起光によって生成する空間的な干渉縞によって回折されるため，シグナルは位相整合条件を満たす方向に生成する．ND フィルターで 10^{-4} 倍に弱めた LO パルスを生じたシグナルと同軸方向に入射し，シグナルと干渉させることにより，ヘテロダイン検出する．観測パルスの光軸上に光学チョッパーを配置し，LO 光とシグナルとの干渉スペクトルと LO

257

第4章　多次元分光法

光のスペクトルの両方を測定する.

　二次元電子分光では，主に $k_{sig} = -k_1 + k_2 + k_3$ の方向に生じる **Rephasing シグナ
ル**（フォトンエコーシグナルともよぶ），$k_{sig} = k_1 - k_2 + k_3$ の方向に生じる **Non-
Rephasing シグナル**を用いる．Rephasing スペクトルと Non-Rephasing スペクト
ルを位相補正した状態で適切に足し合わせたものが二次元電子吸収スペクトルであ
り，二次元（電子）スペクトルとも略される．BoxCARS 配置では，励起光および観
測光と相互作用しない信号は空間的に分離されるため，背景光のないシグナル検出
を実現できる．T_2 を変えてスキャンすることにより，過渡吸収スペクトルと同様
に励起状態の時間発展（ダイナミクス）を記録できることから，物質の励起状態を二
次元マップにより詳細に解析することができる.

　それぞれのパルス間の遅延時間の制御には，2 つの楔（くさび）形のガラス基板
（ウェッジ基板ペア）を用いる．ウェッジ基板ペアのうちの 1 つを一軸自動ステージ
で走査し，パルス光が通過する基板の厚みを変えて光路長を精密に制御することに
より，波長の短い可視光の干渉パターンを高精度に測定できる．ウェッジ基板ペア
は位相制御においてきわめて有効なため，多くの二次元電子分光装置で用いられて
いる．一方，遅延時間が最大でも数百 fs 程度に制限されるため，長い時間スケー
ルの励起状態ダイナミクスには適応できない．複数のビームスプリッターと遅延ス
テージを組み合わせた光学系も報告されており，その場合には幅広い時間スケール
の励起状態ダイナミクスを明らかにできる[14]．一方，ビームスプリッター以外のす
べてを反射型の光学系で構築するため光学系が複雑になり，またそれにともない機
械的な揺らぎが大きくなるため，精度の高い位相制御を実現するのは難易度が高
い.

　BoxCARS 配置のような非同軸の光学配置の場合，信号は実部と虚部から構成さ
れ，信号の位相に誤差があると吸収成分と分散成分が混ざり，実験的に正しい二次
元電子吸収スペクトルを求めることができない．位相安定性は，与えられた時間遅
延における 2 つのパルス（2 つの励起パルス，または観測パルスと LO パルス）間の
相対位相差の揺らぎとして定義され，位相誤差は $\Delta\phi = 2\pi c \Delta t / \lambda$ と記述される．こ
こで，λ は波長，Δt は時間誤差を表す．二次元電子分光測定では，サブ波長
（$\sim \lambda/100$）領域の位相安定性が必要とされる．パルス間の位相のずれは光学系の違
いに由来することから，それぞれのパルスが通る光学系をできる限り同じになるよ
うに設計する必要がある．このような理由から，図に示したような回折光学素子を
用いた位相のそろった等価な 4 つのパルス生成，2 つの 3 インチの凹面鏡を用いた
対照的かつシンプルな光学系，ウェッジ基板ペアによる精密な位相制御がよく用い

258

られる．位相の安定化にはさまざまな工夫がされており，例えば Cundiff グループ
は機械的ドリフトの影響を抑制するフィードバック電子回路を用いた能動的位相安
定化を実現している[15]．しかし，一般にすべての光学系を完全に同じにすることは
不可能なため，BoxCARS 配置で二次元電子吸収スペクトルを得るためには位相補
正が不可欠となる(4.3.5 項で詳しく述べる)．

　近年，空間位相変調素子を用いて到達時間の異なる同軸の2つのパルス列を生成
し，そのパルス光を励起光とし，別に自動ステージとスーパーコンティニウムによ
る観測光パルスを用いた二次元電子分光測定が報告されている[16,17]．2つの励起パ
ルスは完全に同軸で入射されるため，シグナルは白色光と同じ方向に放出される，
つまりポンプ–プローブ分光と同じ配置で二次元電子吸収スペクトルを測定でき
る．2つの励起パルス，および観測光とシグナルはそれぞれ同軸上にあるため，ポ
ンプ–プローブ配置による二次元電子分光測定では位相補正を行うことなく二次元
電子吸収スペクトルを測定できる．さらに，ポンプ–プローブ配置であるため，待
機時間を自動ステージによってナノ秒スケールまで伸ばすことも容易であり，幅広
い光化学反応への応用が期待される．

4.3.5 ■ 二次元電子分光法のデータ解析

　二次元電子分光のシグナルは，試料の三次非線形光学信号に由来する．三次非線
形光学信号と LO 光との間の時間遅延 t' が一定のとき，LO 光との干渉によって検
出されるシグナル $I_0(\omega_{det}; T_2, \tau_1, t')$ は式(4.3.1)のように表される．

$$
\begin{aligned}
I_0(\omega_{det}, T_2, \tau_1, t') &\propto \left| \int dt \left(E^{(3)}(t, T_2, \tau_1) + E_{LO}(t-t') \right) \exp\left[-i\omega_{det} t \right] \right|^2 \\
&= \left| \tilde{E}^{(3)}(\omega_{det}, T_2, \tau_1) \right|^2 + \left| \tilde{E}_{LO}(\omega_{det}) \right|^2 + 2\mathrm{Re}\left[\tilde{E}^{(3)}(\omega_{det}, T_2, \tau_1) \, \tilde{E}_{LO}^*(\omega_{det}, t') \right]
\end{aligned}
$$

$$(4.3.1)$$

$E^{(3)}$, E_{LO} は三次非線形光学信号および LO 光の電場，$\tilde{E}$ は各電場を時間 t に対し
てフーリエ変換したものを表し，また括弧内は変数を表す．簡便のため，数式では
スペクトル軸は角周波数(ω, rad s^{-1})を用いる．このシグナルと LO 光の干渉シグ
ナルから，シグナルの電場の位相情報を含む第3項を抽出することになる．スペク
トル軸は波長(λ, nm)よりもむしろエネルギー(E, eV)，周波数(ν, THz)，波数($\tilde{\nu}$,
cm^{-1})，角周波数などを用いて示されることが多い．そのため，それらの関係式を
理解しておくとさまざまな二次元電子スペクトルを理解するのに役立つ．例えば，
$E(\mathrm{eV}) = 1240/\lambda(\mathrm{nm})$, $\tilde{\nu}(\mathrm{cm}^{-1}) = 10^7/\lambda(\mathrm{nm})$, $\nu(\mathrm{THz}) = 2.998 \times 10^5/\lambda(\mathrm{nm})$ の関係

259

第4章　多次元分光法

がよく用いられる.

　テトラデシルホスホン酸(TDPA)が表面に配位した CdTe ナノ結晶のヘキサン溶液を例に，実際の二次元電子分光スペクトルデータをみてみよう．半導体は物質の誘電率が高いため，光励起によって生成する電子‐正孔対(励起子)は通常数 nm にわたって空間的に広がり(Wannier–Mott 励起子)，また励起子結合エネルギーは小さいため，容易に電子と正孔に解離する．一方，半導体を数ナノメートルオーダーの微結晶にすると，その中で生じる電子と正孔は否応なく波動関数が重なるため，励起子としての性質が顕著に表れる．その結果，励起子に由来する強い吸収，高い発光特性などが見られるようになる．また，波動関数が粒子直径によって決まるため，粒子径に応じた特徴的な光物性を示すようになる．このように，半導体ナノ結晶は電子を三次元的に閉じ込めたものに相当することから量子ドットとも呼ばれており，幅広い分野で研究されている．TDPA で被覆された CdTe ナノ結晶は有機溶媒に可溶な物質であり，長波長側に 2 つの特徴的な励起子に由来する吸収ピークを有する．この実験では，その 2 つの吸収ピークに重なるようなブロードバンドパルスを作成し，二次元電子分光を用いてそれらの電子状態間の相関を実験的に観測した．

　CCD で検出された干渉スペクトルを τ_1 に対してプロットした二次元データを図 **4.3.5**(a)に示す．横軸はエネルギー(eV)の単位で示している．スペクトルは LO 光と三次非線形光学シグナルとの相互作用によって干渉しており，τ_1 を変えると干渉縞パターンも変化していることが図からわかる．観測エネルギーが 2.2 eV 付近に τ_1 によって変化しないバンドがあるが，これは試料の発光によるものである．各待機時間 T_2 に対してそれぞれ二次元データが得られるため，測定では $\omega_{\mathrm{det}}, T_2, \tau_1$ の三次元データとして得られる．

　シグナルと LO 光との干渉項(式(4.3.1)の第 3 項)を分離するため，スペクトルを時間領域 t へと逆フーリエ変換する．t' を中心とする窓関数で $t = 0$ 付近の時間領域を除外し(図 **4.3.5**(b))，再度時間 t に沿って周波数領域へとフーリエ変換することにより，シグナルと LO 光の干渉項を抽出する(図 **4.3.5**(c))．$\tau_1 < 0$ と $\tau_1 > 0$ の信号はそれぞれ Rephasing スペクトルと Non-Rephasing スペクトルに対応する．それらを分け，それぞれ τ_1 に沿ってフーリエ変換すると，励起エネルギーと観測エネルギーの 2 軸をもつ二次元電子スペクトルが Rephasing，Non-Rephasing シグナルにおいてそれぞれ得られる．二次元スペクトルは，用いたパルスや LO 光のスペクトル形状に大きく影響される．よって，観測光と LO 光のスペクトルが同じであるとし，観測光と LO 光のスペクトル形状の影響を補正するため，LO 光のスペ

260

4.3 二次元電子分光法

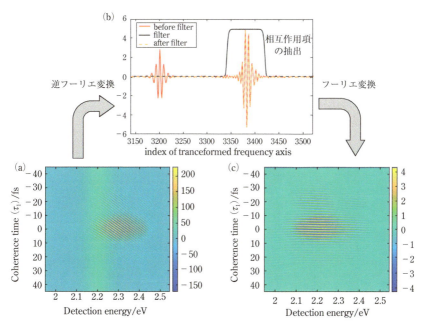

図 4.3.5 (a) ある時間 T_2 における二次元電子スペクトルの生データ (CCD で検出されたスペクトル (観測エネルギー) を τ_1 に対してプロットした二次元データ) および (c) 相互作用項 (式 (4.3.1) の第 3 項) を抽出したあとのデータ.
試料は TDPA でキャップされた CdTe ナノ結晶のヘキサン溶液 ($T_2 = 60$ fs)[18].

クトル強度で規格化する.

　二次元電子分光のシグナルは，用いる 4 つのパルス光の位相がすべて同じであると仮定している．しかし実際には，異なるパルス光で同じ位相を実現することは不可能であり，この位相差を実験的に補正する必要がある．具体的には，位相誤差は 2 つの励起パルス間の位相誤差および観測パルスと LO パルス間の位相誤差に由来する．ポンプ-プローブ分光では励起パルスは同じであり，観測光が LO パルスと重なって生じることから，ポンプ-プローブ分光で得られた過渡吸収スペクトルは位相誤差のないスペクトルとなる．Rephasing (S_R)，Non-Rephasing (S_{NR}) スペクトルの実部を足し合わせ，励起エネルギー軸に対して積分したもの ($S_{\text{Projection}}$) が過渡吸収スペクトルの形状と最も近くなるような位相項 (Φ) を求める[19].

$$S_{\text{Projection}} = \int \left(\text{Re} \left\{ \left[S_R(\omega_{\text{ex}}, \omega_{\text{det}}, T_2) + S_{NR}(\omega_{\text{ex}}, \omega_{\text{det}}, T_2) \right] e^{i\Phi} \right\} \right) d\omega_{\text{ex}} \quad (4.3.2)$$

Re は括弧内の実部を表す．位相補正後の S_R と S_{NR} の和の実部が二次元電子吸収ス

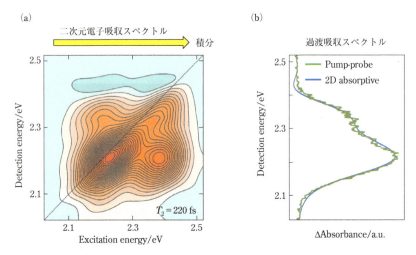

図 4.3.6 (a) n-テトラデシルホスホン酸（TDPA）を表面保護剤として用いた CdTe ナノ結晶のヘキサン溶液の二次元吸収スペクトル（$T_2 = 220$ fs）と，(b) 二次元吸収スペクトルを励起エネルギー軸に対して積分したものとポンプ-プローブ分光で得られたスペクトルとの比較 [18].

ペクトルとなり，励起エネルギー軸を用いて過渡吸収スペクトルを二次元に展開したものに対応する．図 4.3.6 に二次元電子吸収スペクトルおよび $S_{\text{Projection}}$ と過渡吸収スペクトルとの比較を示す（過渡吸収スペクトルと二次元電子吸収スペクトルの正負は逆のため -1 を乗算）．$S_{\text{Projection}}$ と過渡吸収スペクトルの形状はよく一致しており，位相が正しく補正されていることがわかる．位相補正にはさまざまな手法が報告されており，詳細は参考文献に記載した書籍や総説を参考にされたい．

二次元電子スペクトルでは 2 つのピーク間に明確な 2 つのクロスピークが観測されており，この 2 つの励起子吸収ピークが電子的にカップリングしていることがわかる．半導体ナノ結晶のこの 2 つの電子遷移は，励起電子が占有する状態が同じであることが理論研究やさまざまな実験研究からわかっており，その電子相関を可視化したものと帰属できる．観測エネルギーが 2.42 eV 付近の負のシグナル（水色）は先行の過渡吸収分光測定を用いた研究から励起状態の吸収と帰属されており，それに対応するクロスピークも明確に観測されている．このように，二次元電子吸収スペクトルを用いれば，過渡吸収分光測定で得られた知見を明確に可視化でき，より分解されたシグナルからさらなる詳細な知見を明らかにできる．

位相補正後の Rephasing, Non-Rephasing スペクトルの実部，虚部，絶対値の二次元スペクトルをそれぞれ図 4.3.7 に示す．絶対値のスペクトルは位相に依存しな

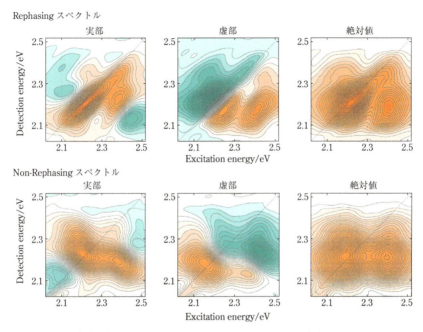

図 4.3.7 TDPA を表面保護剤として用いた CdTe ナノ結晶のヘキサン溶液の Rephasing, Non-Rephasing スペクトルの実部, 虚部, 絶対値[18]

い．位相補正後のシグナルの実部は吸収や発光の過渡応答に対応しており，Rephasing, Non-Rephasing ともにファインマンダイアグラムによってシグナルパスを明確に区別できるため，クロスピークやコヒーレンスの帰属に有用である．一方，虚部は分散の過渡応答に対応しており，理論計算で得られた二次元スペクトルとの比較に用いられるが，使用頻度は比較的低い．ポンプ–プローブ配置の二次元電子分光測定では，二次元電子吸収スペクトルを位相補正することなく得ることができる一方，Rephasing, Non-Rephasing スペクトルを得るためにはさらなる測定が必要となる．

4.3.6 ■ 二次元電子分光法の応用

二次元電子分光の特徴は，二次元の周波数軸とクロスピークによって重なったバンド間の複雑な光物理・化学反応過程を詳細に解析できること，状態間のカップリングを可視化できることである．それらを示す研究例を3つ紹介する．

第4章　多次元分光法

A.　光合成タンパク質における超高速エネルギー移動[4)]

　緑色硫黄細菌の Fenna-Matthews-Olson（FMO）バクテリオクロロフィル（BChl）タンパク質は，光エネルギーを集めるアンテナとしての機能と，クロロソームアンテナから反応中心へと光エネルギーを伝達する機能の両方の役割を担っている．FMO タンパク質は 7 つの BChl 色素を含むサブユニットからなる三量体であり，アンテナ色素と光合成の生化学的反応を開始する反応中心を結びつけている．FMO タンパク質は単結晶 X 線構造解析によりその分子構造が詳細に明らかにされており（図 4.3.8(a)），その比較的単純な構造から，光合成の研究において励起子（非局在化）効果のモデル系としてよく用いられてきた．しかし，BChl のタンパク質環境の違いによって BChl の吸収バンドはそれぞれ異なり，また色素間の励起子カップリングによるエネルギー分裂が狭い波長領域に重なっているため，これらのエネルギー伝達過程は従来の過渡吸収スペクトル測定で明らかにすることは困難であった．

　このような夾雑系の複雑な励起エネルギー移動過程は，二次元電子吸収スペクトルのクロスピークによって詳細に明らかにすることができる．図 4.3.8(b) に 77 K における FMO タンパク質の二次元電子吸収スペクトル（$T_2 = 1$ ps）を示す．周波数軸は波数（cm^{-1}）で示されている．FMO の励起子状態は 7 つに分類され，その状態間のエネルギー移動は 1 ps までにほぼ完了する．対角線の下に複数の顕著なクロスピークがあり，これらは平行なエネルギー移動過程を示唆している．例えば，座標 $(\omega_\tau, \omega_t) = (\omega_4, \omega_1)$ にある最も強いクロスピークは，図 4.3.8(c) の励起子 4 から 1 への段階的なエネルギー移動（緑矢印）を示している．複数の待機時間におけるクロスピークを解析することにより，FMO 内のエネルギー移動過程は図 4.3.8(c) のように表されることが明らかになった．この結果は FMO のサブユニット内の BChl の空間配置（図 4.3.8(d)）と関連しており，励起子波動関数が最大で 2 つの BChl に分布しており，それぞれのエネルギー移動過程が並行して起こることが明らかになった．

B.　励起子カップリングの実時間観測

　励起子カップリングによって分裂した 2 つの電子遷移を同時に誘起すると，2 つの状態からなる量子重ね合わせ状態が形成される．三次非線形分光測定において量子重ね合わせ状態が形成されると，生成したシグナルに待機時間に対して状態間のエネルギー差に応じてうなりが生じる．一般にこのような電子コヒーレンスの位相拡散はきわめて速く，室温状態や夾雑系で観測することは難しい．一方，安定な量

264

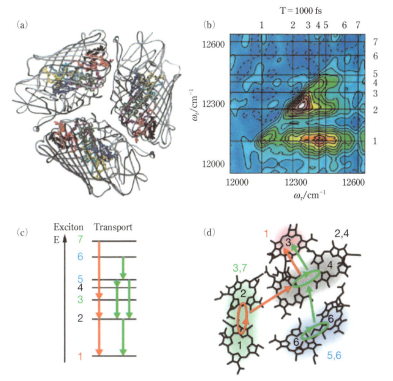

図 4.3.8 (a)FMO の結晶構造,(b)77 K における FMO の二次元電子吸収スペクトル($T_2 =$ 1 ps),(c, d)BChl 間の複雑なエネルギー移動過程の緩和過程と模式図 ω_τ, ω_t はそれぞれ励起周波数,観測周波数を表す.
[N. S. Ginsberg et al., Acc. Chem. Res., **42**, 1352(2009)をもとに作図]

子重ね合わせ状態は量子情報材料において重要である.二次元電子分光は Rephasing, Non-Rephasing シグナル,対角ピーク,クロスピークなどを用いてシグナルを分離し,それらのシグナルはファインマンダイアグラムによって解析ができるため,より詳細なコヒーレンスの計測と帰属が可能である.

励起子カップリングの実時間観測の近年の研究例として,コロイド半導体ナノ構造体の研究を紹介する[20].低次元半導体ナノ結晶はその特殊な光電子特性により,広範なオプトエレクトロニクスや量子材料としての応用が期待されている.半導体ナノプレートレットとよばれるナノ構造体は,原子レベルで均一な数ナノメートルの厚みを有し,それ以外の方向は数十ナノメートルからなる板状のナノ構造体であり,量子井戸を具現化したコロイドナノ構造体である.例えば,CdSe ナノプレー

第4章 多次元分光法

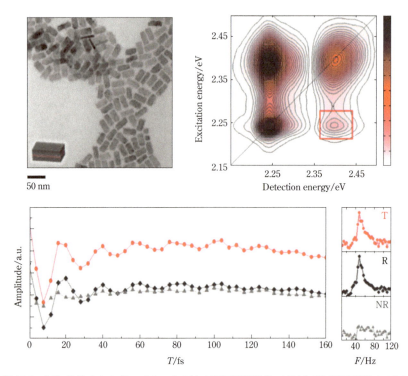

図 4.3.9 CdSe/CdZnS ナノプレートレットの(左上)電子顕微鏡像，(右上)二次元電子吸収スペクトル，(左下)赤枠のクロスピークの待機時間に対するダイナミクスおよび(右下)その振動周波数(Rephasing(R)，Non-Rephasing(NR)，二次元電子吸収スペクトル(T))
[E. Cassette *et al.*, *Nat. Commn.*, **6**, 7086(2014)をもとに作図]

トレットをバンドギャップの大きな CdZnS 層で挟み込んだコアシェルナノプレートレット(CdSe/CdZnS ナノプレートレット)は，電子顕微鏡測定により図 4.3.9 左上のような比較的均一な構造が観測される．吸収端には線幅のきわめて狭い吸収ピークが2つあり，それらは長波長からそれぞれ HH，LH バンドと帰属される．それらはそれぞれ価電子帯の重い正孔(heavy hole, HH)および軽い正孔(light hole, LH)と伝導帯の電子の対からなる励起子吸収帯に起因しており，2つの励起子バンドの電子の軌道が同じであることが知られている．

CdSeおよびCdSe/CdZnSナノプレートレットの二次元電子吸収スペクトルでは，光励起直後から2つの励起子バンドにおいて明確な2つの対角ピークと2つのクロスピークが観測された(図 4.3.9 右上)．対角ピークは光励起にともなう基底状態の

吸収のブリーチ(GSB)に対応する．一方，2つのクロスピークは2つの励起子バンドの電子カップリングを示しており，電子の軌道が共通であることに対応する．さらに，右下クロスピーク(赤枠)の待機時間におけるダイナミクスを見ると，100 fs近くにわたって明確に振動しており，この振動周波数は HH と LH バンドのエネルギー差とよく一致した(**図 4.3.9** 左下)．CdSe/CdZnS ナノ構造体の格子振動(フォノンモード)は 200 cm^{-1} 程度(～7 THz)であり，40 THz もの高周波数のコヒーレント振動を説明できない．さらに，厚みの異なるナノプレートレットを作成して HH と LH バンドのエネルギー差を変えると，バンド間のエネルギー差の変化に対応して振動周波数が変化した．これらの結果より，CdSe/CdZnS ナノプレートレットでは，室温の溶液状態においてもなお 100 fs という長時間にわたって量子重ね合わせ状態が持続できることが明らかになった．これらの知見は半導体ナノ構造体を用いた量子デバイスへの応用において重要である．

C. 複雑な光化学反応への応用

　フォトクロミズムとは，光照射によって物質の色が可逆的に変化する現象のことである．フォトクロミズムを示す有機分子はフォトクロミック分子とよばれ，学術的な研究の始まりは 18 世紀半ばといわれており，これまでに非常に多くの研究が行われ，多種多様な分子が開発されてきた[21]．フォトクロミック分子の一つであるスピロピラン系化合物は，インドール環とベンゾピラン環がスピロ炭素(2つの環をつなぐ sp^3 軌道を有する炭素原子)を介して結合した分子構造をしており，紫外光の照射によりスピロ炭素の C–O 結合が解離し，着色を有するメロシアニン構造へと異性化することが知られている．メロシアニン構造は主として TTC 体と TTT体とよばれる幾何異性体が存在し，それらは室温程度の熱エネルギーによってもとの閉環構造へと戻る．TTC 体と TTT 体はどちらも可視光照射によっても閉環構造へと異性化することが知られている一方，その異性化反応は TTC 体と TTT 体間の異性化反応も含むため，それらの光反応過程の詳細な解析は困難であった．

　Brixner らは，空間位相変調器を用いたポンプ–プローブ配置の二次元電子分光により，スピロピラン系化合物の1つである 6,8-dinitro-BIPS のメロシアニン構造の複雑な光反応過程を明らかにした[22]．ポンプ–プローブ配置を用いることにより，二次元電子吸収スペクトルを数ナノ秒オーダーの待機時間まで測定でき，複雑な光化学反応過程を詳細に追跡することが可能となる．光励起に用いるパルスは 500 THz(605 nm)を中心とした 20 fs のパルス光を用い，励起エネルギー軸の範囲(～60 THz)のスペクトル変化を追跡した．観測パルスにはスーパーコンティニウ

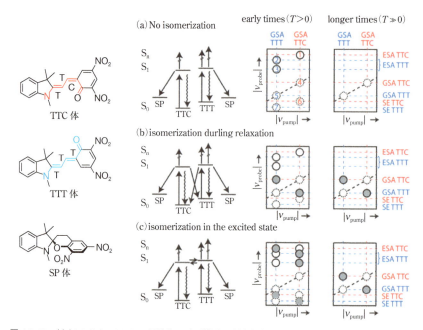

図 4.3.10 （左）6,8-dinitro-BIPS の異性体の分子構造，（右）考えられる光化学反応過程と予想される二次元電子吸収スペクトル
[M. Kullmann *et al.*, *J. Am. Chem. Soc.*, **133**, 13080 (2011) をもとに作図]

ム光（白色光パルス，370～710 nm）を用い，待機時間は遅延ステージによってピコ秒からナノ秒オーダーまで制御した．

6,8-dinitro-BIPS はクロロホルム中でメロシアニン構造が安定な異性体として得られ，紫外光照射によって TTC 体，TTT 体および閉環体間での異性化反応が進行することが知られている．TTT 体の吸収および蛍光スペクトルは TTC 体のそれらと比べてわずかに長波長（低エネルギー）シフトしており，二次元電子吸収スペクトル上で区別できる．

考えられる光化学反応過程を**図 4.3.10** に示す．SP は閉環体構造であり，TTC 体，TTT 体どちらからも進行すると考えられる．重要な点は，TTC 体と TTT 体の間で光励起にともなう異性化反応がどのように起こるかであり，(a) 異性化が起きない，(b) S_1 のポテンシャルエネルギー曲線から円錐交差 (CI) を通って異性化が起きる，(c) S_1 の励起状態間での異性化反応が起きる，の 3 つに分類できる．それぞれの場合において観測されうる二次元電子吸収スペクトルを，待機時間 (T) が短いとき，

長いときに分けて右側に示す．実線の○は正の励起状態吸収（ESA）を表し，破線の○は負の基底状態のブリーチ（GSA）や誘導放出（SE）を表す．ポンプ–プローブ配置の二次元電子吸収スペクトルは，ESA が正，GSB および SE が負として観測され，BoxCARS 配置の二次元電子スペクトルとは符号が逆になることに注意する．また対角線上の黒破線は励起周波数と観測周波数が一致する部分を表す．(a)の異性化反応が進行しないとき，光励起すると時間の初期に TTC 体，TTT 体それぞれについて GSA（④，⑤），SE（⑥，⑦），ESA（①および②と③）が観測されることが予想される．ESA のスペクトル形状はそれぞれ過渡吸収スペクトル測定によって既知である．それぞれの異性体間で相互作用はなく，それぞれの S_1 状態の減衰と SP への異性化反応が起こるため，待機時間が長いときには SP への異性化反応にともない，それぞれ異性体の GSA シグナルが対角線上に観測される．(b)の CI を介した異性化反応の場合，一般に異性化反応速度はきわめて速いため，励起直後においても TTC 体から TTT 体，およびその逆の異性化反応にともなって GSA シグナル間に正のクロスピークが観測され（灰色●），待機時間が長くなってもそのクロスピークは観測され続ける．(c)の励起状態間の異性化反応においても(b)同様に 2 つの異性体の GSA シグナル間にクロスピークは観測されるもの，S_1 の緩和にともなってシグナルが生成するため，励起直後にはクロスピークは観測されないと予想される．

　図 4.3.11 に，待機時間が 3 ps から 3 ns にわたる幅広い時間スケールの 6,8-dinitro-BIPS の二次元電子吸収スペクトルを示す．赤色は正のシグナル，青色は負のシグナルを示す．TTC 体と TTT 体が混在した溶液を光励起すると，励起後 3 ps に TTC 体と TTT 体両方に由来する負の GSB が 500〜540 THz の観測周波数で観測され，また S_1 状態から S_n 状態への遷移にともなう正の ESA シグナルが 600〜700 THz，負の SE シグナルが 450〜500 THz の観測周波数で観測された（**図 4.3.11**(a)）．負のシグナルは**図 4.3.11**(a)の 6 で示したクロスピーク部分が最も強く，SE シグナルが顕著に観測されていることがわかる．待機時間の経過とともに励起状態に由来するシグナルは徐々に緩和し，300 ps(d)では正，負両方のピークが 3 ps のときと比べて高波数側にシフトした．これは励起直後においては TTC 体，TTT 体がともに励起状態になっているのに対し，300 ps 後には TTC 体がすでに基底状態へと緩和し，TTT 体の励起状態がより多く存在していることを示す．これは過渡吸収分光によって求めた TTC 体の寿命（95 ps）が TTT 体のもの（900 ps）よりも短いことに対応する．

　さらに，待機時間の長い領域においても前述の灰色●で示すようなクロスピー

269

第 4 章　多次元分光法

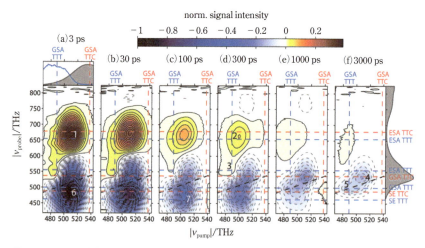

図 4.3.11　異なる待機時間における 6,8-dinitro-BIPS のクロロホルム溶液の二次元電子吸収スペクトル
　　　　　［M. Kullmann *et al.*, *J. Am. Chem. Soc.*, **133**, 13080（2011）をもとに作図］

クは一切観測されていない．つまり，500 THz を中心とするポンプパルスで TTC および TTT 体のバンドを励起する場合においては，それぞれの異性化反応効率はきわめて低い，もしくは起きないことが明らかになった．一方，より短波長の光励起においては TTC 体と TTT 体間で異性化反応が進行することは知られており，両異性体の励起状態において活性化障壁が存在することが示唆された．この考察はインドール環や置換基を無視したメロシアニン–スピロピランモデルを用いて理論的に検討されており，TTT 体と TTC 体をつなぐ活性化障壁は 0.5 eV にもおよび，その障壁を越えるには S_2 状態などからの反応が必要であることが報告されている．本実験で用いた励起パルスによる余剰エネルギーはせいぜい 0.15 eV 程度であり，理論的考察と一致する．

　このように，二次元電子分光は複雑な光化学反応過程を従来の過渡吸収分光法を超えて詳細に明らかにできる可能性を有しており，今後さらなる幅広い応用展開が期待される．

参考文献

1) D. M. Jonas, *Annu. Rev. Phys. Chem.*, **54**, 425(2003)

2) N. Ginsberg, Y.-C. Cheng, and G. R. Fleming, *Acc. Chem. Res.*, **42**, 1352(2009)

3) P. Nuernberger, S. Ruetzel, and T. Brixner, *Angew. Chem. Int. Ed.*, **54**, 11368(2015)

4) F. D. Fuller and J. P. Ogilvie, *Annu. Rev. Phys. Chem.*, **66**, 667(2015)

5) S. Mukamel, *Principles of Nonlinear Optical Spectroscopy*, Oxford University Press, Oxford(1999)

6) M. Cho, *Two-dimensional Optical Spectroscopy*, CRC Press, Boca Raton(2009)

7) J. D. Hybl, A. W. Albrecht, S. M. G. Faeder, and David M. Jonas, *Chem. Phys. Lett.*, **297**, 307(1998)

8) S. Biswas, J. W. Kim, X. Zhang, and G. D. Scholes, *Chem. Rev.*, **122**, 4257(2022)

9) 井上晴夫, 高木克彦, 佐々木政子, 光化学 I, 丸善出版(1999)

10) D. B. Turner, K. E. Wilk, P. M. G. Curmi, and G. D. Scholes, *J. Phys. Chem. Lett.*, **2**, 1904(2011)

11) A. Al Haddad, A. Chauvet, J. Ojeda, C. Arrell, F. van Mourik, G. Auböck, and M. Chergui, *Opt. Lett.*, **40**, 312(2015)

12) H. Seiler, S. Palato, B. E. Schmidt, and P. Kambhampati, *Opt. Lett.*, **42**, 643(2017)

13) R. L. Fork, C. H. Brito Cruz, P. C. Becker, and C. V. Shank, *Opt. Lett.*, **12**, 483(1987)

14) Y. Zhang, K. Meyer, C. Ott, and T. Pfeifer, *Opt. Lett.*, **38**, 356(2013)

15) A. D. Bristow, D. Karaiskaj, X. Dai, T. Zhang, C. Carlsson, K. R. Hagen, R. Jimenez, and S. T. A. Cundiff, *Rev. Sci. Instrum.*, **80**, 073108(2009)

16) F. D. Fuller, D. E. Wilcox, and J. P. Ogilvie, *Opt. Express*, **22**, 1018(2014)

17) E. M. Grumstrup, S.-H. Shim, M. A. Montgomery, N. H. Damrauer, and M. T. Zanni, *Opt. Express*, **15**, 16681(2007)

18) Y. Kobayashi, C.-H. Chuang, C. Burda, and G. D. Scholes, *J. Phys. Chem. C*, **118**, 16255 (2014)

19) T. Brixner, T. Mancal, I. V. Stiopkin, and G. R. Fleming, *J. Chem. Phys.*, **121**, 4221 (2004)

20) E. Cassette, R. D. Pensack, B. Mahler, and G. D. Scholes, *Nat. Commn.*, **6**, 7086(2015)

21) 阿部二朗, 武藤克也, 小林洋一, フォトクロミズム, 共立出版(2019)

22) M. Kullmann, S. Ruetzel, J. Budack, P. Nuernberger, and T. Brixner, *J. Am. Chem. Soc.*, **133**, 13080(2011)

索　引

■ 欧　文

1 波長励起(1 色)FLCCS　108

2D-COS　117

2D-FLCS　114

2f-FCS 法　102

2T2D 法　149

2 色 FCCS　105

BoxCARS 配置　224, 255, 257

compressed 指数関数　73

CONTIN 法　24

CPM　89

CPP　89

FCCS　91

FCS　83

FID　161

FLCCS　107

FLCS　96, 107

INADEQUATE　193

MW2D 法　143

NOESY　197

Non-Rephasing 過程　215

Non-Rephasing シグナル　258

PCMW2D 法　146

Pol-FCS　97

Rephasing 過程　215

Rephasing シグナル　258

sc-FLCCS　108

Siegert の関係　52, 57

speckle visibility spectroscopy　59

Stokes–Einstein–Debye の式　104

Stokes–Einstein の式　21, 89

SVS　59

Van Hove の相関関数　54

Wiener–Khinchin の定理　29, 45, 127

XCCS　79

XFEL　62

XPCS　50

X-ray cross correlation spectroscopy　79

X-ray speckle visibility spectroscopy　59

X 線光子相関分光法　8, 15, 50

X 線自由電子レーザー　62

■ 和　文

ア

アフターパルスノイズ　96

アミド I モード　240

異時相関スペクトル　122

異種核 COSY　167

位相因子　213

位相エンコーディング　190

位相角　140

位相角表示　140

位相緩和　213

位相整合条件　208

一分子輝度　89

索　引

一粒子輝度　89
一般化二次元相関分光法　124
運動量遷移　51
エタロン　206
エネルギー遷移　51

カ

回転拡散係数　43
回転観測系　160, 179
化学交換　202
化学シフト　156
拡散係数　16, 21
拡散時間　88
カップリング　163
干渉性因子　27
間接観測軸　166
観測期　190
緩和　157
逆ラプラス変換　23
共焦点光学系　91
共焦点領域　91
共鳴　250
共鳴条件　160
均一幅極限　218
空間コヒーレンス　57
空間コヒーレンス長　57
空間相関関数　4
空間的コヒーレンス　26
久保モデル　219
蛍光寿命相関分光法　96, 107
蛍光相関分光法　8, 15, 83
蛍光相互相関分光法　91
蛍光分子の数の揺らぎ　84
顕微動的光散乱法　35
交差ピーク　189
光子相関分光法　7, 15

構造因子　88
コヒーレンス　156, 177
コヒーレンス状態　211
コヒーレンス長　57
コヒーレンスの次数　185
コヒーレント　8, 26
混合期　190

サ

三次元自由拡散モデル　88
三次元動的光散乱　40
参照スペクトル　119
散乱ベクトル　18
磁化移動　167
時間コヒーレンス　57
時間コヒーレンス長　57
時間相関関数　4, 18
時間的コヒーレンス　26
四光波混合　257
自己相関　20, 85
自己相関関数　5, 85
自己相関スペクトル　134
指数関数的減衰　22
自由誘導減衰　161
シュレディンガー方程式　172
準備期　190
振電遷移　253
スピン　154
スペックル　51
正の相関　2
ゼータ電位　31
ゼーマン分裂　156
赤外パルスレーザー光源　221
占有数　176
相関　1
相関係数　2

274

相関測定　190

相関分光法　1

相互相関　39

相互相関関数　5, 93

タ

対角ピーク　189

多次元分光法　10, 153

多重散乱　35, 65

多スピン演算子　177

縦緩和　157

縦磁化　156

中間散乱関数　53

中間相関関数　53

直積演算子　179

直接観測軸　166

低コヒーレンス動的光散乱　36

デコヒーレンス　157

展開期　190

電気泳動移動度　31

電気泳動光散乱　31

電子カップリング　253

電子コヒーレンス　251

同時相関スペクトル　122

同種核 COSY　186

動的構造因子　55

動的スペクトル　119

動的光散乱法　8, 15

独立性　4

トリプレット成分　95

ナ

ナノコンポジット　73

二時間相関関数　72

二次元 NMR 分光法　12, 153

二次元蛍光寿命相関分光法　114

二次元赤外分光法　12, 202

二次元相関スペクトル　132

二次元相関測定　165

二次元相関分光法　9, 117

二次元測定　186

二次元電子分光法　12, 248

二色動的光散乱　37, 48

野田のルール　135

ハ

バタフライパターン　137

パルスシェーパー　231

パワースペクトル　29

反射型 XPCS　68

ピアソンの積率相関係数　2

非蛍光成分　95

非弾性散乱　53

標準蛍光色素溶液法　103

表面張力波　68

ヒルベルト−野田変換行列　129

ヒルベルト変換　126

ファインマンダイアグラム　210

不感時間　97

不均一極限　219

負の相関　2

不偏分散　134

ブラウン運動　15

ブラケット表記　171

ブリンキング成分　95

ブロードバンド超短パルス　255

プロダクトオペレーター　177, 179

並進拡散係数　43

並進拡散時間　88

ヘテロスペクトル相関　141

ヘテロダイン形式　32

ヘテロダイン検出　46, 224, 254

索　引

ヘテロダイン実験　56

偏光蛍光相関分光法　97

放射光　61

ポピュレーション状態　211

ホモダイン　33

ホモダイン実験　56

ポンプ-プローブ配置　229

マ

マルチチャンネル赤外検出器　224

密度演算子　210

密度行列　173, 210

ヤ

誘起双極子モーメント　250

横緩和　157

横磁化　156, 159, 176

ラ

ラーモア周波数　156

リウヴィル＝フォン・ノイマン方程式　173

粒径分布関数　23

粒子間相関　20

励起子カップリング　253, 264

編著者紹介

森田 成昭 博士（学術）

大阪電気通信大学工学部教授. 2001 年東京農工大学大学院生物システム応用科学研究科博士課程修了. 北海道大学触媒化学研究センター博士研究員, 関西学院大学理工学部博士研究員, 名古屋大学エコトピア科学研究所助教を経て現職.

石井 邦彦 博士（理学）

理化学研究所田原分子分光研究室専任研究員. 2003 年東京大学大学院理学系研究科化学専攻博士課程修了. 理化学研究所田原分子分光研究室協力研究員, 同研究員を経て現職.

廣井 卓思 博士（理学）

芝浦工業大学工学部准教授. 2014 年東京大学大学院理学系研究科化学専攻修士課程修了. 東京大学理学系研究科広域理学教育領域助教, 物質・材料研究機構若手国際研究センター ICYS 研究員を経て現職.

NDC 433　　　286 p　　　21 cm

分光法シリーズ　第 10 巻
相関分光法

2024 年 9 月 18 日　第 1 刷発行

編著者	森田 成昭・石井 邦彦・廣井 卓思
発行者	森田浩章
発行所	株式会社　講談社

〒 112-8001　東京都文京区音羽 2-12-21
　　販　売　(03) 5395-4415
　　業　務　(03) 5395-3615

編　集	株式会社　講談社サイエンティフィク

代表　堀越俊一

〒 162-0825　東京都新宿区神楽坂 2-14　ノービィビル
　　編　集　(03) 3235-3701

本文データ制作	株式会社双文社印刷
印刷・製本	株式会社ＫＰＳプロダクツ

落丁本・乱丁本は, 購入書店名を明記のうえ, 講談社業務宛にお送り下さい. 送料小社負担にてお取替えします. なお, 本の内容についてのお問い合わせは講談社サイエンティフィク宛にお願いいたします. 定価はカバーに表示してあります.
© S. Morita, K. Ishii, T. Hiroi, 2024

本書のコピー, スキャン, デジタル化等の無断複製は著作権法上での例外を除き禁じられています. 本書を代行業者等の第三者に依頼してスキャンやデジタル化することはたとえ個人や家庭内の利用でも著作権法違反です.

JCOPY 〈(社)出版者著作権管理機構 委託出版物〉

複写される場合は, その都度事前に(社)出版者著作権管理機構(電話 03-5244-5088, FAX 03-5244-5089, e-mail : info@jcopy.or.jp) の許諾を得て下さい.

Printed in Japan

ISBN 978-4-06-535625-8

講談社の自然科学書

学生、研究者に最適な実用書。付録も充実。研究室には必ず1冊!!

分光法シリーズ ＜日本分光学会・監修＞

1巻 ラマン分光法
濵口 宏夫／岩田 耕一・編著
A5・224頁・定価4,620円
[目次]
第1章 ラマン分光／第2章 ラマン分光の基礎／第3章 ラマン分光の実際／第4章 ラマン分光の応用

2巻 近赤外分光法
尾崎 幸洋・編著
A5・288頁・定価4,950円
[目次]
第1章 近赤外分光法の発展／第2章 近赤外分光法の基礎／第3章 近赤外スペクトル解析法／第4章 近赤外分光法の実際／第5章 近赤外分光法の応用／第6章 近赤外イメージング

3巻 NMR分光法
阿久津 秀雄／嶋田 一夫／鈴木 榮一郎／西村 善文・編著
A5・352頁・定価5,280円
[目次]
第1章 核磁気共鳴法とは—その特徴および発見と展開の歴史／第2章 NMRの基本原理／第3章 NMR測定のためのハードとソフト／第4章 有機化学・分析科学・環境科学への展開と産業応用／第5章 生命科学への展開／第6章 物質科学への展開

4巻 赤外分光法
古川 行夫・編著
A5・320頁・定価5,280円
[目次]
第1章 赤外分光法の過去・現在・未来／第2章 赤外分光法の基礎／第3章 フーリエ変換赤外分光測定および分光計／第4章 赤外スペクトルの測定／第5章 赤外スペクトルの解析／第6章 赤外分光法の先端測定法

5巻 X線分光法
辻 幸一／村松 康司・編著
A5・368頁・定価6,050円
[目次]
第1章 X線分光法の概要／第2章 X線要素技術／第3章 蛍光X線分析法／第4章 電子プローブマイクロアナリシス(EPMA)／第5章 X線吸収分光法／第6章 X線分光法の応用

6巻 X線光電子分光法
髙桑 雄二・編著
A5・368頁・定価6,050円
[目次]
第1章 固体表面・界面分析の必要性と課題／第2章 X線光電子分光法の基礎／第3章 X線光電子分光法の実際／第4章 X線光電子分光イメージング／第5章 X線光電子分光法の応用／第6章 X線光電子分光法の新たな展開

7巻 材料研究のための分光法
一村 信吾／橋本 哲／飯島 善時・編著
A5・288頁・定価5,500円
[目次]
第1章 本書のねらい／第2章 分光分析法の選択に向けて／第3章 材料研究への分光法の適用—事例に学ぶ／第4章 分光法各論

8巻 紫外可視・蛍光分光法
築山 光一／星野 翔麻・編著
A5・336頁・定価5,940円
[目次]
第1章 紫外・可視分光の基礎／第2章 吸収・反射分光法／第3章 蛍光分光法／第4章 円偏光分光法／第5章 紫外・可視領域におけるレーザー分光計測法

9巻 医薬品開発のための分光法
津本 浩平／長門石 曉／半沢 宏之・編著
A5・272頁・定価5,500円
[目次]
第1章 概論：医薬品研究開発と分光手法の概要／第2章 医薬品の探索・最適化に適用される分光測定技術／第3章 薬効評価・標的探索のための分光法／第4章 医薬品の分析に用いる分光法

10巻 相関分光法
森田 成昭／石井 邦彦／廣井 卓思・編著
A5・288頁・定価6,050円
[目次]
第1章 分光と相関／第2章 光子相関分光法／第3章 二次元相関分光法／第4章 多次元分光法

※表示価格には消費税（10%）が加算されています。

「2024年9月現在」

講談社サイエンティフィク https://www.kspub.co.jp/